## 図解 機械材料 第3版

打越二彌 著

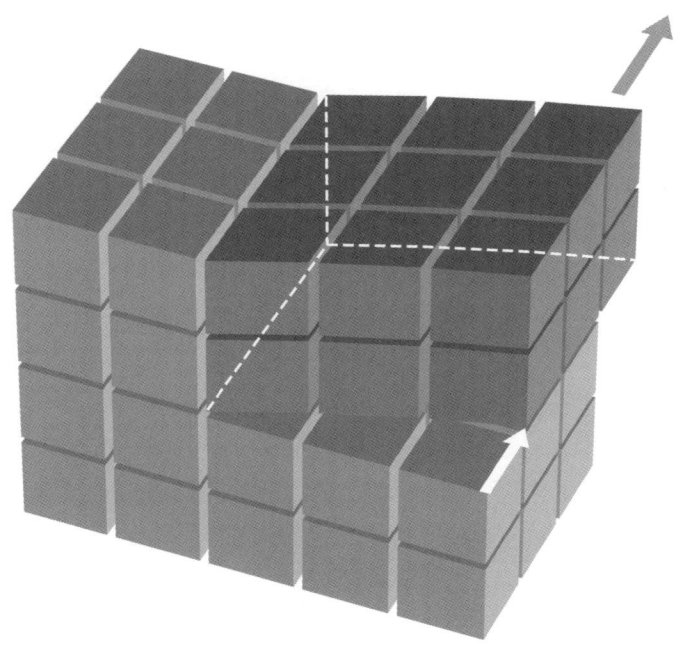

 東京電機大学出版局

# はじめに

　本書は，はじめて機械材料学を学ぶ，大学，高専，職業訓練校等に在学する機械工学系の学生諸君および生産現場で働く若い技術者のために，教科書・参考書として役立つようわかりやすく書いたものです。

　材料学という分野は，決して現象の羅列ではありません。材料科学的な見方で学習すれば，機械を構成している鉄も，アルミニウムも，また非金属材料であるセラミックも同じ基盤で統一されていることがわかるはずです。

　機械材料は，鉄鋼やアルミニウム等の金属材料，ゴム・プラスチック等の有機材料やファインセラミックス等の無機材料に大別されます。しかし本書では，材料工学的な考え方を深めるため，材料の各論的なことより，金属材料を中心として，金属物理的，材料強度学的，金属組織学的な視点からできるだけ平易に説明しました。

　本書の構成は，第1章から第5章までは材料学の基礎的な事項を，第6章から第14章までは鉄鋼材料とその性質を，第15章から第18章までは非鉄材料を，第19章から第22章までは最近の材料を中心に，それぞれとりあげました。いずれの章も，材料の基礎的な事項から材料の性質・用途を，初学者向きにわかりやすく述べています。

　本書が，機械材料学の入門書として少しでも学習に役立てば，筆者にとってこの上ない喜びであります。

　本書の刊行にご尽力された東京電機大学出版局に深く敬意を表します。

昭和62年8月

著　者

## 第3版にあたって

　本書は1987年，機械工学を初めて学ぶ学生，若い技術者諸君を対象にして刊行されてから14年，その間1996年に記述内容をSI単位系に改めた改訂版を発刊いたしました．本書が機械工学を初めて学習する方々の勉学の一助としての役割を果たせましたことは，筆者にとってこのうえない光栄であり，その責任の重さを感じております．

　このたび，東京電機大学出版局のご好意によりまして，本書の再度の改訂の機会を得させていただくことができました．これにより旧版では部分的にしか改訂し得なかったご要望の全面的な見直しと，必ずしも十分でなかった各章間の内容の一貫性と重複をさけ，利用度の少ない部分の簡略化と，最新の材料についてはできるだけ取り上げることに留意した改訂を行うことができました．

　主な改訂点は，基本的には旧版の内容を踏襲しましたが，全章を3編に分類した構成とし，理解力の向上とわかりやすさに重点をおいて記述しました．

　第1編は，機械材料の基礎で，内容は旧版と同様な構成ですが，結晶構造の章と状態図の解釈に加筆をしました．第2編は，鉄鋼材料で，鋼の組織変化と熱処理技術をまとめた章とし，また鋼の温度による影響，腐食に関する問題を実用鋼と関連させた記述にして，基本事項の重複をさける内容としました．第3編は，非鉄材料で，改訂の重点を粉末焼結合金，機能性材料においた記述内容としました．

　巻末の練習問題は基本事項の再確認のための問題に内容を一新し，多くの問題に略解と，留意内容を指示し，索引中に必要な学術用語の和英対照語を加えることにしました．

　終わりに本書の第3版にあたり，多大のご援助を賜った，東京電機大学出版局編集課長 植村八潮氏および編集課 石沢岳彦氏に心から謝意を表します．

　　平成13年8月

筆　　者

# 目 次

## 第 1 編　機械材料の基礎

### 第 1 章　機械材料の開発と発展 …… 1
- 1・1　材料の形態 …… 1
- 1・2　金属材料の開発 …… 1
- 1・3　最近の材料開発 …… 3
- 1・4　明日への材料開発 …… 4

### 第 2 章　結晶構造 …… 5
- 2・1　結晶の構造 …… 5
- 2・2　合金の結晶構造 …… 11
- 2・3　結晶構造の欠陥 …… 13

### 第 3 章　材料の機械的性質と塑性加工 …… 16
- 3・1　材料の機械的性質とその試験 …… 16
- 3・2　材料の強さ …… 17
- 3・3　材料の硬さ …… 20
- 3・4　材料のねばさ …… 22
- 3・5　材料の疲れ …… 24
- 3・6　材料の機械的性質と温度 …… 25
- 3・7　塑性加工と機械的性質 …… 26
- 3・8　金属材料の塑性変形の機構 …… 29

## 第 4 章　金属材料の状態の変化 …………………………………… 36
- 4・1　金属・合金の相変化 ………………………………………… 36
- 4・2　合金の凝固と状態図 ………………………………………… 40
- 4・3　合金の状態図の読み方 ……………………………………… 46

## 第 5 章　金属材料の強化 …………………………………………… 61
- 5・1　材料の強化と強じん化 ……………………………………… 61
- 5・2　金属材料の強化方法 ………………………………………… 62

# 第 2 編　鉄鋼材料

## 第 6 章　鉄鋼材料の状態図と組織 ………………………………… 68
- 6・1　鋼の分類 ……………………………………………………… 68
- 6・2　純鉄（Fe）の変態 …………………………………………… 69
- 6・3　鋼の状態図 …………………………………………………… 71
- 6・4　鋼の組織とその性質 ………………………………………… 78
- 6・5　鋼の状態図と合金元素の影響 ……………………………… 80

## 第 7 章　鋼の熱処理と熱処理技術 ………………………………… 84
- 7・1　熱処理 ………………………………………………………… 84
- 7・2　鋼の連続冷却による変態 …………………………………… 88
- 7・3　鋼のマルテンサイト変態 …………………………………… 94
- 7・4　鋼の焼入性 …………………………………………………… 99
- 7・5　マルテンサイトの焼戻し …………………………………… 106
- 7・6　その他の熱処理技術 ………………………………………… 112
- 7・7　表面硬化処理 ………………………………………………… 114

## 第 8 章　構造用鋼 ……………………………………………… 120
  - 8・1　構造用鋼の概要 …………………………………………… 120
  - 8・2　非調質構造用圧延鋼材 …………………………………… 125
  - 8・3　調質型高張力鋼 …………………………………………… 128
  - 8・4　低温用鋼 …………………………………………………… 128
  - 8・5　機械構造用鋼 ……………………………………………… 129
  - 8・6　超強力鋼 …………………………………………………… 133

## 第 9 章　工具鋼 ………………………………………………… 136
  - 9・1　工具鋼の概要 ……………………………………………… 136
  - 9・2　工具鋼の熱処理 …………………………………………… 140
  - 9・3　工具鋼に類似した鋼 ……………………………………… 142

## 第 10 章　鉄鋼の腐食とステンレス鋼・耐熱鋼 …………… 145
  - 10・1　鉄鋼の腐食 ………………………………………………… 145
  - 10・2　鉄鋼の防食法 ……………………………………………… 148
  - 10・3　ステンレス鋼 ……………………………………………… 150
  - 10・4　鋼の高温腐食と耐熱鋼 …………………………………… 156

## 第 11 章　鋳　鉄 ………………………………………………… 163
  - 11・1　鋳物用材と加工用材 ……………………………………… 163
  - 11・2　鋳鉄の組織 ………………………………………………… 163
  - 11・3　実用鋳鉄の諸性質 ………………………………………… 169
  - 11・4　鋳鋼 ………………………………………………………… 176

## 第3編 非鉄材料

### 第12章 銅（Cu）とその合金 …… 178
- 12・1 純銅の性質 …… 178
- 12・2 銅の合金 …… 180

### 第13章 アルミニウム（Al）とその合金 …… 188
- 13・1 アルミニウム（Al）とその合金の特徴 …… 188
- 13・2 実用Al合金 …… 190

### 第14章 マグネシウム（Mg）とその合金 …… 197
- 14・1 Mgの性質 …… 197
- 14・2 Mg合金 …… 197
- 14・3 MgおよびMg合金の用途 …… 199

### 第15章 亜鉛と鉛・スズ・アンチモンなどの低融点金属 …… 200
- 15・1 亜鉛（Zn）とその合金 …… 200
- 15・2 鉛（Pb），スズ（Sn），アンチモン（Sb）とその合金 …… 201

### 第16章 チタン（Ti）と高融点金属 …… 204
- 16・1 チタン（Ti）とその合金 …… 204
- 16・2 高融点金属 …… 208

### 第17章 粉末焼結合金 …… 209
- 17・1 焼結合金 …… 209
- 17・2 焼結機械材料 …… 210

| | | |
|---|---|---|
| 17・3 | 焼結工具材料 | 210 |
| 17・4 | 焼結耐熱材料 | 212 |
| 17・5 | 超微粉 | 213 |

## 第 18 章　複合材料 … 214
18・1　複合材料 … 214
18・2　繊維強化型複合材料 … 215
18・3　積層強化複合材料（クラッド材） … 216

## 第 19 章　機能性材料 … 217
19・1　金属間化合物 … 217
19・2　超伝導材料 … 219
19・3　水素貯蔵合金 … 220
19.4　形状記憶合金 … 222
19・5　超塑性合金 … 224
19・6　アモルファス金属 … 225

練習問題 … 226

練習問題の略解 … 233

索　引 … 239

# 第1編　機械材料の基礎

# 第1章　機械材料の開発と発展

　材料とは，ものをつくる原料のことである。人類と材料とのかかわりの歴史は，人類が狩猟生活を始めた石器時代から始まるが，この時代は石や骨を材料として狩猟用具を生産したのである。新石器時代になると人類は衣をまとい，住居に関心をもち，農耕を営み，ここから食物を生産するようになった。この時代になると，木や石や骨だけではなく，金属を利用する技術を身に付けるようになり，この時代が人類にとって材料開発の創生期である。

## 1・1　材料の形態

　人類の文明とともに歩んだ材料を，そのもとの原料について分類すると，次のようになる。第一は，天然に産出する材料の形状を変えて製品化している場合であり，木材を加工して家具や家屋を作ったり，自然界に存在する石を切り出しピラミッドを積み上げたりしている。

　第二は，天然に産出した原料を質的に変えて製品を作り出す場合であり，多くの金属材料はその例である。天然に算出する鉱石から金属を抽出し，これらの金属を材料として様々な機械類や構造物が製造されている。

　第三は，自然界には存在しない材料を作り出している場合である。この合成技術により，ファインセラミックス，エンジニアリングプラスチック等の無機・有機材料や複合材料，最近では分子原子の配列を変えた人工物質も開発されている。

## 1・2　金属材料の開発

　金属がどの時代から使用されたかは明らかではない。自然金や隕鉄のように自

然界でそのままの形で存在するものを偶然みつけて使用し始めてから，手に入りやすい順序で金属を発見し使用したと考えられる。これらの金属は自然界では鉱石中に酸化物や硫化物の形で産出されるが，当初は山火事のような自然現象で還元されたものを拾い使ったであろう。その後，木や石炭を使い還元技術を習得したのである。

### 1・2・1 銅の開発

古代エジプト王朝（B.C.4000年）の古墳から出土した銅製品の品位は99.58%といわれている。銅は人類が意図的に精錬した最古の金属である。さらにB.C.2000年頃になると，青銅（銅-錫の合金）製品の武具・装飾品・生活用品と青銅の利用とともに生活様式の範囲が広がり，文明の幅を広げるのに多大な貢献をしたのである。

### 1・2・2 鉄の開発

鉄の利用については隕鉄の利用から考えれば銅と同時代と思えるが，鉱石から鉄を抽出する技術はB.C.1000年頃から始まっている。鉄は銅に比べると軽く，強く，硬いので武具や農耕具としては銅より適しており，また鉱石の産出量も多いことから，文明に与える影響は銅よりはるかに大きかった。しかし，人類と鉄の真のかかわりは産業革命以後である。初期の鉄は鉱石を直接還元したもので，多量の介在物が入り，介在物を鍛錬で排出したが，なお3～4%の不純物が混入していた。近代的な製鉄技術は1700年代に入ってからで，今日の間接製鋼法の一種であるパドル法が開発された。この方法は鋳鉄を反射炉で溶融し，これに酸化鉄を加えてかくはんしながら炭素量を減らし，鋼を作る方法である。その後，平炉法，転炉法と近代的な製鉄・製鋼技術は炉操業の改良とともに急激な発展し現代に至っているのである。

### 1・2・3 錬金術師の効用

一方，人類の卑金属を金に変えようとする技術の企ては紀元前2～3世紀のエジプトから始まり，16～17世紀まで延々と続いた。この間に錬金術師と呼ばれる人々による幾多の実験的試みの中から，様々な金属が開発され，現代の金属学の素地が芽生えてきたのも事実である。16世紀から18世紀にかけて，As，Sb，

Bi, P, Zn, Co, Ni, Mn等が開発され，さらに18～19世紀にかけて，鉱石からの金属抽出技術が進み，Mo, W, Cr, U, Te等ほとんどの材料物質が見い出されている．

### 1・2・4 アルミニウムとチタンの開発

アルミニウムもチタンも資源としては豊富な金属であるが，いずれも酸素との結合力が強く，その分離抽出技術が困難のため開発が遅れた．

アルミニウムは，1886年，Hallによって$Al_2O_3$の混合溶融塩電解という画期的な精錬技術により工業的に生産されてから，鉄鋼によって占められていた材料のかなりの部分を担うようになってきた．強く，軽く，錆びにくいという特徴をもつアルミニウム合金は，航空機の部材として最適であったので，航空機産業の発展とともにアルミニウム合金の開発が進んだ．

チタンは，地殻中では$TiO_2$の形で存在し，地殻構成元素としては，Al, Fe, Mgに次いで4番目の元素である．$TiO_2$から$O_2$の分離は，酸化チタンを常温で液体の四塩化チタン（$TiCl_4$）とし，$TiCl_4$をNaで還元する方法（Hunter法）と，Mgで還元する方法（Kroll法）がある．いずれも第二次世界大戦後に工業規模での生産が可能になった．わが国でのチタン生産は1954年からである．

## 1・3 最近の材料開発

電子ビーム，プラズマ等の熱源を利用した真空冶金技術の発展により，Si, Zr, Ti等の高融点で活性に富む金属の高純度化が可能になり，またLi, Be, Ga, Y等の高純度化により個々の物性が解明され，それらの有用な利用方法が見い出された．

プラスチック材料は，開発当初はその機械的性質，耐熱性，耐久性すべての面で金属材料より劣り，機械材料としての用途は少なかったが，エンジニアリングプラスチックと呼ばれる製品の開発により，金属では得られない性質をもつ材料へと発展し，その成型加工技術の向上により，構造材，各種機械器具部品にその用途が拡大している．

一方，個々の材料の特性の向上には限界があり，一つの材料に相反する二つ以

上の特性を与えることはむずかしいことである．しかし，この目的のために創造された材料として複合材料がある．ガラス繊維強化プラスチック（GFRP）が航空宇宙用材料としての有用性が立証されてから，多くの材料の複合化が開発されてきた．繊維強化セラミックス，繊維強化金属等である．

さらに高度の機能が要求される領域が多くなると，それに適合する材料が開発されてきた．例えば，高度の耐熱性・伝熱性のような熱的機能，導電性・絶縁性・圧電性のような電気的機能や磁気的機能，透光性・感光性・蛍光性のような光学的機能，そして人体組織への適合性・親和性を持つ生体機能材料等である．このような高度の機能や構造特性を持つ付加価値の高い材料を，新素材とか機能材料と呼んでいる．前述のエンジニアリングプラスチックやファインセラミックス，複合材料，また超塑性合金，形状記憶合金，水素貯蔵合金，アモルファス金属等も機能材料である．

## 1・4　明日への材料開発

人類が石器時代から歩んだ材料開発の歴史が最近大きく変貌してきている．これまでは，人類は一つの「かたまり」としての材料をとらえ，その性質の利用に終始してきたが，今日では個々の分子・原子が持っている性質を引き出して利用する技術が開発されている．例えば原子の並べ方を変えて，新しい人工物質を開発したり，材料の表面に素地とは異なる分子や原子を打ち込んで新しい機能を引き出す研究もなされている．また，従来は全く利用価値のなかったいくつかの金属間化合物の物性を研究し，その中に潜む新しい機能を見い出してその有効な利用方法を開発することも研究されている．

このように，材料の特性をどうすればより伸ばせるか，どうすればすぐれた機能を引き出せるか，そして，様々な過酷な環境で強さを発揮できる材料を開発することが今後の課題であろう．

# 第2章　結晶構造

## 2·1　結晶の構造

　物質は多数の原子から構成されており，原子の集合状態によって気体・液体・固体に分類されている。固体のなかでその構成分子・原子が空間的に規則正しく配列されている物質を**結晶体**といい，ガラスのように構成分子・原子が不規則に配列している物質を**非晶体**という。金属は固体ではほとんど結晶体であるが，ガラスは液体がそのまま凍結された状態と考えてよい。

　図2.1は純鉄の表面を顕微鏡で観察したもので，多数の小さい結晶が集合している。このような物質を**多結晶体**といい，一般に使用されている金属材料はほとんどが多結晶体である。図で示されている粒状の一つひとつを**結晶粒**，粒と粒との境界を**結晶粒界**という。

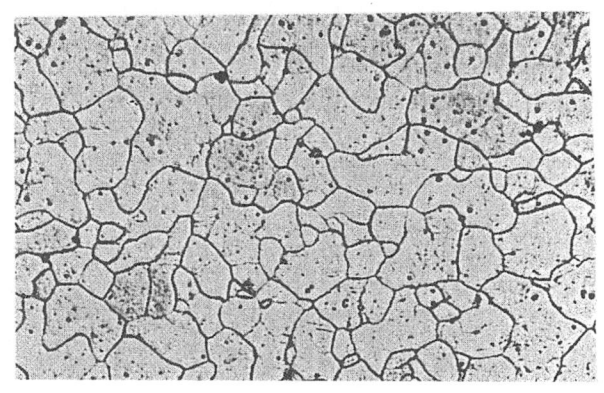

図2.1　アームコ鉄

## 2·1·1 単位格子

結晶粒内では，その構成原子は規則正しい配列をしているが，このように空間的に原子が規則正しく配列されている状態を**結晶格子**という。結晶格子の特徴を示す最小の単位空間を**単位格子**または**単位胞**という。

原子を"硬い球"と考えて，単位格子の特徴を調べてみる。図2.2(a)は，原子を互いに接するようにして平面的に並べたもので，その上に同じ並べ方をした原子を積み重ねたものが図(b)である。これらの各原子球の中心を結んでみると図(c)で示すような立方体が構成される。すなわち，この原子配列の特徴は，立方体の各隅点に原子が配列されている構造であると考えられる。

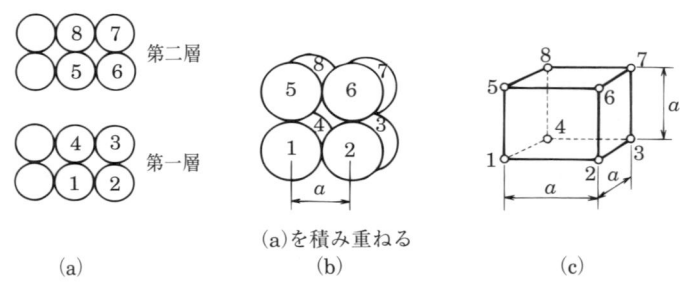

図 2.2　単準立方格子における原子の配列方法

この立方体の各隅点を**格子点**，稜の長さを**格子定数**と呼ぶ。この例のように近接している原子相互の配列の規則を調べるために，原子球の中心を結べば基本的な立体となり，その立体の形状から原子配列の規則性が確認される。

金属元素の結晶構造は比較的簡単なものが多く，大部分の金属の結晶格子は次の三種類のうちのいずれかに属している（同一金属でも温度により異なる原子配列を採る場合がある）。

① 体心立方格子：Li, Na, K, $\beta$-Ti, V, Cr, $\alpha$-Fe, Mo, W, $\beta$-Zr, Nb
② 面心立方格子：Al, Ca, $\gamma$-Fe, Ni, Cu, Sr, Ag, Pt, Au
③ 最密六方格子：Be, Mg, $\alpha$-Ti, Zn, Y, $\alpha$-Zr, Cd

## [1] 体心立方格子

図2.3のように立方体の各隅点と体中心に各1個の原子が配列されている単位格子を**体心立方格子**（bccと略記）という。これらの原子の位置関係は図2.4に示すように，体対角線位置の原子と各隅点の原子は互いに接している。bcc構造の格子定数を$a$，原子球の半径を$r$とすれば，対角線の長さは$4r$であるから，

$$4r = \sqrt{3}a$$

よって

$$r = \frac{\sqrt{3}}{4}a$$

（$r$，$a$の単位にオングストローム Å = 0.1nmを用いることがある）

となる。また，この単位格子は隅点にある8個の原子と体中心の1個の原子で構成されているが，隅点の原子はその周りに隣接する8個の単位格子に共有されているから，この単位格子には 1/8個しか属していない。また，体中心の原子は共有されていないので，bcc構造の単位格子中に帰属する原子数は，

$$\frac{1}{8} \times 8 + 1 = 2 \ \text{〔個〕}$$

となる。次に，この単位格子内での原子の占める体積割合（充填率）は，単位格子の体積$a^3$の中に半径$r$の原子球が2個分入ることになるから，

$$\frac{\frac{4}{3}\pi r^3 \times 2}{a^3} = \frac{\frac{4}{3}\pi \left(\frac{\sqrt{3}}{4}a\right)^3 \times 2}{a^3} = \frac{\sqrt{3}}{8}\pi \fallingdotseq 0.68(68\%)$$

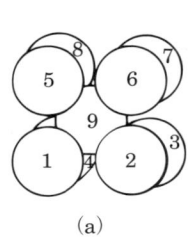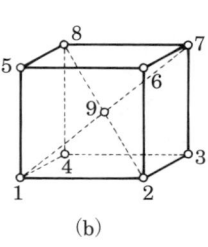

図 2.3 体心立方格子の原子配列

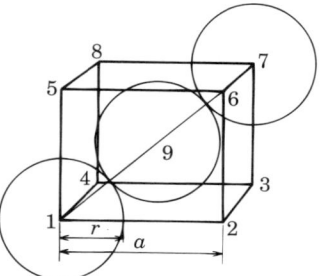

図 2.4 原子の位置関係（bcc）

よって，bcc構造では原子の占める体積は約68%となり，残り32%が空隙部分となる。

**[2] 面心立方格子**　図2.5のように，立方体の各隅点と各面の中心にそれぞれ1個の原子が配列されている結晶格子を**面心立方格子**（fccと略記）という。

面心立方格子に属している原子数は，

$$\frac{1}{8} \times 8 + \frac{1}{2} \times 6 = 4 \text{〔個〕}$$

となる。また，この単位格子では，面対角線上の3個の原子が互いに接しているので，格子定数$a$と，原子半径$r$との関係は，

$$4r = \sqrt{2}a$$

よって

$$r = \frac{\sqrt{2}}{4}a$$

である。fcc構造の単位格子中の原子の占める体積割合（充填率）は，

$$\frac{\frac{4}{3}\pi r^3 \times 4}{a^3} = \frac{\frac{4}{3}\pi\left(\frac{\sqrt{2}}{4}a\right)^3 \times 4}{a^3} = \frac{\sqrt{2}}{6}\pi \fallingdotseq 0.74(74\%)$$

となり，空隙部分は26%となる。

bcc構造（充填率68%）とfcc構造（充填率74%）を比較すると，fcc構造のほうが原子が密に充填されていることがわかる。

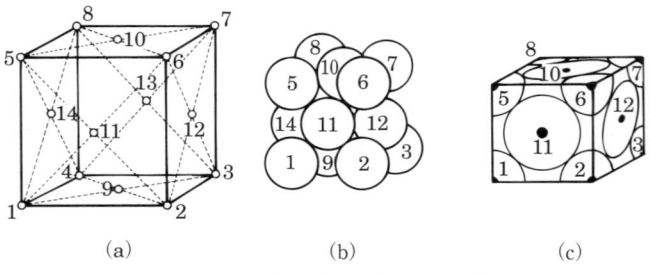

図2.5　面心立方格子の原子配列

## [3] 最密六方格子

　[3] **最密六方格子**　　図2.6のように，六角柱の両底面の各隅点，および両底面の中心位置に，各1個の原子が配列され，また六角柱をつくっている6個の三角柱のうち，一つおきに三角柱の体中心に1個ずつ原子が配列されている結晶構造を**最密六方格子**（hcpと略記）という。

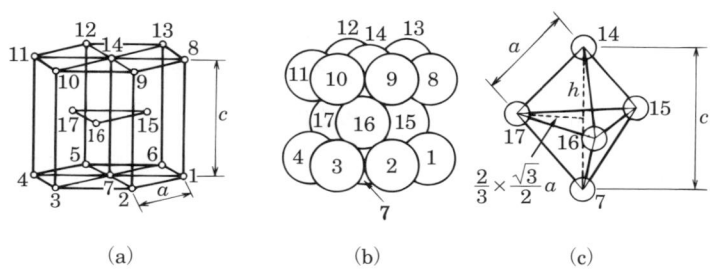

図2.6　最密六方格子の原子配列

　最密六方格子の格子定数は底面の1辺の長さ$a$と，六角柱の高さ$c$が用いられるが，$c$の値をそのまま使用しないで，$c$と$a$との比（**軸比**）$c/a$の値で示している。これは，実在する最密六方格子の金属の結晶では，$c$軸方向が伸びているか，縮んでいるかによって，理想的形状の$c/a$の値とずれた値となるからである。

　原子が完全な球体であるとしたら，hcp構造の六角柱の高さ$c$の値は，図(c)で示すように，正四面体（14-15-16-17）の高さ$h$の2倍であるから，

$$h = \sqrt{a^2 - \left(\frac{2}{3} \times \frac{\sqrt{3}}{2} \times a\right)^2} = \sqrt{\frac{2}{3}}a$$

$$c = 2h = 2 \times \sqrt{\frac{2}{3}}a = \sqrt{\frac{8}{3}}a$$

よって，完全な球体では，軸比

$$\frac{c}{a} = \sqrt{\frac{8}{3}} = 1.633$$

となる。なお，実在金属の軸比の値は，Znは1.856, Mgは1.624, Tiは1.587である。

hcp構造の単位格子は図2.6の六面体（1-2-3-7-8-9-10-14）と考えてよい。この単位格子に属する原子数はbcc構造の単位格子と同様に2個であるので，単位格子中の原子の占める体積は，

$$\frac{4}{3}\pi r^3 \times 2 = \frac{4}{3}\pi \left(\frac{a}{2}\right)^3 \times 2$$

また，単位格子の体積は，

$$a \times \frac{\sqrt{3}}{2}a \times c = \frac{\sqrt{3}}{2}a^2 \times \sqrt{\frac{8}{3}}a = \sqrt{2}a^3$$

となるから，この単位格子中の原子の占める体積割合は，

$$\frac{\frac{4}{3}\pi \left(\frac{a}{2}\right)^3 \times 2}{\sqrt{2}a^3} = \frac{\sqrt{2}}{6}\pi \fallingdotseq 0.74(74\%)$$

となり，面心立方格子の単位格子と同じとなる。

### 2・1・2　結晶面および方向の表示方法

結晶を構成する原子によってつくられる平面を**結晶面**という。結晶面や原子の配列している方向を表示するには，結晶学上の**ミラー指数**が用いられている。

立方格子の面と方向を示すには，図2.7のように座標軸をとり，結晶面が各軸を切る点を求める。例えば図中でX，Y，Zを切る点が，1，1，1/2であるような原子面は，次の手順でミラー指数を決める。

① X，Y，Z軸との切点を求める。

　　1，1，1/2

② 切点の逆数を求める。

　　1，1，2

③ 簡単な整数に直す。

　　1，1，2

この面のミラー指数を（１１２）面という。一般にミラー指数は$(hkl)$の形で示される。軸と平行な面は0と表示される。図中の（１００），（０１０），（００１）等の

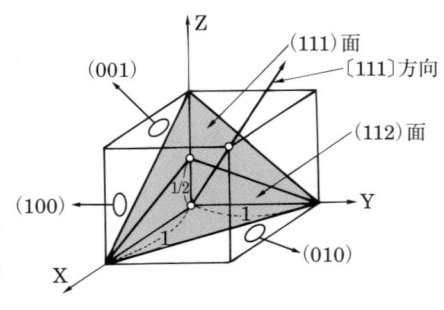

**図2.7**　ミラー表示方法

各面は座標軸に関しての相対的位置は同じなので，これらの面を**等価な面**といい，等価な面をまとめて $\{hkl\}$ のように記す。

原子配列の方向を指示するには，原点を通りこの方向に引いた線上の1点の座標をとり $[uvw]$ のように示す。図の矢印の方向を $[１１１]$ 方向という。等価な方向は $\langle uvw \rangle$ と記す。

原点に対して反対側の面のミラー指数および方向指数は，$(\bar{1}00)$，$[\bar{1}10]$ のように記し，$\bar{1}$ はマイナス1と読む。

## 2・2　合金の結晶構造

二種類以上の金属または金属と非金属とからなり，金属的性質を示す物質を**合金**という。合金を構成している元素を合金の**成分**，成分の割合を合金の**組成**，または合金の**濃度**という。二つの成分からなる合金を**二元合金**，三つの成分からなる合金を**三元合金**という。多成分からなる合金を**多元合金**といっているが，実用化されている金属材料の大部分は合金である。

### 2・2・1　合金の濃度

合金の濃度は，通常は成分元素の質量の割合（質量％）で示し，理論研究の場合には成分元素の原子数の割合で示す**原子濃度**（原子％）を用いている。

いま，成分Aと成分Bとで構成されている合金がある。A量が $a$ 〔kg〕，B量が $b$ 〔kg〕とすると，A，B各成分の濃度（質量％）は

$$A成分の質量\% = \frac{a}{a+b} \times 100$$
$$B成分の質量\% = \frac{b}{a+b} \times 100$$

である。次に，質量％を原子％に変換することを考える。いま，成分Aと成分Bの原子量を $M_A$ と $M_B$ とし，それぞれの質量％を $W_A$ と $W_B$ とすれば，成分Aの原子％（$a_A$）と成分Bの原子％（$a_B$）は，次式で表される。

$$a_A = \frac{W_A \cdot M_B}{W_A \cdot M_B + W_B \cdot M_A} \times 100$$
$$a_B = \frac{W_B \cdot M_A}{W_A \cdot M_B + W_B \cdot M_A} \times 100$$

なお，原子%を質量%に換算するには次式を用いる。

$$W_A = \frac{a_A \cdot M_A}{a_A \cdot M_A + a_B \cdot M_B} \times 100$$

$$W_B = \frac{a_B \cdot M_B}{a_A \cdot M_A + a_B \cdot M_B} \times 100$$

合金の濃度を表示するのに，A-p%B，A-p at%Bのように記すことがある。これは成分元素がA，Bで，B元素の組成がp質量%またはp原子%であることを意味する。

## 2・2・2 合金の構造

物質の状態には固体・液体・気体の三態に区分されるが，分子や原子の集合状態で区分するときには相という用語を使用する。**相**というのは物理的に均一な群の集合体のことで，例えば，空気（気体）を相で分類すれば，$O_2$という気相と$N_2$という気相の混合相である。

二つの金属を混合し，加熱して特定の温度以上になると熔融するが，多くの場合に両成分は互いに溶け合って均一な液相になり，この状態から冷却して凝固したときの合金中にはいろいろな相が現れる場合がある。

① 成分元素AとBが単純に混合したままで凝固している。凝固した合金中には，固相Aと固相Bの2固相が共存している。

② A原子の結晶構造の中にB原子が溶け込み均一な固相を形成している。このような固相を**固溶体**という（Bの中にAが溶けこんだ固溶体を形成する場合もある）。

③ AとBが化合物$A_mB_n$を形成する。また，化合物中に成分金属が溶け込んで固溶体を形成する場合もある。

これらの状態は単独で起こる場合や，二つ以上が組み合わさって起こる場合もあり，合金の凝固状態は複雑である。

## 2・2・3 固溶体の種類とその構造

母体となる金属（溶媒金属）の結晶構造の中に溶質金属が溶け込むとき，図2.8で示すように二通りの場合がある。

図(a)は，溶媒金属原子の占める格子点に溶質原子が入れ替わって結晶を構成

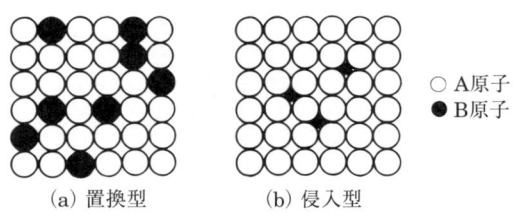

(a) 置換型　　　(b) 侵入型
図 2.8　固溶体の原子配列

する場合で，このような固溶体を**置換型固溶体**という。置換する位置は不特定である。置換型固溶体は，溶媒・溶質元素がともに金属元素の場合で，さらに溶媒と溶質元素の原子半径の大小の差とか，溶媒と溶質原子の結晶格子の異同等により，溶け込む量に限度（固溶限）が生じる。

図 (b) は，溶媒金属原子の結晶格子の隙間に溶質原子が侵入する固溶体で，**侵入型固溶体**という。本来，結晶格子の隙間は非常に小さいので，この隙間に侵入できる原子は，原子半径の小さい H，O，N，C，B 等の非金属原子で，またその侵入する位置も限られており，固溶量もきわめて小さい。

溶媒と溶質原子の結晶構造が異なる場合の固溶体の結晶構造は，溶質原子の添加量が溶媒原子の固溶限度内であれば，その合金の結晶構造は，溶媒原子の結晶構造と同じである。このような固溶体を溶媒金属の**一次固溶体**という。次に溶質金属の添加量が固溶限度以上となると，成分金属と異なる結晶構造を示す場合がある。このような相を**中間相**という。中間相は特別な結晶構造と性質を有し，金属間化合物の一種と考えてもよい。

## 2·3　結晶構造の欠陥

実在する金属原子の配列は完全な状態であることはなく，その結晶内での原子の配列には乱れが存在する。この原子配列の不整を**格子欠陥**という。格子欠陥には，**点欠陥，線欠陥，面欠陥**と呼ばれるものがある。

### 2·3·1　点欠陥

図 2.9 は点欠陥の例で，図 (a) は規則的に配列している位置に原子が欠けている状態であり，**原子空孔**という。図 (b) は，結晶格子の間に原子が侵入している

場合で，**格子間原子**という。

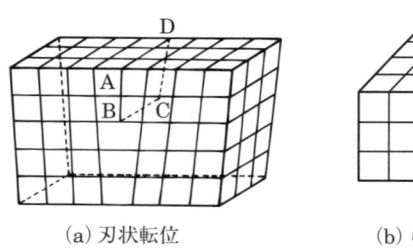

(a) 原子空孔　　(b) 格子間原子

**図 2.9**　点欠陥

### 2・3・2　線欠陥

線欠陥に**転位**と呼ばれるものがある。図2.10は結晶を立体的に図示したものであり，図(a)のABCDで示す原子面の下端は結合相手がなく，刃物を挿入したような状態，すなわちこの原子面は全体から見れば余分に入っている状態で，一種の配列の乱れである。このような格子欠陥を**刃状転位**という。図(b)はAの周りを時計の針の回る方向に1回転させと，1原子面下の原子面に達する。すなわち，らせん状につながっているので，このような欠陥を**らせん転位**と呼んでいる。

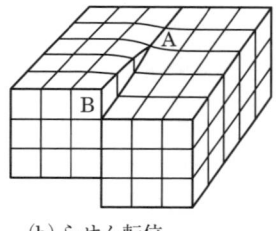

(a) 刃状転位　　(b) らせん転位

**図 2.10**　転位（原子配列の乱れ）

### 2・3・3　面欠陥

面欠陥の代表的なものに**積層欠陥**がある。図2.11(a)のように，原子球を隙間のないように並べ，同じように並べた層を図(b)のように積み上げれば隙間は最小となる。さらにその上に隙間が最小になるように原子層を積み上げる場合には，図の○印の位置に積み上げる場合と，×印のところに積み上げる場合の二通りがある。

第三層を○印の所に積み上げた場合には，その位置は一層目の原子球の真上と

2・3 結晶構造の欠陥　**15**

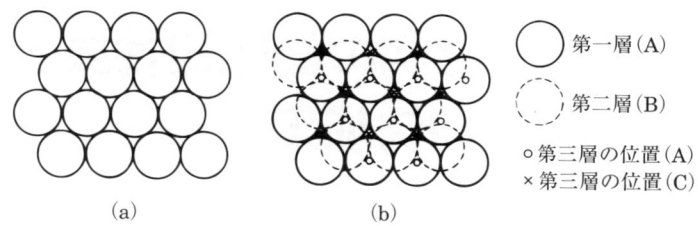

図 2.11　原子のすき間の最も小さい配列

なる。一層目をA，二層目をBという記号をつけると，三層目は一層目と同じ位置なので，その記号はAとなる。すなわち，この配列はAB・AB・ABの繰り返しの配列である。

　第三層を×印のところに積み上げると，その位置は一層目A，二層目Bと異なる位置となるので，その位置をCという記号をつける。四層目は一層と同じ位置にもどるので，この配列はABC・ABC・ABCの繰り返しとなる。

　AB・AB・ABの配列は前述した最密六方格子であり，ABC・ABC・ABCの配列は面心立方格子の配列である。いま，ABC・ABC・ABCの配列の中で，途中のC面が抜かれると，ABC・AB・ABCとなり，面心構造の原子配列の途中で，細密六方構造の配列が混入した構造となる。このような配列の欠陥が積層欠陥である。なお，結晶粒界も面欠陥の一種である。

# 第3章　材料の機械的性質と塑性加工

## 3・1　材料の機械的性質とその試験

　機械類や構造物には使用中に種々の力が作用しているが，これらの力によって機械や構造物が変形をしたり，破壊をしては困る。このためにあらかじめ機械や構造物を構成している材料の強さ，硬さ，ねばさ等を調べ，仕様に適合する材料かを検査しておかなければならない。

　一般に，ある物体に外力が働くと，その物体はそれを構成している材料の性質に応じた変形が起こり，時には破壊につながることもある。このように外力に対する材料の変形挙動，および材料自身の外力に対する抵抗などを材料の**機械的性質**という。

　図3.1に物体に働く力の様子を示す。力の加え方には，ゆっくりと力を加えたり，その力を加えた状態をそのまま続けている場合と，力の大きさや方向を変動

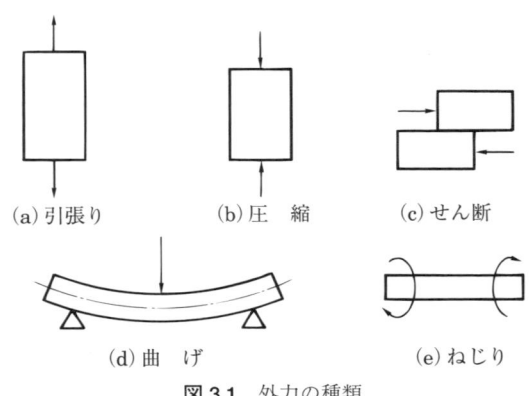

図 3.1　外力の種類

するような加え方がある。前者を**静的な荷重**，後者を**動的な荷重**という。動的な荷重のなかで，ハンマーで叩く場合のように短時間で衝撃的に力を加える場合を**衝撃荷重**，引張ったり，圧縮したりを繰り返して力を加える場合を**繰返し荷重**という。

材料の機械的性質の検査のために**材料試験**が行われる。材料試験には，引張試験，圧縮試験，硬さ試験，曲げ（抗折）試験，ねじり試験，衝撃試験，疲れ試験などがあり，これらの各試験はその試験方法や試験機，また試験片等が規格化されている。

材料は同じ負荷条件でも負荷時の温度による影響が大きいので，温度を試験条件に入れて測定する試験がある。例えばクリープ試験，高低温における疲れ試験，硬さ試験，衝撃試験等も行われている。

## 3・2　材料の強さ

材料に外力を加えると，材料内部に外力に対する抵抗力が生じる。この抵抗力を**応力**という。この抵抗力の強弱が材料の強さである。荷重（応力）が小さいときは，荷重を取り去ると変形（ひずみ）は消えて，元の形にもどるが，荷重がある値を超えると，荷重を取り去っても元の形にもどらず，永久的に変形が残る場合がある。前者の変形を**弾性変形**，後者の変形を**塑性変形**という。

一般に材料の**強さ**は，加えた力により異なる挙動を示す。例えば，コンクリートは，圧縮する力には強いが，引張ったり，曲げたりする力には弱い材料である。このように，強さを述べる場合には力の種類による強さ，例えば引張強さ，圧縮強さ，曲げ強さなどと表現する。ただし，単に強さという場合には通常は引張強さをいう場合が多い。引張強さの測定には引張試験が用いられる。

測定すべき材料からJISで規定された形状の試験片を切削し，試験片を試験機に取り付けて軸方向に引張力を加え，破断するまでの引張力と変形量を測定し，**降伏点，引張強さ，伸び，絞り**などの諸値を求める試験が**引張試験**である。

引張試験の試験法については，JIS Z 2241 (1998) を参照されたい。

## [1] 荷重-伸び（応力-ひずみ）線図

試験片に荷重（引張力）を加えていくとき，試験片が破断するまでの荷重と伸びの関係を示したものが図3.2である。この図を**荷重-伸び線図**という。荷重が大きくなれば，材料の抵抗力（応力）も増加し，伸びが増加すればひずみも増加するので，この図は**応力-ひずみ線図**でもある。

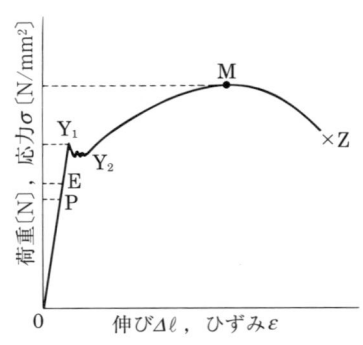

図3.2　荷重-伸び線図（応力-ひずみ線図）

## [2] 応力とひずみ

外力により材料内部に発生する応力は，外力の種類により引張応力・圧縮応力・せん断応力等に分類される。応力$\sigma$の大きさは，材料の単位面積$A$〔mm$^2$〕当たりに働く力$F$〔N〕の大きさ

$$\sigma = \frac{F}{A}$$

で表され，単位はN/mm$^2$である。

一方，ひずみ$\varepsilon$とは，外力によって生じる材料の変形の割合であり，変形の様相は外力により異なる。引張力（応力）に対するひずみを**引張ひずみ**または**縦ひずみ**，せん断応力に対するひずみを**せん断ひずみ**という。変形量を$\lambda$，元の寸法を$L$とすると，ひずみ$\varepsilon$は，

$$\varepsilon = \frac{\lambda}{L}$$

で表され，無次元量である。

応力-ひずみ線図で，変形量が小さいときはひずみは応力に比例し，

$$\sigma = E\varepsilon$$

が成立する。この関係を**フックの法則**といい，この式の比例定数$E$を**弾性係数**または**弾性率**といい，材料の重要な定数である。軸方向の応力が働くときの弾性係数を**縦弾性係数**または**ヤング率**という。

[3] **降伏点・耐力**　図3.2でP点まではフックの法則が成立する領域で，E点までは弾性変形の範囲を示す。E点を超えれば塑性変形の領域となるが，E点を超えて荷重を増加すると，$Y_1$点で荷重を増さなくても伸びが増加しこの不安定な現象が$Y_2$点まで続く。この現象を**降伏現象**，この間の伸びを**降伏伸び**，$Y_1$，$Y_2$点の示す応力を**上降伏点**，**下降伏点**という。**降伏点**は（一般には上降伏点をいう：$\sigma_y$）材料がはっきりと塑性変形を始める応力であるので，設計の場合の重要な値である。降伏点は軟鋼等でははっきりとするが，一般の材料では図3.3のようにはっきりしない。そこで，これらの材料では定められた永久ひずみ（例えば0.2%）を生じる応力を**耐力**または**降伏応力**といい，耐力は$\sigma_{0.2}$のように記す。

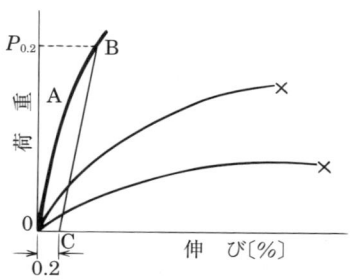

図3.3　荷重-伸び線図の例および耐力の求め方

[4] **引張強さと伸び・絞り**　降伏点を過ぎると伸びは一層増加し，最大荷重を示すM点を過ぎると，試験片の中央部にくびれを生じ，その後Z点で破断をする。M点の示す応力を材料の**引張強さ**という。

$$引張強さ\sigma_B = \frac{最大荷重 F_M 〔\mathrm{N}〕}{試験片の原断面積 A_0 〔\mathrm{mm}^2〕}$$

破断後，試験片をつなぎ合わせ，試験片に印した標点間の長さと，破断後の試験片の最小断面積を測定し，**伸び**$\delta$と**絞り**$\phi$値を求める。

$$伸び\delta 〔\%〕 = \frac{L - L_0}{L} \times 100$$

$$絞り\phi 〔\%〕 = \frac{A_0 - A}{A_0} \times 100$$

ここに，$L_0$：破断前の標点間の距離，$L$：破断後の標点間の距離，$A_0$：破断前の原断面積，$A$：破断後の最小断面積

伸びと絞りは，材料の変形能力を示す値である。

## 3·3 材料の硬さ

材料の硬さも，強さ同様に重要な機械的性質である。材料の硬さがわかると，材料によってはその他の機械的性質も類推することができる。しかし，硬さは物理的意義が不明確な量で，そのため基準となる絶対的な尺度は存在しない。工学上では測定すべき物質より硬質な物体（圧子）を用いて，測定される物体に押し付けて塑性変形を起こさせ，その変形量（窪みまたは深さ等）の大小から硬さ値を決めている。

硬さ測定のための試験機には様々なタイプの試験機があり，加圧するための圧子の材質・形状，試験方法，試験力の大きさなど一様ではない。そのため生じた圧痕の形状も異なることから，硬さ値は用いた試験機の固有な数値となる。そのため硬さ値の表現は，硬さ値，硬さ記号の順に表示する。

### 3·3·1 硬さの測定と試験機

硬さの測定方法を分類すると，第一は押し込み硬さという方法で，一定形状の硬い物質を被測定物に押し込み，出来た窪みの大きさから硬さを判断する。用いる試験機には，**ブリネル，ビッカース，ロックウェル**の三種の試験機がある。

第二は反撥硬さで，一定形状の硬い物質を一定の高さから被測定物の表面に落下させ，その跳ね上がり高さから硬さを決める方法で，**ショア試験機**がある。その他，材料表面に引っ欠き傷をつけて，その傷から硬さを判断する引っ欠き試験機等もある。

**[1] ブリネル硬さ（JIS Z 2243）** 　図3.4に示すように，超硬合金球の圧子で試験面に窪みを作り，加えた力と窪みの表面積から求めた硬さを**ブリネル硬さ**という。硬さ記号に**HBW**を用いる。

ブリネル硬さHBW

$$= 0.102 \times \frac{F}{S}$$

$$= 0.102 \times \frac{2F}{\pi D \left( D - \sqrt{D^2 - d^2} \right)}$$

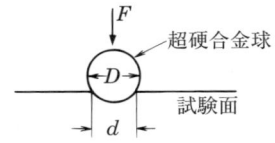

図 3.4　ブリネル硬さの圧子と圧痕

ここに，$F$：試験力〔N〕，$S$：窪みの表面積，$D$：圧子の直径，$d$：窪みの直径

**[2] ビッカース硬さ（JIS Z 2244）**
図3.5に示すように，対面角が136度のダイヤモンド四角すい圧子を用いて試験面に窪みを作り，加えた力と窪みの表面積から求めた硬さを**ビッカース硬さ**という。硬さ記号に**HV**を用いる。

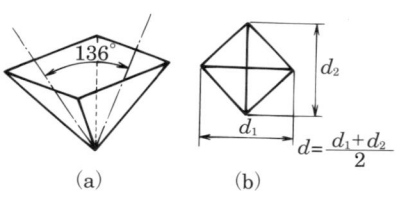

図3.5 ビッカース硬さの圧子と圧痕

$$\text{ビッカース硬さ HV} = 0.102 \times \frac{F}{S} = 0.102 \times \frac{2F \sin\left(\frac{136}{2}\right)}{d^2} = 0.1891 \frac{F}{d^2}$$

ここに，$F$：試験力〔N〕，$S$：窪みの表面積，$d$：窪みの対角線の長さの平均

**[3] ロックウェル硬さ（JIS Z 2245）** ダイヤモンド円錐，鋼球または超硬合金球の圧子を用いて，被測定物に二段階の試験力（初試験力のあと，全試験力＝初試験力＋追加試験力，を負荷）で押し込んだのち，初試験力にもどし，窪みの永久変形量（窪みの深さ）から硬さ値を求める。図3.6に測定の原理を示す。

ロックエル試験では，圧子の種類，試験力の大きさにより，九種類のスケールがあり，通常はBスケールとCスケールが多く使用されている。このため硬さ記号には，**HRB**とか**HRC**のようにスケール名を併記する。

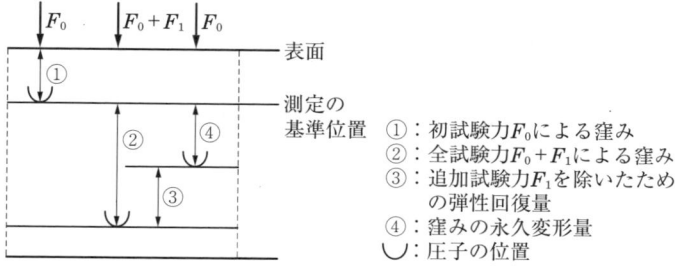

図3.6 ロックウェル硬さの測定の原理（JIS Z 2245）

**[4] ショア硬さ（JIS Z 2246）** 先端にダイヤモンドを取り付けた小ハンマーを，一定の高さから落下させ,その跳ね上がり高さから硬さを求め，硬さ値

としたものである。硬さ記号には，**HS**を使用する。

### 3・3・2　各硬さの特徴

硬さ値は試験機固有の数値であるので，各硬さ値相互には関連がない。このために各硬さ値相互の換算のため，数表や換算図が発表されている。

ブリネル試験とビッカース試験は，硬さ測定方法の原理は同じであるが，ビッカース硬さ値は，試験力を変えても（98.07mN～980.7Nより選択）硬さ値は変わらないが，ブリネル硬さの場合には，圧子の直径$D$（$D$=10，5，2.5の3種）試験力$F$との組み合わせによっては，全く異なる数値となるので，$D$と$F$の大きさを硬さ記号に併記する。(例：250 HBW (10/3000)，$D$=10，$F$=3000kgf (29.42kN))

硬さを選択する場合，組織の大きい材料や，合金で各種の性質の異なる組織の混在している材料には，圧痕の大きいブリネル硬さがよい。極薄板などは，小試験力のビッカース硬さ，また大物材料には可搬タイプのショア試験機，一般の鋼材にはロックウェル硬さが用いられている。

### 3・3・3　硬さと強さ

押し込み硬さは，材料に塑性変形を与えて硬さ値を決めている。これは変形に対する材料の抵抗力に依存する値なので，引張試験における荷重-伸び線図の形と関係することが知られている。経験的に材料の引張強さ（$\sigma_B$：kgf/mm$^2$）とブリネル硬さの関係は，ほぼ直線的でいくつかの実験式が報告されている。次式にその一例を示す。

$$\sigma_B \,[\mathrm{kgf/mm^2}] \fallingdotseq 0.35\,\mathrm{HBW} \text{ または } \sigma_B \,[\mathrm{MPa}] \fallingdotseq 3.43\,\mathrm{HBW}$$

ただし，この関係はもろい材料，すなわち引張試験でわずかの変形後に破断するような材料には適用されない。

## 3・4　材料のねばさ

荷重を加えたとき，ほとんど変形がみられないで破断するような材料（弾性変形後）を，**もろい材料**あるいは**ぜい性材料**といい，これに対して塑性変形量が大きい材料を**延性材料**という。伸びや絞り値の大きい材料は延性に富んだ材料である。

3・4 材料のねばさ **23**

　一方，静的な試験では全く問題のない材料でも衝撃的な力を加えると，破壊しやすい材料と破壊しにくい材料がある。衝撃力に対する抵抗の度合いを材料の**ねばさ**または材料の**じん性**という。材料のじん性の評価には衝撃試験が行われている。金属材料には焼戻しもろさ，低温もろさ，切欠もろさ等の性質があり，この衝撃試験はこれらの性質を知るうえで重要な試験である。

　**衝撃試験**は，規格化された形状の試験片に，ハンマーで衝撃的な力を加えて試験片を破断し，そのときの吸収エネルギーの大小，破断の様相，き裂の入り方等から**じん性**の評価をする試験である。

**[1] シャルピー試験**　　衝撃試験には**シャルピー試験**と**アイゾット試験**があるが，シャルピー試験が多く使用されている。図3.7にシャルピー試験の試験片と試験の方法を示す。

　試験方法は振り子式のハンマーを角度$\alpha$だけ持ち上げて，その後振り下ろすと

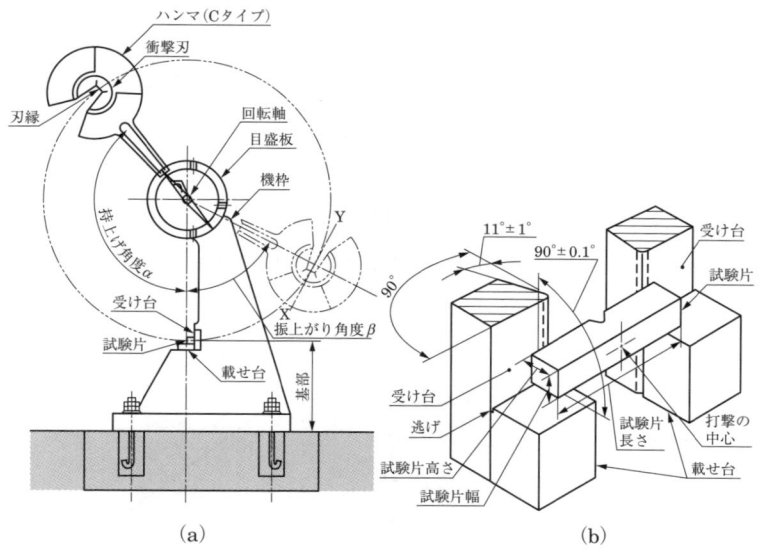

図3.7　シャルピー衝撃試験機と試験片の載せ台(JIS B 7722 1999)

ハンマーは下端にセットした試験片を破断したのち，反対側に角度 $\beta$ まで振り上がる。この場合，試験片を破断するために要したエネルギー $E$〔J〕は次式で求まる。

$$E = WR(\cos\beta - \cos\alpha)$$

ここに，$W$：ハンマーの質量による負荷〔N〕，$R$：ハンマーの回転軸中心から重心までの距離〔m〕

**[2] じん性の評価**　機械の部品などで断面の急変するところでは，応力の集中が起こり破壊されやすい。また**切欠き**のないときには十分に延性を示すような材質でも，一部に切欠きがあるときわめて脆くなる。このような性質を**切欠きぜい性**という。材料の切欠きぜい性の有無は衝撃試験で知ることができる。

引張試験の応力-ひずみ曲線の下の面積は，材料が破壊するまでの変形に要した仕事量であるので，この面積の大小はじん性のおおよその目安となる。

## 3・5　材料の疲れ

機械の部材に繰返し変動するような力が長時間働くと，静的な条件では破断しない低い応力でも，最後には破断に至ることがある。このような破壊に至る現象を材料の**疲れ**または**疲れ破壊**という。疲れ破壊は材料の弾性限度内の応力でも起こるので，材料の疲れ現象を測定する試験が必要となる。材料の変動荷重に対する強さを**疲れ強さ**または**疲労強度**という。疲労強度を求める試験が**疲れ試験**である。

### 3・5・1　疲れ試験

繰返し荷重のかけ方には，繰返し引張・圧縮，繰返し曲げ，回転曲げなど種々の方式があるが，いずれの負荷方式の場合でも試験結果は図3.8で示す**S-N曲線**で表される。縦軸は応力 $S$，横軸は材料が繰返し応力により破断するまでの繰返し数 $N$ を示している。応力が

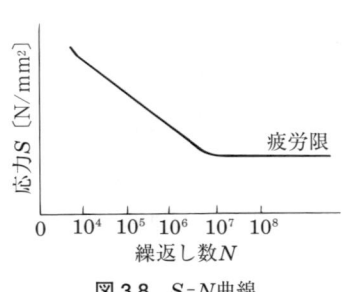

図 3.8　$S$-$N$ 曲線

大きいときは少ない繰返し数で破断するが，応力が小さくなれば，破断までの繰返し数は増加し，ある応力以下では繰返し数を増加しても材料は破断せず，S-N曲線は水平線となる。すなわち，水平線以下の応力では材料は破断しないことを示す。この破壊が起こらない限界の応力を，**疲労限**または**耐久限度**と呼んでいる。

疲れ試験によって材料のS-N曲線を求め，それからその材料の耐久限度を推定するのであるが，材料によっては水平線が求まらない場合もある。このような材料では繰返し数が$10^7$回に達したときの応力をその材料の疲労限としている。

### 3・5・2 疲れ破壊

疲れ破壊の起こる過程は，材料の表面に微小な傷や異物（介在物）等があると，その部分に応力が集中して微少なき裂が発生し，このき裂は応力の繰返しとともに内部に進行し最後には破断に至るものである。

**疲れ破壊**は引張試験で大きな変形を示す延性材料でも，ほとんど変形を示すことなく破壊し，破壊の予知は困難である。また，疲れ破壊の破断面はき裂の進行を示す特有な貝殻状の縞模様がみられる。

## 3・6　材料の機械的性質と温度

材料は高温になると，常温での強度とは異なる挙動を示してくる。一般には強さ，硬さは減り，伸び，絞りは増加し，疲労限度も下がる。すなわち，特に高温で使用される材料の機械的性質は常温とは異なるので，その材料の使用環境温度における機械的性質を知る必要がある。そのため特別の加熱・冷却装置を付加した引張試験機・硬さ試験機・疲れ試験機等が考案され使用されている。

特に，高温で使用される材料では，常温ではみられないクリープという現象が生ずるので，クリープに対する試験が重要になる。

### 3・6・1　クリープ

金属材料は，常温で降伏点以下の一定の応力を長時間加えても，塑性変形を起こすことはないが，ある温度以上では，応力が降伏点以下でも長時間経過すると，少しずつ変形し，最後には破断にいたる。このように材料に一定温度で一定の応力が加わった状態が続くとき，その材料が時間の経過とともにしだいに変形し，

最終的に破断する現象を**クリープ**という。火力・原子力発電プラントや化学プラント，宇宙・航空機等の高温用材料ではクリープ試験が必須である。

## 3・6・2 クリープ試験

クリープに対する材料の性能を調べる試験が**クリープ試験**である。試験片を一定温度に保持し，これに一定の荷重を加えて時間の経過とともに変化するひずみを測定する試験である。この試験によって，材料の**クリープ強さ**，**クリープ破断強さ**等のクリープ特性を得ることができ，耐熱材料の評価にはきわめて重要な試験である（クリープの詳細については第8章と第10章に述べる）。

## 3・7 塑性加工と機械的性質

機械や構造物は，それを構成している材料に加工を施し，形状・寸法を整え組み立てられている。構成材料の加工には，**切（研）削加工**，**溶融（鋳造）加工**，**塑性加工**等がある。

一般に金属材料に力を加え変形をあたえると，力を除いても変形された形を残す性質（塑性変形能）がある。この性質を利用して目的の形状に成型する加工法が塑性加工である。図3.9に塑性加工法の例を示す。

塑性加工の場合，加工温度は重要な意味がある。後段で述べる**再結晶温度**より上の温度での加工を**熱間加工**，再結晶温度以下での加工を**冷間加工**という。

塑性加工は，精度のよい製品を能率的に製造できるとともに，材料の強度を高

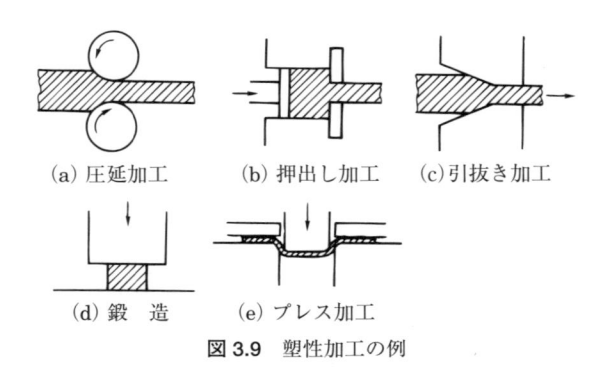

(a) 圧延加工　　(b) 押出し加工　　(c) 引抜き加工
(d) 鍛造　　(e) プレス加工

図 3.9　塑性加工の例

めたり，材質の改善を目的としても行われる。

塑性加工の程度を**加工度**という。圧延加工，押出し・引抜き加工の場合は加工断面の面積減少率で表す。

### 3・7・1 加工硬化と焼なまし

図3.10は，Cu-30%Zn合金に冷間加工を加えたときの加工度と機械的性質の変化を調べた結果で，冷間加工により引張強さ，耐力，硬さは増加するが，伸びは減少している。この傾向は多くの金属材料に共通する性質で，金属材料は冷間加工をすると，強く，硬くなるが，もろくなる性質がある。この現象を**加工硬化**という。図3.11は，加工硬化した材料を加熱していくときの機械的性質の変化を調べたもので，この合金は300℃近くまでは加工状態での性質を保持しているが，300℃を超えると，急激に加工前の性質にもどってくる。加工硬化した材料を加

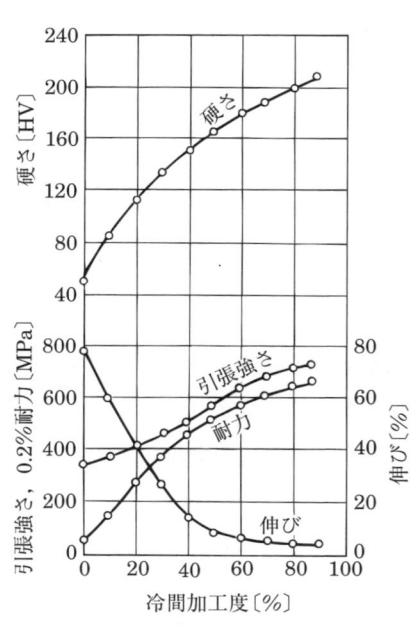

**図 3.10** 7/3黄銅の加工度と機械的性質

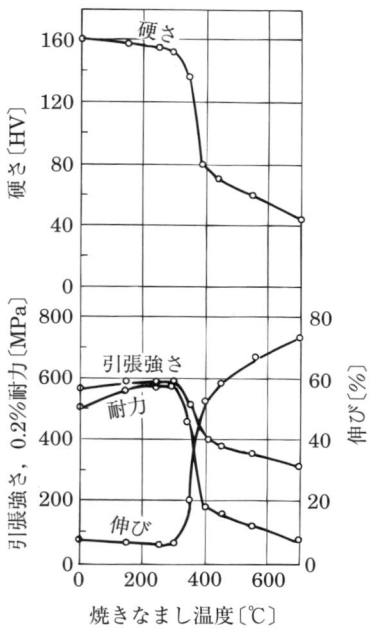

**図 3.11** 7/3黄銅の焼きなましによる性質変化

熱する熱操作を**焼なまし**という。

加工硬化した材料に焼なまし操作を加えると，加工硬化材は特定の温度以上で軟化していくが，この性質は，金属材料全般にみられる性質である

### 3・7・2 回復・再結晶・結晶粒の成長

図3.12は軟化の現象を定性的に説明したもので，軟化の過程は回復・再結晶・結晶粒の成長という過程を経ている。

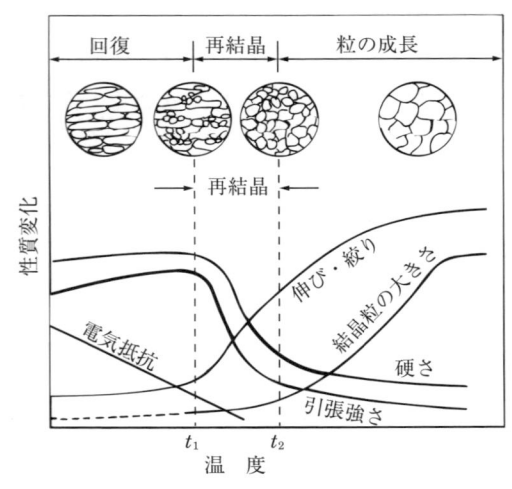

**図3.12** 冷間加工材の軟化過程

**[1] 回復** 図3.12において，温度$t_1$までは機械的性質の変化はあまりみなれないが，電気抵抗のような物理的性質は加工前の性質にもどっていく。この段階を**回復**という。ここでは，加工によってひずみを受けた結晶が，加熱によりひずみの一部を消失していく過程である。

**[2] 再結晶** 温度$t_1$〜$t_2$の間では，まだひずみが残っている結晶粒のなかに，ひずみのない新しい結晶の核が発生し，全体がひずみのない新しい結晶に入れ替わっていく過程で，これを**再結晶**という。再結晶が始まると，諸性質は徐々に加工前の状態にもどっていく。再結晶の始まる温度を**再結晶温度**という。

[3] 結晶粒の成長　再結晶の区間を過ぎて加熱を続けると，結晶粒がしだいに隣同士の結晶粒と併合し合って結晶粒は粗大化してくる。

### 3・7・3　加工度と再結晶

表3.1は，主な金属の再結晶温度を示したものである。この温度は材料の加工度や加熱時間の長短によっても変わるので，材料固有の温度ではない。再結晶の起こる条件は，

① ある程度の加工度が必要で，加工度が小さいと再結晶は起こりにくい。
② 加工度が小さくても，高温に加熱をすると再結晶は起こる。
③ 加工度が大きく加熱温度が低いと，再結晶による結晶粒は微細になる。
④ 再結晶温度以上で加工をすると，加工により結晶にひずみを生じて硬化しても，すぐに再結晶により軟化するので，加工硬化が起こらない。そのため，再結晶温度以下での加工を**冷間加工**，再結晶温度以上の加工を**熱間加工**という。

表3.1　再結晶温度

| 金属 | 再結晶温度〔℃〕 |
|---|---|
| Au | ～200 |
| Ag | ～200 |
| Cu | 200～250 |
| Ni | 530～660 |
| Al | 150～200 |
| Fe | 350～500 |
| Mo | ～900 |
| W | ～1200 |
| Zn | 室温 |
| Sn | 室温以下 |
| Pb | 室温以下 |
| Mg | ～150 |

## 3・8　金属材料の塑性変形の機構

金属材料は一般に塑性変形能に富んでおり，そのため塑性加工により成型加工が容易にできることを前節で述べた。金属は，特有な原子配列，結晶構造をもっている。これに塑性変形を与えると，原子の配列がどうなるのか，すなわち，結晶構造と変形の機構について知ることは，材料の強じん化の方法を知るうえで大切な考え方である。

### 3・8・1　金属のすべり変形

多くの金属材料は多結晶体であるが，これらの多結晶体に外力を加えて，塑性変形を与えたとき，個々の結晶粒内で原子がどうなるかを知るため，単結晶体に

外力を加えたときの変形について考えてみる。

表面を研磨した金属を引張ってみると，その表面に，図3.13のように微細な線が観測される。これを**すべり線**と呼んでいる。すべり線の構造は，図3.14のように，トランプをすべらせたように原子面がすべっているようにみえる。結晶に外力を加えると，このように金属の結晶内原子の配列にくいちがいが生じ，それが表面層に階段状となったものがすべり線である。単結晶に外力を加えると，結晶内の特定な面がすべりを起こして変形するので，このような変形を**すべり変形**という。

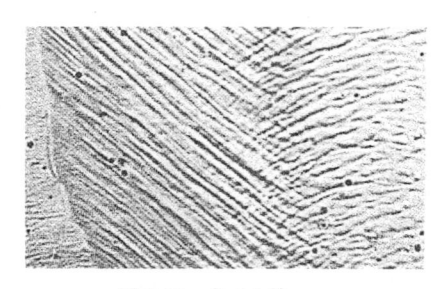

図3.13 すべり線

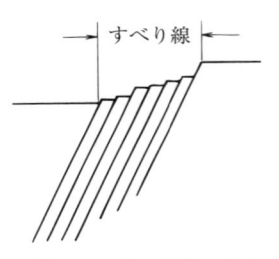

図3.14 すべり線の構造

**[1] すべり面とすべり方向**　棒状の単結晶を引張ってみると，図3.15のように結晶内の特定の結晶面がすべりを生じて変形する。このすべりを起こす原子面は，原子が最も密に並んでいる面で，すべる方向は原子が最も密に並んでいる方向である。原子密度の高い面と方向は結晶構造により異なる。図3.16に示すfcc構造の最も原子密度の高い面は(1 1 1)面であり，原子密度の高い方向は［1 1 0］方向であるから，fcc構造のすべり面とすべり方向は等価な面と方

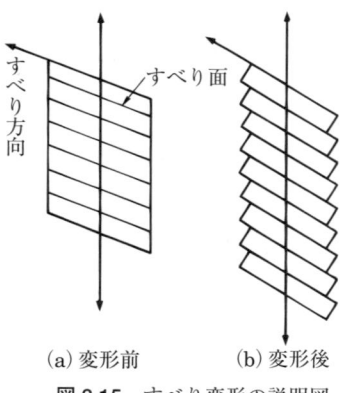

(a) 変形前　　(b) 変形後
図3.15 すべり変形の説明図

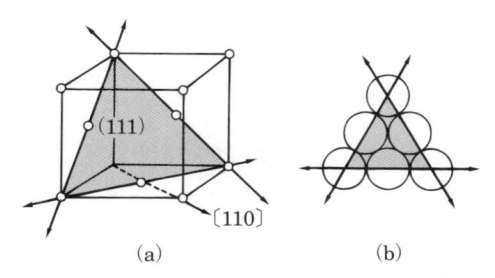

**図 3.16** fcc構造のすべり面とすべり方向

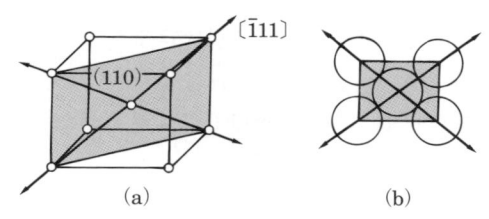

**図 3.17** bcc構造のすべり面とすべり方向

向を考慮すれば、{111}面と⟨110⟩方向である。bcc構造では、図3.17で示すように、{110}面と⟨111⟩方向がすべり面とすべり方向となる。

**[2] 臨界せん断応力**　図3.18は、断面積が$A$の単結晶丸棒を力$F$で軸方向に引張ったものである。

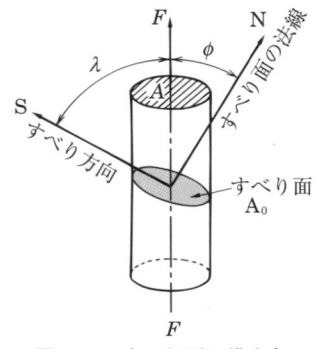

いま、$A_0$面をこの結晶内のすべり面、S方向をすべり方向、Nをすべり面に立てた法線、軸方向とS方向とのなす角を$\lambda$、軸方向とN方向のなす角を$\phi$とすると、引張力$F$はすべり面上では、N方向の力と、S方向の力$F\cos\lambda$に分解される。このS方向の力$F\cos\lambda$がすべり面$A_0$をすべらせる力（せん断力）となる。一方、すべり面$A_0$の面積は、$A/\cos\phi$であるから、すべり面に働くせん断応力$\tau$は、

**図 3.18** すべり面に働く力

$$\tau = \frac{F\cos\lambda}{\dfrac{A}{\cos\phi}} = \frac{F}{A}\cos\phi\cos\lambda$$

となる。

外力が増加してすべり面に働くせん断力が特定の値以上になると，すべりが起こる。すべりが起こり始める最小のせん断応力を**臨界せん断応力** $\tau_c$ といい，この値は材料固有の数値である。

せん断応力 $\tau$ が働くと，せん断ひずみ $\gamma$ が生じるが，この応力とひずみの関係は，

$$\tau = G\gamma$$

となり，この比例定数 $G$ を**横弾性係数**または**剛性率**といい，材料固有の数値である。

図3.19のように，すべり面上の原子を動じにすべらせたときの $\tau_c$ の値を概算すると，

$$\tau_c = \frac{b}{a} \cdot \frac{G}{2\pi} \fallingdotseq \frac{G}{2\pi}$$

となり，おおよそ剛性率 $G$ の1/6程度となる。

表3.2は，いくつかの金属の臨界せん断応力の計算値と，実際にすべらせたときの実験値を対照したものであるが，実際のすべりに必要なせん断応力は計算値よりはるかに小さい値で，その差はきわめて大きい。このことから，原子のすべりの機構は転位の移動によるものとの考え方が導入され，この矛盾が解決された。

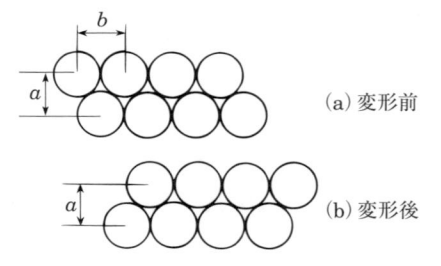

**図3.19** すべりによる変形の説明図

**表3.2** 臨界せん断応力の計算値と実測値

| 金属名 | 計算値〔MPa〕 | 実測値〔MPa〕 | 計算値/実測値 |
|---|---|---|---|
| Ag | 4500 | 0.92 | 4900 |
| Cu | 6400 | 1.00 | 6400 |
| Mg | 3000 | 0.83 | 3600 |
| Zn | 4800 | 0.94 | 5100 |

## 3・8・2 転位とすべり変形

前掲図3.19では，すべり面の上下の原子層が一度で動くとして考えた結果であるが，すべりは上下の原子が少しずつ動くという考え方が導入された。図3.20はその過程を示している。

図の黒丸の部分がずれを生じた部分で，この部分が図(a)，(b)，(c)と順次に移動していく。黒丸の部分はすでにずれた部分とずれない部分の境界であり，半原子面ABCDを挿入したようなもので，刃状転位である。境界線BCを**転位線**という。転位を1原子距離分だけ移動させるには，ごく小さい力ですむので，すべりが転位の移動で起こるとすれば，前述の計算値と実測値との違いが解決できる。

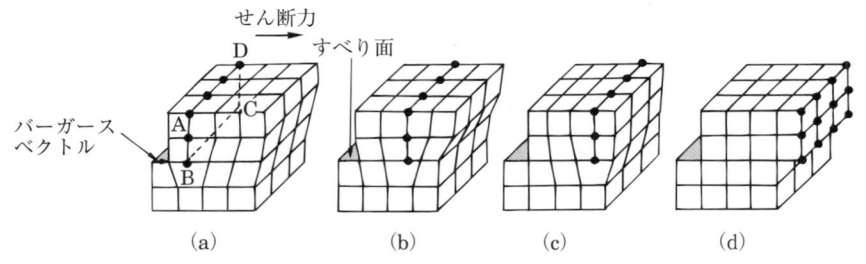

**図 3.20** 刃状転位とすべり変形の過程

図3.21はらせん転位の移動によるすべりの起こる様子を示したもので，転位線ADが左に進行すると，すべり面の上の部分が1原子距離分ずれることになる。

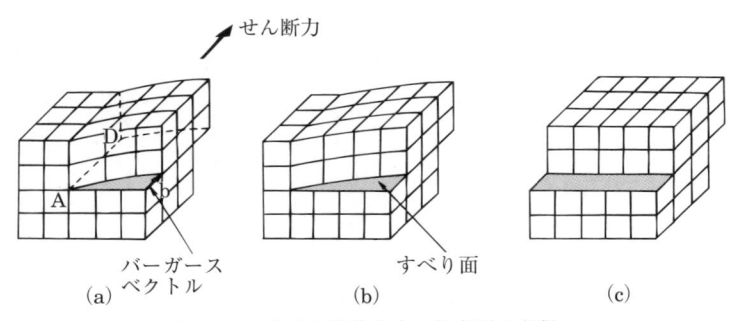

**図 3.21** らせん転位とすべり変形の過程

上に述べたように転位線が動くと，すべり面を境にして上下の原子層が，ある距離だけずれるが，このときのずれの大きさと方向を表すベクトルを**バーガースベクトル**という。刃状転位では転位線とバーガースベクトルは互いに垂直であり，らせん転位では平行である。

結晶中に存在する転位の量は，単位体積中の転位線の全長〔$cm/cm^3$〕で表し，これを**転位密度**という。転位は増殖したり消滅したりする性質があり，転位密度は加工硬化材では$10^{10} \sim 10^{12}$となるが，焼なまし材では$10^6 \sim 10^8$である。

### 3・8・3 双晶による変形

金属の変形にはすべりによる変形のほかに双晶による変形がある。**双晶**とは特定の平面を境にして，かつその面からの距離に比例しただけ原子がずれるために起こるので，両側の結晶は鏡面対象の関係となっている。この境界面を**双晶面**といい，ずれの起こる方向を**双晶方向**という。

図3.22は，fcc構造における双晶変形の過程を説明したものである。fcc構造では双晶面は $\{1\,1\,1\}$，双晶方向は $\langle 1\,1\,\bar{2} \rangle$ である。図(a)はfcc構造の双晶面（1 1 1）と双晶方向［1 1 $\bar{2}$］を示したもので，ずれる方向（双晶方向）［1 1 $\bar{2}$］は（1 1 1）面と（1 1 0）面との交わり，AFの方向となる。図(b)は図(a)中の（1 1 0）面ABFDCEと隣接する単位格子への延長部分の原子配列も示している。紙面は（1 1 0）面で，双晶面はAFF′，GJJ′線（紙面に垂直に交わる面）

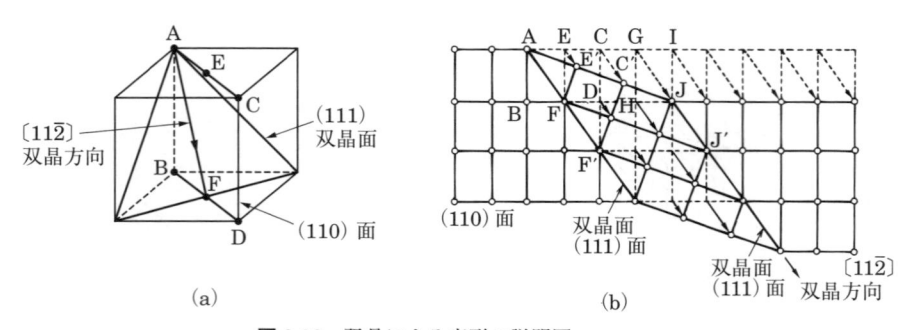

**図 3.22 双晶による変形の説明図**

で示され，双晶方向はAFF′方向，GJJ′方向である。

　いま，双晶面（図ではAFF′線で示される）より右側の原子が，双晶方向に双晶面に平行にせん断的に移動する場合を考えてみる。図(b)でF，E，Gの原子は，EはE′に（ED間の1/3），CはC′に（CH間の2/3），GはJのように移動をすれば，AF′面より左の部分とJJ′面より右の部分の原子の配列方法は変化がないが，AF′面とJJ′面の間では並び方が異なり，それぞれはAF′面およびJJ′面と鏡面対称になっている。

# 第4章　金属材料の状態の変化

## 4・1　金属・合金の相変化

　大部分の金属・合金は常温では固体であり，またその構成原子が結晶構造をつくりあげていることは前述した。これらの構成原子は，互いに原子間の結合力によって結びつけられており，またこれらの原子は，格子点を中心として振動している。この振動は温度が高くなると増加し，さらに高温になり，熱振動が激しくなると，原子は格子点にとどまっていられなくなる。この状態が溶融状態である。このように，金属・合金を加熱すると，固相から液相へと相の変化が起きるが，この固相→液相の変化を**融解**または**熔融**といい，融解の起きる温度を**融点**または**熔融点**という。この変化が起きるためには，原子間の結合力以上の運動エネルギーが必要になる。このように固相から液相に変わるために必要なエネルギーを**融解熱**または**融解の潜熱**という。

　一方，熔融金属は，上述したように多くの運動エネルギーを保有しているが，熔融金属を冷却していくと，運動エネルギーを失って，原子間結合力により各原子が特定の配列をし始める。これが液相→固相の変化である。この液相から固相に変わることを**凝固**，凝固が始まる温度を**凝固点**という。凝固をするためには，熔融金属の保有する運動エネルギーを熱として放出するが，これを**凝固の潜熱**という。

### 4・1・1　相変化と変態点

　固体金属を熱したり熔融金属を冷却をすると　固相⇔液相とその形態が変わるが，これは特定の温度で原子の配列に変化を生じるからである。このように物質の構成原子の配列形態が変化することを**変態**といい，変態の起こる温度を**変態点**という。したがって，融解も凝固も変態現象であり，融点，凝固点はともに変態

点である。純金属では融点と凝固点は同一温度である。

一方，固体金属でも温度の上昇あるいは下降に伴って，ある温度で結晶構造が変化する場合がある。例えば鉄を常温から加熱すると，911℃と1392℃で結晶構造の変化が起こり，1536℃で融解し以後は液相の鉄となる。

図4.1は，鉄の結晶構造の変化を示したもので，常温ではbcc構造であるが，911℃になるとfcc構造になり，1392℃で再びbcc構造となる。このように固体状態でも，特定の温度を境にして結晶構造の変わる現象も変態（同素変態）であり，このような変態点を**同素変態点**という。

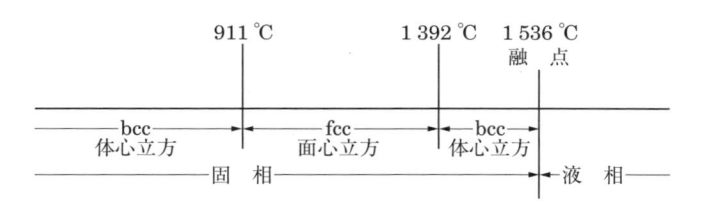

図 4.1　Fe の結晶構造

## 4・1・2　変態点の測定

金属の融解や凝固の場合に潜熱の吸収・放出現象が起こることを利用して，純金属の変態点を測定することができる。少量の純金属を加熱しながら時間の経過と金属の温度変化を，時間-温度曲線として図示したものが図4.2（a）である。ま

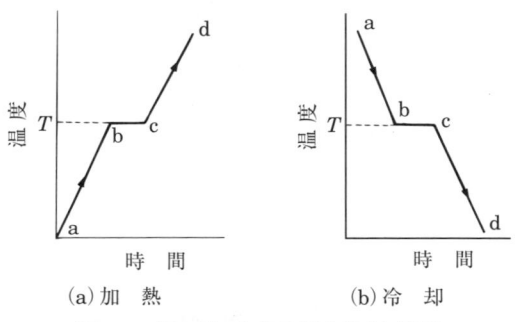

図 4.2　純金属の加熱冷却曲線（定性図）

た熔融している少量の金属をごくゆっくり冷却しながら，時間の経過と金属の温度変化を時間-温度曲線として図示すると図(b)のような結果となる．両図とも曲線上に温度が停滞する部分bcがみられる．これは，変態が起こるときに，加熱の場合には加えた熱が固相原子間の結合力を解離するためのエネルギーとし使用され，また冷却の場合には液相原子の持つ運動エネルギーを放出するため，金属そのものの温度は変わらないからである．

　図中のb点で変態が開始されc点で変態が終了する．この区間は温度が一定に保たれ，この停滞している温度がその金属の融点であり凝固点である．このようにして求めた曲線を**熱分析曲線**といい，図4.3は熱分析曲線を求めるための実験装置の概要である．熱分析は金属の状態の変化や性質を調べるのに用いられるが，通常は加熱より，冷却の熱分析曲線のほうが温度変化が均一になるので，変態点の測定には，冷却時の熱分析曲線を用いている．

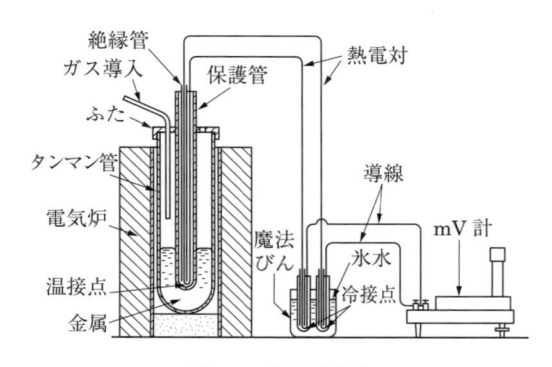

図 4.3　熱分析装置

### 4・1・3　純金属の凝固組織

熔融純金属を凝固温度まで冷却すると，熔融金属中に固相金属の小さな集合が発生する．これを**結晶の核**という．凝固点で発生した結晶核から結晶が成長し，やがて全部が結晶体となり凝固が完了する．

[1] **結晶核の発生と成長**　　図4.4は，結晶核の発生とその成長過程の概略を示したものである．熔融金属中に結晶の核が発生し（図(a)），その核が成長する

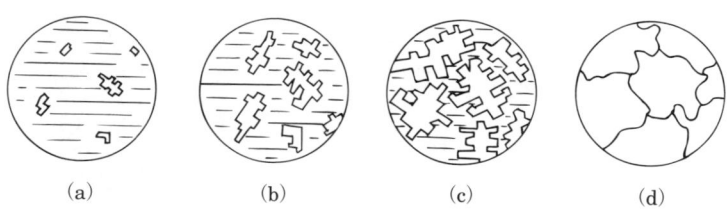

図 4.4 純金属の凝固の過程

ときは，木の枝のように突起ができ，枝から小枝ができだんだんと大きくなるように成長していく（図 (b)，(c)）。このような結晶を**樹枝状晶（デンドライト）**という。いくつもの結晶枝から成長した結晶は互いにぶつかり，そこが結晶粒界となって全体が固相となり，凝固が完了する（図 (d)）。

[2] **結晶粒度**　図4.4で凝固の初期に多数の結晶核が発生すれば，多数の結晶核が互いの成長を妨げるので結晶は細かく微粒になるし，核発生数を少なくし結晶を十分に成長させれば結晶は大きく粗大になる。結晶粒の大きさは金属の性質に大きな影響を与えるので，結晶粒の大きさの尺度を設け，これを**結晶粒度**といい，その表示方法に**粒度番号$N$**を定めている。粒度番号$N$は，$1mm^2$中に存在する結晶粒の数$n$を二次元的に測定し，次式で粒度番号$N$を定義している。

$$2^{N+3} = n$$

または，

$$N = \frac{\log n}{0.301} - 3$$

$N$の値は切り上げて整数値で示す。例えば$n=425$であれば，

$$N = \frac{\log 425}{0.301} - 3 = 5.73$$

となるので，粒度番号は6となる。

[3] **結晶粒界**　多結晶体の個々の結晶粒は単結晶であり，個々の結晶中の原子は規則的に配列しているが，個々の結晶同士は原子の配列方向が異なっているため，結晶同士の境界は原子配列が乱れている格子欠陥である。粒界の原子配列はその両側の結晶粒の配列方向によっていろいろな場合がある。図4.5は**結晶粒**

界の例で，粒界は転位や空孔ができやすく，また最後に凝固する場所なので，不純物等が集積しやすい場所である。

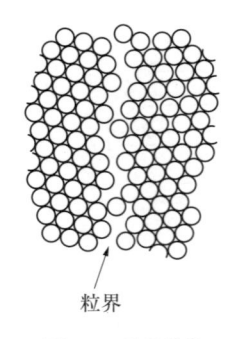

図 4.5　結晶粒界

## 4・2　合金の凝固と状態図

　二つの成分から構成されている二元合金（二成分系）の凝固過程は，成分元素の種類，組成により一様ではない。これは合金の場合，溶融状態は均一な液相であっても凝固時に2固相となる場合や，1固相になる場合等，かなり複雑な凝固過程を示すものがあるからである。

### 4・2・1　合金の組成表示法

　A，B二つの成分からなる合金の種々の組成を示すのに有限直線を用いている。図4.6に示す線分ABで，A点とB点をそれぞれA100％，B100％の組成として，AB上の点でこの合金の組成を表示できる。A側よりB成分の量〔％〕を目盛れば，図上にあるP点のA成分の組成は$a_0$，またB成分の組成は$b_0$の長さで示される。

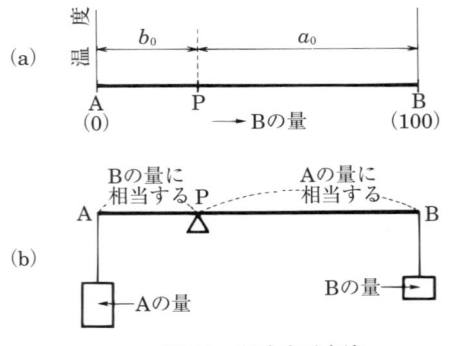

図 4.6　組成表示方法

このA，B両成分の量関係はP点を支点として，A点，B点にそれぞれAの量，Bの量に相当する重りを載せたときの天秤の釣り合いの関係と同じである。この天秤ではAの量とBの量比は

　　　　　Aの量：Bの量＝PBの長さ：PAの長さ

となる。この線分上にはA-B合金のすべての割合の組成合金を表示でき，またその組成の量関係を線分の長さに置き換えて表示できる。この関係を**てこの関係**という。

　A-B合金の温度による変動を図示するには，成分表示の線分の端部に垂線を立て，これを温度軸とした組成-温度座標平面をとれば，A-B合金のすべての組成と温度の変動を平面上に位置付けることができる。

## 4・2・2　二元合金の凝固相

　合金の凝固過程は，合金成分の種類やその割合により大きく変わる。凝固後に均一な相（単相状態）となるか，二相状態（異なる相の混合状態）になるか，また，凝固終了後に冷却途上で同素変態や析出現象（後述）が起こるか，かなり複雑で純金属のように単純ではない。
二元合金にみられる相は，熔融状態と凝固状態での両成分の溶け合い方で次のように分類される。

　　熔融状態で；Ⓐ　両成分が互いに完全に溶け合い均一な液相となる
　　　　　　　　Ⓑ　両成分の一部分が溶け合う（ごく一部の合金）
　　　　　　　　Ⓒ　両成分は全く溶け合わない（実在合金にはない）
　　凝固状態で；ⓐ　両成分が完全に溶け合い均一な固相となる
　　　　　　　　ⓑ　両成分の一部が溶け合う
　　　　　　　　ⓒ　両成分は全く溶け合わない

　これらの組合せを考えれば，以下の六とおりが考えられる。

　　　Ⓐ－ⓐ　　　Ⓐ－ⓑ　　　Ⓐ－ⓒ
　　　Ⓑ－ⓑ　　　Ⓑ－ⓒ
　　　Ⓒ－ⓒ

　実在合金の大部分は，Ⓐ－ⓐ，Ⓐ－ⓑ，Ⓐ－ⓒの場合で，Ⓑ－ⓑ，Ⓑ－ⓒはご

く一部の合金にはみられるが，ⓒ-ⓒは金属合金には存在しない。
また，凝固相も単一相，固溶体，化合物（中間相も含む）と様々な形態があり，複雑である。

### 4・2・3 状態図と相律

合金の凝固過程を考察する場合に使用される図に**状態図**がある。状態図とは，合金の組成と温度を座標にし，合金の加熱・冷却途上の相の変化を説明する図である。合金に現れる相とその量は，合金の組成および温度により変化する。ある物質が外界からの条件を一定にしたとき，その状態が時間とともに変化しない場合，**平衡状態**にあるという。例えば室温が20℃の室内に水温5℃の水の入った器を置いて，水の変化をみると，水温は上がるが，水という液相の状態は何ら変化しない。しかし，この水を冷蔵庫の製氷室(-20℃)の中に入れれば，水は氷に，すなわち液相→固相と変化していく。全部が氷(固相)となれば，それ以後は氷という固相状態は変化しない。これが平衡状態にあるということである。すなわち状態図とは，一つの系で，任意の組成・温度における平衡状態でどのような相が現れるかを示した図で，正しくは**平衡状態図**という。

**[1] 相　律**　　合金の状態図は，温度・組成により平衡状態で存在する相の様相を示したものであり，相の状態は，温度・組成・圧力などが変われば，それに対応して変化する。このように相の状態は温度・組成・圧力などの因子に支配されるので，これらの因子を**状態量**（状態変数）という。

平衡状態にある合金で，合金の成分元素の数を$n$，共存する相の数を$p$，自由度を$f$とすると，$n, p, f$の間には熱力学から次式の関係が証明されている。

$$f = n - p + 2$$

この式を**相律**という。**自由度**$f$というのは，存在する相の状態を変えないで独立に変化させることができる状態量の数のことである。なお，金属は通常は圧力の影響は考えなくてもよいので，相律を$f=n-p+1$とし自由度を1減じて適用している。

図4.2の純金属の冷却過程に相律を適用してみると，区間a～bは熔融状態であり，純金属であるから$n=1$，液相状態のため$p=1$，よって$f=1-1+1=1$，自由度

が1となる。組成は純金属で不変のため，この自由度は温度のみとなる。区間a〜bでは冷却により温度が下がっても相の状態（熔融状態）は変わらない。

区間b〜cは凝固区間であるので，凝固相(固相)と熔融相(液相)の二相共存領域で，$p=2$となる。相律を適用すると$f=1-2+1=0$となり，変えられる状態量はない。これは凝固区間では温度が変えられず，一定温度で，凝固が進行することになる。

c点で凝固が終了すると，液相が消滅するので$f=1$となり，再び温度が低下する。

二元合金では成分数$n=2$で，熔融状態では$f=2$，凝固区間（二相共存の場合）では$f=1$となる。この意味は，熔融状態の範囲であれば合金組成，温度とも変えられるが，凝固区間で相数$p=2$の場合では，組成が一定なら，温度は変えられることになる。このことは純金属の凝固は一定温度で進行するが，凝固時に二相共存の合金では，凝固は温度が低下しながら進行することになる。図4.7は二元合金の熱分析曲線の例で，b点が凝固開始点，c点が凝固終了点，この間は凝固の潜熱を放出しながら冷却が進行するため，曲線の傾斜が緩やかになっている。凝固時に三相状態となる（50ページの共晶凝固）場合には凝固は一定温度で進行する。

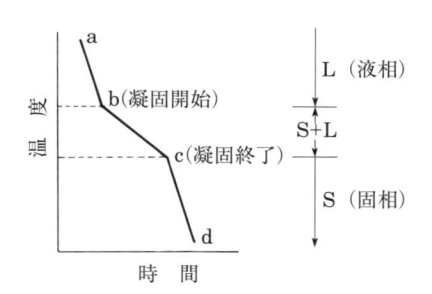

**図4.7** 合金の熱分析曲線の例（定性図）

**[2] 液相線と固相線** 熔融状態でも凝固状態でも互いに完全に溶け合うA-B合金の種々の組成について，凝固開始・終了点の変化をみるために，各組成合金の熱分析曲線を調べたものが図4.8である。図(a)は純金属Aの熱分析曲線でA′はAの融点である。A-P％B合金の凝固開始点は$L_1$，終了点は$S_2$，またA-Q％Bの凝固開始点は$L_2$，終了点は$S_2$，B′は純金属Bの融点である。これらの純金属および合金の凝固開始・終了点を図(b)の組成-温度平面に移し，凝固開始点と終了点をそれぞれ結べば，A′$L_1L_2$B′曲線とA′$S_1S_2$B′曲線が得られる。凝固開始点

**44** 第4章 金属材料の状態の変化

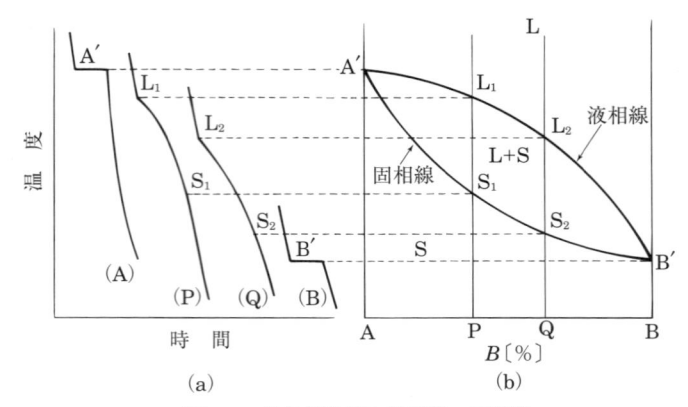

図 4.8 熱分析曲線と液相線, 固相線

を結んだ$A'L_1L_2B'$線は, この合金すべての組成の凝固開始温度を示すもので, この曲線より上の領域は熔融状態を意味し, この曲線を**液相線**という。また, $A'S_1S_2B'$曲線より下の領域はすべて凝固が完了しているので, この曲線を**固相線**という。両曲線で囲まれた領域が固相(S相)と液相(L相)の共存域, 凝固区間となる。

[3] **二相分離** 図4.9で, A-P%B合金を溶融状態から冷却し, p点(温度$t_0$)に達したときは, この合金は凝固途上でS相とL相の二相共存状態にある。この場合の分離されたS相とL相の組成とその各相の量比は次のように考える。

p点を通り横軸に平行線を引き, 固相線と液相線との交点をそれぞれ$s_0$, $l_0$とする。このときの, S相の組成は$s_0$, L相の組成は$l_0$で示される。また, $s_0$と$l_0$の量の割合は, てこの法則を適用する。すなわち図のように二相の全量を$s_0l_0$の長さとする天秤を考えれば, 凝固相$s_0$の

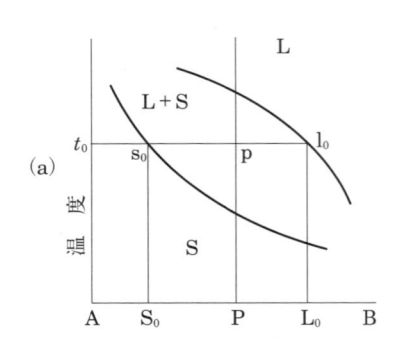

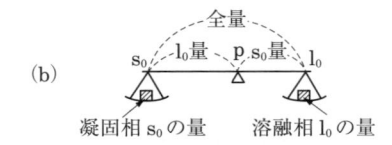

図 4.9 二相共存状態の量比

量は$pl_0$の長さ，熔融相$l_0$の量は$ps_0$の長さに相当する。

$$\frac{s_0}{l_0} = \frac{pl_0}{ps_0}$$

**[4] 溶解度曲線**　A-B2成分系でA成分にB成分が溶け込む場合と，B成分にA成分が溶け込む場合があると，相互の溶解度には次のような場合が考えられる。

① AとBがどのような割合でも互いに完全に溶け合う。

② AとBの溶解度には限度がある。

図4.10はこれらの関係を図示したものである。曲線$Ma_3a_2O$は溶媒Aの中に溶け込める溶質Bの**溶解度曲線**であり，曲線$Nb_3b_2O$は溶媒Bの中に溶け込める溶質Aの溶解度曲線である。この両曲線はO点で一致しており，これを**相互溶解度曲線**ともいう。O点以上（図でⅢの領域）ではAとBは完全に溶け合うことになる。曲線$Ma_3a_2O$は溶媒Aの中に溶け込める溶質Bの溶解限度を示す曲線であるから，曲線の左側（図でⅠの領域）の領

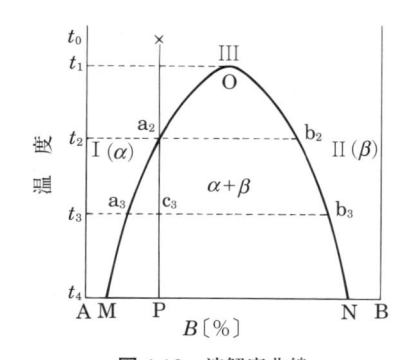

図4.10　溶解度曲線

域の組成ではBはA中に完全に溶け込んでいる均一な相の状態であり，これをα相と名付けている。この関係はAとBが液相の場合（溶液）でも固相（固溶体）の場合でも同様である。

同様に曲線$Nb_3b_2O$の右側の領域（Ⅱ）も同様で，この領域をβ相という。

次に，相互溶解度曲線の内側の意味を理解するために，図に示したA-p％B組成の合金を，温度$t_0$からゆっくり冷却をしたときの相変化の過程を考察してみる。

（ⅰ）　温度$t_0$から$t_2$までは，溶解度曲線の外であるので，均一なα固溶体である。

（ⅱ）　温度$t_2$では，この合金は溶解度曲線上の$a_2$点に位置するが，$a_2$点が溶解度曲線上にある意味は，A中に固溶しているB成分が飽和の状態である。

(iii) 温度が$t_2$より下がると，溶解度曲線の内側の領域に入るが，この場合は溶質Bが過飽和の状態なので，$\alpha$固溶体より溶質成分が析出することになる。

　　**析出**とは過飽和な固溶体から溶質元素が分かれて新しい相を形成する現象であり，過飽和な溶液から溶質が結晶として形成される現象を**晶出**という。

(iv) $\alpha$固溶体より析出される固相は，溶質成分BのなかにAを固溶した$\beta$相である。この析出する$\beta$相の組成は$\beta$の溶解度曲線上の$b_2$点で示される。

(v) 温度が$t_2 \to t_3 \to t_4$と低下するにつれ，$\alpha$相から$\beta$相の析出が進む。その際の$\alpha$相の組成は溶解度曲線上$a_2 \to a_3 \to M$と変化し，析出する$\beta$相の組成も$b_2 \to b_3 \to N$と変化していく。

(vi) $\alpha$相と析出した$\beta$相の量の関係はてこの関係を考えればよい。温度$t_3$では$c_3$を支点とし$a_3b_3$を棹の長さとした天秤を考えれば，$c_3b_3$の長さが$\alpha$相の量に相当し，$c_3a_3$の長さが析出した$\beta$相の量に相当する。

(vii) 室温では，M組成の$\alpha$相とN組成の$\beta$相が共存し，その量はPを支点とし，MNを棹の長さとする天秤で，PNの長さが$\alpha$相量，PMの長さが$\beta$相量を示している。

上記のように，溶解度曲線の内側では，[3]で述べた二相分離相となり，分離した各相の組成は，そのときの温度を示す点から水平線を引いて，曲線と交わる2点が分離相の組成を示す。

## 4・3　合金の状態図の読み方

合金の凝固過程については，4・2・2項でその基本形態を述べたが，合金では成分元素の種類，その組成，冷却条件（冷却速度の遅速）等により一様ではない。合金の凝固過程および凝固組織の概要はその合金の状態図を見れば理解することができる。本節では基本的な状態図の概形とその見方について述べる。

### 4・3・1　全率固溶体型状態図

熔融状態でも固体状態でも成分元素が完全に溶け合う合金の状態図は，二つの

成分がすべての割合で固溶体をつくるため**全率固溶体型**と呼んでいる。図4.11が全率固溶体型状態図で，A'lB'は液相線，A'sB'は固相線で，図中（Ⅰ）の領域は熔融状態，（Ⅲ）はα固溶体域，（Ⅱ）は凝固域で融液とα相の共存域である。

**[1] 状態図の読み方**　図4.12で，A-P%B合金を温度$t_0$より冷却したときの凝固過程は

（1）$t_0 \sim t_1$

この間は熔融状態のまま冷却する。

（2）$t_1 \sim t_3$

温度$t_1$ではこの合金は液相線上の$l_1$に達し凝固（晶出）が始まるが，このときの凝固相（晶出相）は$s_1$で示されるα固溶体である。ここで留意すべきは，合金が凝固するときは，晶出相は融液と組成が異なるということである。温

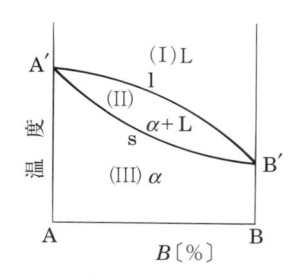

図 4.11　全率固溶体型の相領域

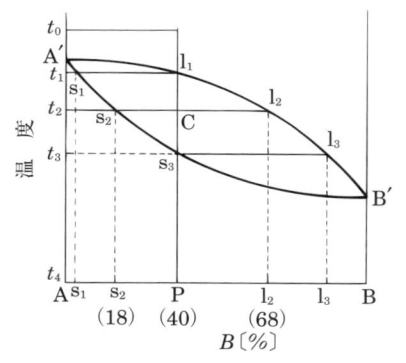

図 4.12　全率固溶体の凝固過程
　　　　（ ）の数は組織の計算例用

度が$t_2$まで下がると，この間に融液からα相の晶出が続き，融液の組成は$l_1$から$l_2$に，α相の組成も$s_1$から$s_2$に変化していく。このときのα相量と融液量との関係は

$$\frac{\alpha 相量}{融液量} = \frac{Cl_2}{Cs_2}$$

である。

温度が$t_3$まで下がれば，さらに凝固が進行し，$t_3$ではα相の組成は$s_3$に，融液の組成は$l_3$となって，凝固が終了する。

（3）$t_3 \sim$常温

凝固後は，均一なα相（P組成）となって常温まで冷却される。図4.13は，冷却途上における融液と晶出α相の組成変化を説明したものである。この変化は，

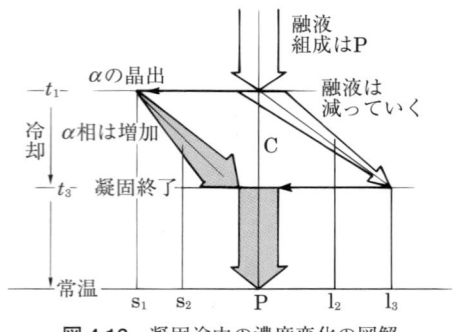

**図4.13** 凝固途中の濃度変化の図解

ごくゆっくり冷却したときであって，実際の凝固時のように冷却速度が速いと，成分元素の拡散が不十分で**偏析**（後述）を生じる。

［組織計算の例］------------------------------------------------

図4.12で，A-40％B合金5kgを温度$t_1$から$t_2$まで冷却したときの，温度$t_2$における相の解析をしてみる。この場合，$t_2$で平衡状態にあるものとする。

温度$t_2$は凝固途上で，晶出$\alpha$相の組成はA-18％Bであり，残っている融液の組成はA-68％Bである。この$\alpha$相と融液の量はてこの関係から求める。

$$\alpha 相（18\%B）量〔\%〕 = \frac{68-40}{68-18} \times 100 ≒ 56.0 〔\%〕$$

$$融液（68\%B）量〔\%〕 = \frac{40-18}{68-18} \times 100 ≒ 44.0 〔\%〕$$

すなわち，全体の約56％が凝固している。全量が5kgであるから凝固量と融液の量は，

$5 \times 0.56 = 2.8$〔kg〕……凝固$\alpha$相量

$5 \times 0.44 = 2.2$〔kg〕……融液の量

凝固$\alpha$相中の成分Aと成分Bの量は

$2.8 \times 0.82 = 2.296$〔kg〕……凝固$\alpha$相中のA量

$2.8 \times 0.18 = 0.504$〔kg〕……凝固$\alpha$相中のB量

------------------------------------------------

**[2] 偏 析**　状態図は平衡状態での相の関係を示す図であるから，実際の凝固のように冷却速度が速いときには，状態図どおりの平衡関係に達することは少なく，成分の不均一が生ずる。これを**偏析**という。図4.14で組成Pの合金は温度 $t_1$ で $s_1$ の結晶核が発生し，以後凝固終了まで結晶組成は $s_1 \to s_2 \to s_3 \to s_4$ となり，融液の組成は $l_1 \to l_2 \to l_3 \to l_4$ と変わる。最後に凝固するときはP組成の $\alpha$ 相となる。このように組成の異なる固相と液相の間には原子の拡散によって，組成が均一になるのであるが，固体内では原子の拡散が遅く，冷却速度が速いとこの拡散が不十分になる。このために最初に晶出した部分と後で晶出した部分では組成の異なる組織となる。

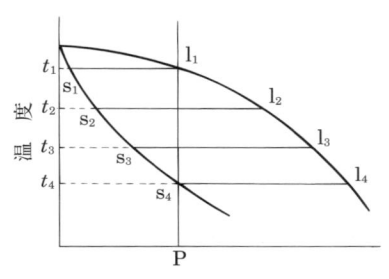

**図4.14**　各濃度における共存相

### 4・3・2　共晶型状態図

熔融状態では成分金属は互いに完全に溶け合うが，固体状態では全く溶け合わない合金がある。このときは融液から異なる組成の固相が晶出することになる。すなわち，

　　　　　均一な融液 → 固相A + 固相B

の形の凝固である。このように一つの液相が同時に二つの固相に分離して凝固する相変態を**共晶反応**という。図4.15は共晶反応の起こる場合の状態図である。E点を**共晶点**，E点の示す温度を**共晶温度**，CED線を**共晶線**という。A′，B′は成分金属の融点，A′EB′線は液相線，CED線（共晶線）が固相線である。

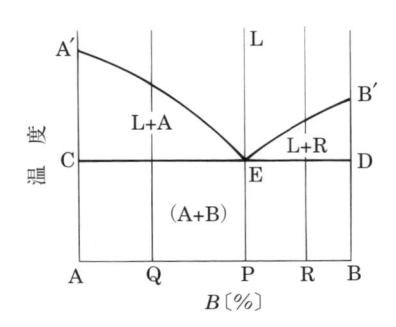

**図4.15**　共 晶 型 合 金

[共晶型状態図の読み方]

(1) P組成合金の冷却過程

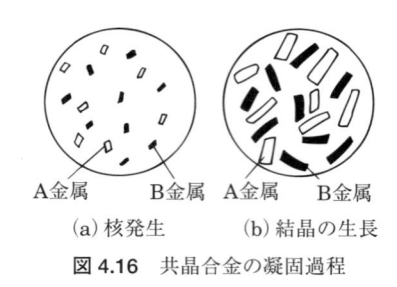

P組成合金を熔融状態より冷却すると、E点で凝固が開始する。この凝固形態は、図4.16のように融液中から成分Aと成分Bの結晶核が同時に発生し、成長する共晶凝固を起こす。共晶反応による凝固組織は前述の固溶体と異なり、成分金属が混合しているのみで、特有な組織を呈するので**共晶組織**といい、図4.17にその例を示す。

図4.16　共晶合金の凝固過程

共晶凝固に相律を適用すれば、成分数2、相数は融液と結晶Aと結晶Bの3相が共存している状態であるから、自由度は$f=n-p+1=2-3+1=0$となり、共晶凝固途上は温度が変わらないことになる。

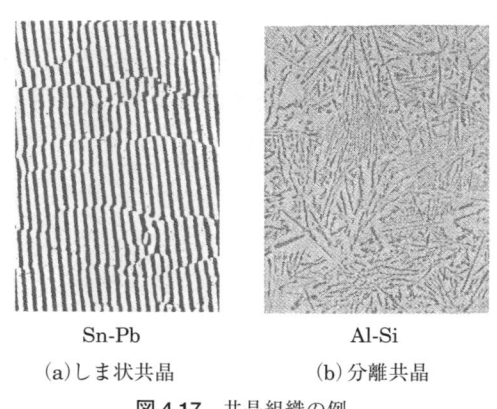

Sn-Pb　　　　　　Al-Si
(a) しま状共晶　　(b) 分離共晶

図4.17　共晶組織の例

(2) Q組成合金の冷却過程

図4.18のQ組成合金では、温度$t_1$でA′E線と$q_1$点で交わり、ここで融液中からAの晶出が始まる。$t_1 \sim t_2$間はAの晶出が続き、それにつれ融液の組成は$l_1 \sim l_2$線に沿って変化していく。$t_2$における凝固の状態は図中のⓒのようになっている。このようにQ組成合金が最初に晶出するのはA金属であるので、この晶出相を**初晶A**と呼ぶ。

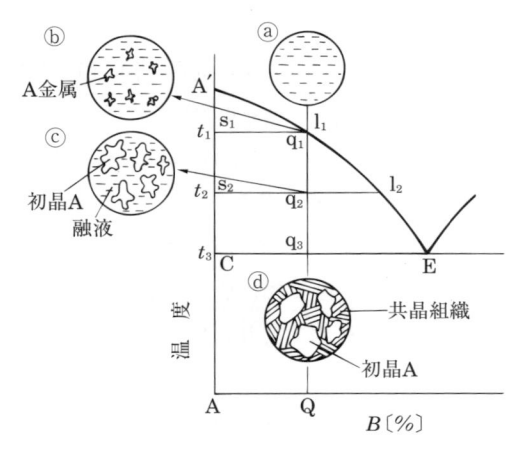

**図 4.18** 亜共晶合金の凝固過程

$t_2$ における初晶Aと融液（組成 $l_2$）との量関係は，$q_2$ を支点，$s_2l_2$ の長さを棹の全長とする天秤を考えれば，初晶Aの量は $q_2l_2$ の長さ，融液の量は $q_2s_2$ の長さで示される。

温度 $t_2$ から $t_3$ までは，初晶A量は増加し，その間融液の組成は $l_2$ からEと変化し，すなわち，温度が $t_3$ に到達したときには，$q_3$ 点を支点とし全量をCEの長さとする天秤を考えれば，$q_3E$ の長さに相当する晶出A量と，$q_3C$ の長さに相当する量の融液が共存する。ここで，この融液が一定温度で共晶反応を起こし凝固が終了する。

凝固終了後の組織は図中のⓓのように，初晶Aと共晶組織の混合された組織である。共晶中のAを初晶Aと区分するときは，**共晶A**といい，初晶A+共晶AがAの全量である。

(3) R組成合金の冷却過程

Rのように共晶点より右組成の合金では，液相線に至ると初晶としてBの晶出が始まり，温度低下とともに凝固が進行し，$t_3$ で共晶凝固が始まる。この合金の組織は初晶Bと共晶組織の混合された組織である。

以上のように，共晶型合金の組織は合金の組成によって異なるので，P点組成の合金を**共晶合金**，共晶点より左側Q点のように共晶組成未満の合金を**亜共晶合**

金，R点のように共晶組成以上の合金を**過共晶合金**という。

## 4・3・3　共晶型状態図：部分固溶範囲を有する場合

前述の状態図では，AとBは固体では全く溶け合わない場合であるが，Aのなかに若干のBが，またBのなかにAが若干溶け込み，$\alpha$固溶体，$\beta$固溶体となり，かつ，$\alpha$相と$\beta$相が共晶型を形成する合金がある。

この合金の状態図は図4.19 (a) となる。この状態図は，図 (b) のように全率固溶体型と共晶型と溶解度曲線を組み合わせたものである。この状態図の液相線はA'EB'線，固相線はA'CEDB'線であり，E点は共晶点，CEDが共晶線，CFとDG線は溶解度曲線である。

これらの各線で区分された領域は，Ⅰは溶融状態，Ⅱは溶融金属と$\alpha$固溶体，Ⅲは$\alpha$固溶体，Ⅳは溶融金属と$\beta$固溶体，Ⅴは$\beta$固溶体，Ⅵは$\alpha$固溶体と$\beta$固溶体の共存域である。

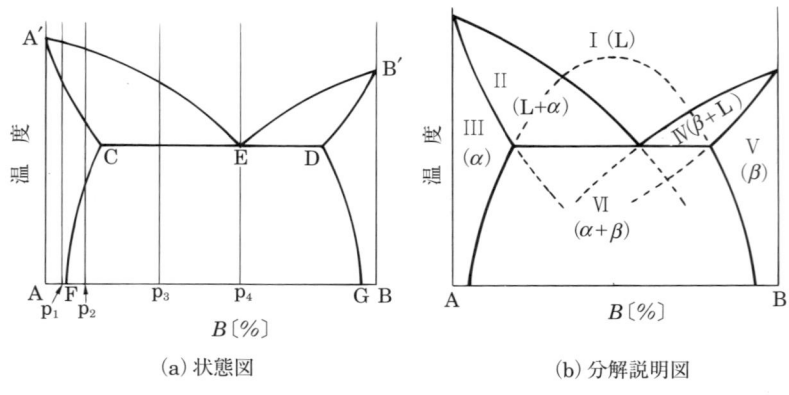

(a) 状態図　　　　　　　　(b) 分解説明図

**図 4.19**　固溶体を共晶とする型の状態図

[状態図の読み方]

図4.19 (a) で示した$P_1$，$P_2$，$P_3$，$P_4$各組成合金の冷却過程を考察する。

(1) $P_1$組成の場合

$P_1$組成合金の冷却過程は，全率固溶体合金の冷却と同様である。凝固後は均一な$\alpha$固溶体となり，常温まで冷却される。

(2) $P_2$組成の場合

図4.20に示すように，$P_2$組成合金を溶融状態から冷却すると，状態図上の諸線と$a_2$，$b_2$，$c_2$で交わり，常温に至る。$a_2$で凝固が始まり，$b_2$で凝固が終了し，均一な$\alpha$固溶体となる。$b_2$，$c_2$間は$\alpha$相のまま温度が低下するが，$c_2$点は溶解度曲線上の点であるので，$c_2$点以下では$\alpha$固溶体から$\beta$相の析出が始まる（図4.10参照）。常温での組織については略画でその状態を示す。

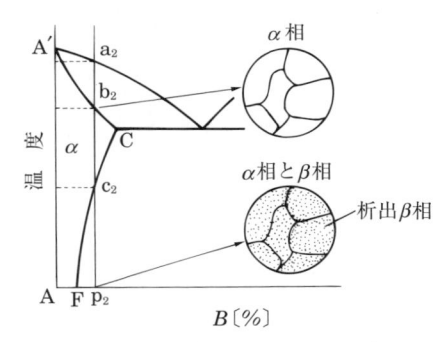

図4.20　共晶反応が起こらない場合の凝固過程

(3) $P_3$組成の場合

$P_3$組成合金を溶融状態から冷却すると，図4.21に示す$a_3$で$\alpha$相を晶出し始め，$a_3$から$b_3$までは溶融相より$\alpha$相の晶出が続き，その間溶融相の組成は$a_3$からEと変化する。

$b_3$に達したときには，組成Cで示される$\alpha$相と組成Eの溶融相の二相が共存する。このときの二相の量関係はてこの関係から，$b_3$を支点としCEを全量の長さとする天秤で，$b_3$Eの長さが$\alpha$相量，$b_3$Cの長さが融液量を示している。

ここで，この融液が共晶凝固を行い凝固が終了する。この共晶反応は

　　　　E組成の溶融合金 → C組成の$\alpha$固溶体 + D組成の$\beta$固溶体

である。この反応は液相と$\alpha$相と$\beta$相の三相共存であり，自由度は$f=0$であるので，一定温度での凝固となる。

凝固終了後は$\alpha$相と$\beta$相の組成は，図4.22に示すように相互溶解度曲線上のC点とD点上にあるので，温度が下がれば，$\alpha$相（初晶$\alpha$と共晶$\alpha$）の組成はCF線

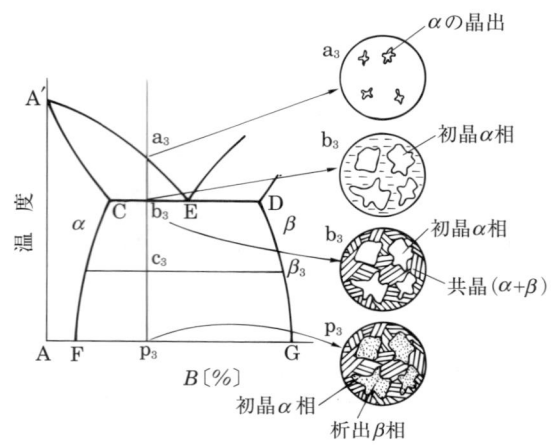

**図 4.21** 共晶反応が起こる場合

に沿って組成が変化し、またβ相（共晶β）はDG線に沿って組成を変化し常温に至る。この合金の凝固過程の組織変化の概要を図中に示す。

(4) $P_4$組成の場合

$P_4$組成合金は共晶組成であるので、E点で共晶凝固をし、凝固後はC組成のα相とD組成のβ相の二相となり、その後の冷却過程は前述と同様である。

### 4・3・4 包晶型状態図

溶融状態では完全に溶け合うが固体状態では一部溶け合い、**包晶反応**が起こる場合の状態図が図4.23である。包晶反応というのは、固相にその周りの液相が作用して新しい固相が生成される反応である。

この反応は

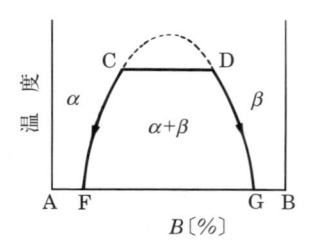

**図 4.22** α相とβ相の温度変化説明図

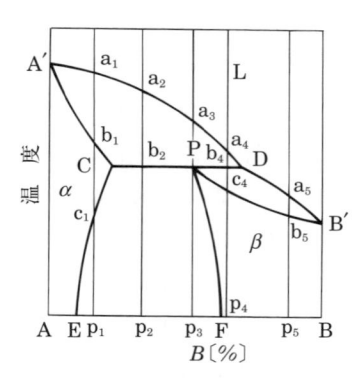

**図 4.23** 包晶型状態図

4・3 合金の状態図の読み方 55

$$固相I+液相 \rightarrow 固相II$$

のような反応で，固相IIの生成過程を図4.24に示す．この図は濃度が異なる融液とα固溶体が接しているとき，α固溶体の外側から融液が作用して，α固溶体がβ固溶体に変化していく様相を示している．結晶を外から包むようにして変わるので**包晶**と名付けられている．包晶反応は三相共存の反応であるので，共晶反応と同様一定温度で進行する．

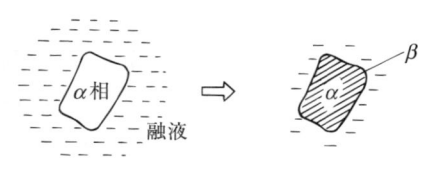

(a) α+融液　　(b) βの生成

図4.24　包晶凝固の過程の説明図

図4.25に包晶型状態図の構成を示している．A′DとA′Cで囲まれた領域とDB′とPB′で囲まれた領域はそれぞれ全率固溶体型状態図の一部であり，CEとPFの各線は溶解度曲線である．液相線はA′DB′，固相線はA′CPB′線である．P点を**包晶点**，P点の示す温度を**包晶温度**，CPD線を**包晶線**という．

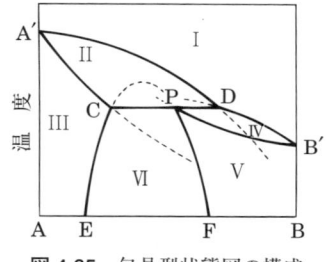

図4.25　包晶型状態図の構成

各領域に存在する相は，Iは溶融相，IIは溶融相+α相，IIIはα相，IVは溶融相+β相，Vはβ相，VIはα相+β相の共存域である．

[包晶型状態図の読み方]

図4.23の$P_1$，$P_2$，$P_3$，$P_4$，$P_5$各組成合金の凝固過程について考察する．これらの合金は冷却過程でCPD線を通る場合には包晶反応が起こる．

(1) $P_1$組成の場合

この組成は図4.19の$P_1$組成と同じで，$a_1$で凝固開始してα相を晶出し，$b_1$で凝固終了して均一なα相となり，$c_1$でα相よりβ相を析出し常温に至る．

(2) 包晶点組成$P_3$合金の場合

$a_3$で凝固が始まり，α相を晶出し始まる．P点に到達したときは，C組成のα相とD組成の融液が共存するが，ここで包晶反応が起こる．

この反応は，

$$\text{C組成の}\alpha\text{相} + \text{D組成の融液} \rightarrow \text{P組成の}\beta\text{相}$$

であり,反応中は温度は一定である。反応が終了したときは,融液はすべて凝固し,均一なP組成の$\beta$相となり,温度が下がり始まるが,P点は溶解度曲線上の点であるので,P点組成の$\beta$相はPF線に沿って$\beta$相から$\alpha$相を析出しながらその濃度を変えていく。常温ではF組成の$\beta$相を母相とし,E組成の$\alpha$相を析出相とする組織となる。

(3) $P_2$組成合金の場合

この合金は包晶点より左側CP線上の組成の場合で,$a_2$で初晶$\alpha$を晶出する。包晶線上$b_2$に達したときの相を解析すると,$b_2$を支点とし全量をCDの長さとする天秤を考えると,$b_2$Cの長さが融液量,$b_2$Dの長さが初晶$\alpha$量で,この融液と$\alpha$が包晶凝固するが,包晶点より左側では$\alpha$相量のほうが融液量より過剰であるので,図4.26のように$\alpha$相の全部が$\beta$相には変態せず,未変態の$\alpha$が残留することになる。すなわち包晶反応後は凝固が終了するが,凝固終了後は溶解度曲線上のC点に対応する$\alpha$相と,同じくP点の$\beta$相の2固相となり,それぞれ溶解度曲線上に沿って変化し常温に至る。

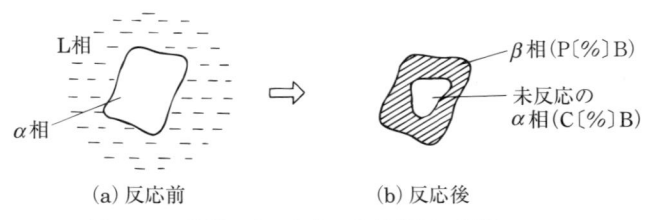

図 4.26 $\alpha$相量が多いときの包晶凝固の説明

(4) $P_4$組成の場合

$P_4$組成のように包晶点の右側PD線と交わる合金では,図4.27のように包晶反応後は,凝固が終了せずにP組成の$\beta$相とD組成の融液が残留する。P組成の$\beta$相は$Pc_4$線に沿って濃度を変え,未凝固の残液は,図4.28のようにDB′線に沿って$\beta$相を晶出しながらその組成を変化し,$c_4$点で凝固が終了する。

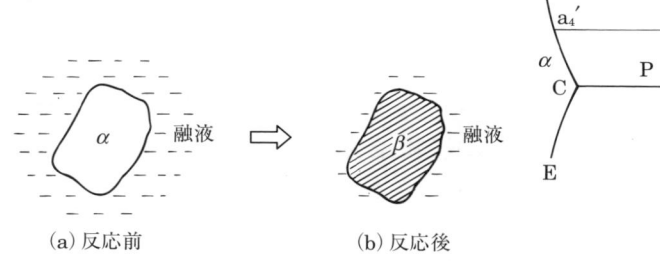

図4.27 融液が多いときの包晶凝固の説明
(a) 反応前
(b) 反応後

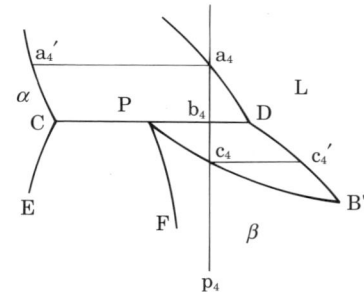

図4.28 融液が過剰のときの凝固過程

(5) $P_5$組成の場合

$P_5$組成合金の冷却過程は$P_1$組成合金と同じ考え方で，$a_5$で融液中から$\beta$相の晶出が始まり，$b_5$で凝固が終了して均一な$\beta$相となる。

## 4・3・5 偏晶型状態図

図4.29は，溶融状態の液相Lが冷却途上で$L_1$と$L_2$のように二液相に分離し，凝固開始時に偏晶反応が起こる場合の状態図である。

図中のMLG曲線は溶解度曲線，M点を偏晶点，この点の温度を偏晶温度，E点は共晶点である。偏晶反応とは，図中のM点で示される偏晶点組成の液相$L_1$から固相が晶出し，その間に液相の組成が$L_2$と変化する次式で示される反応である。

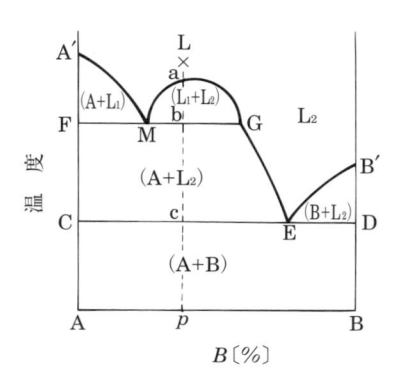

図4.29 偏晶型状態図

$$溶融相L_1（M）\rightarrow 固相（F）+溶融相L_2（G）$$

この反応は$L_1$が消失するまで続き，反応中は温度は一定である。図中のp組成合金の凝固過程を考察すると，aで融液は二液相$L_1$と$L_2$に分離する。bでM組成の$L_1$から固相Aの晶出が起こり，$L_1$組成の融液はその組成を$L_2$と変えていく。反応終了後は晶出したA相と溶融相$L_2$となり，cで$L_2$相は共晶凝固する。

## 4・3・6　その他の状態図

いままでの状態図は，融液からの凝固という相変化に対応した場合であったが，凝固後の固体内に相変化があれば，その変化に対応した線・点が状態図に現れる。

**[1] 変態前後でも完全に溶け合う場合**　図4.30は，全率固溶体型合金が凝固後，さらに冷却途中で，別の全率固溶体型の合金となる場合と（図(a)），凝固後の固溶体が二相に分離する場合（図(b)）である。

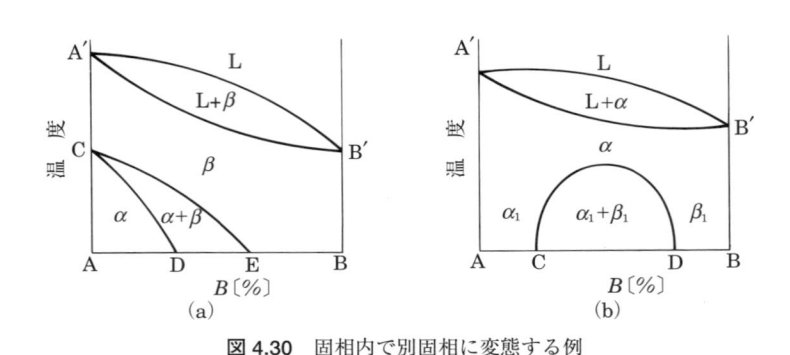

**図4.30**　固相内で別固相に変態する例

**[2] 共析変態・包析変態を起こす場合**　凝固後の固相が二つの固相に分離する場合がある。図4.31(a)は，凝固相$\gamma$が冷却途中で，$\gamma \rightarrow \alpha+\beta$となる変態で，これは共晶反応が固体内で起こっているのと同じであるので，これを**共析反応**と

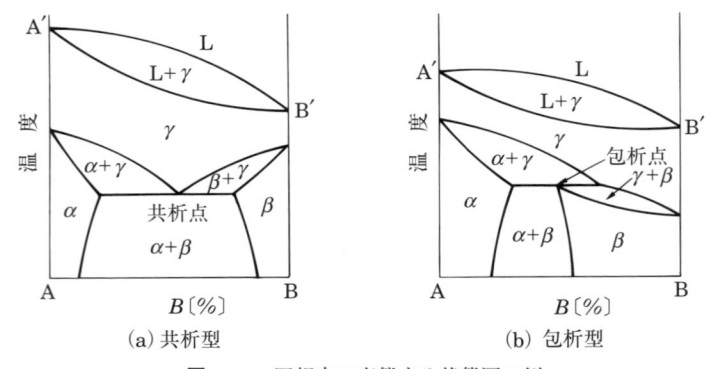

(a) 共析型　　　　(b) 包析型

**図4.31**　固相内で変態する状態図の例

いう。図 (b) は凝固後の固相が固体内で包晶反応と同様な変態が起こるもので，**包析反応**という。

**[3] 化合物を形成する状態図** 成分AとBが，ある成分割合のときに金属間化合物（$A_mB_n$）を形成するときがある。この場合の状態図は大別すると二つの型がある。図4.32 (a) は化合物自身が融点を持つ場合で，化合物を境に，A-$A_mB_n$の状態図と$A_mB_n$-Bの状態図を合わせたようになる。図 (b) は化合物が融点を持たない場合の例で，この図ではP点は包晶点で化合物は，L + A → $A_mB_n$の包晶反応により形成されている。

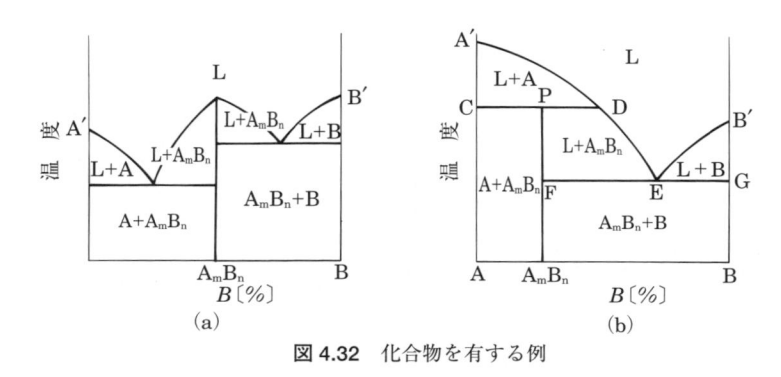

図 4.32 化合物を有する例

生成化合物が溶媒としての働きをもつと，化合物の固溶体が形成される。図4.33はその例である。

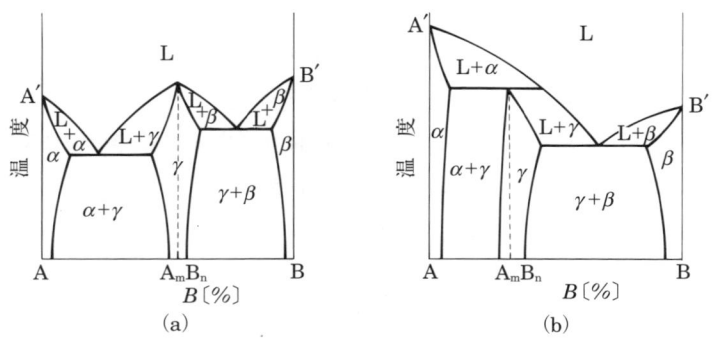

図 4.33 中間固溶体を形成する例

その他，状態図には凝固した固相が再び溶融する**再融反応**という凝固形態等があるが，これらは他の専門書を参考にされたい。一見複雑にみえる状態図も以上の基本的な型が組み合わさっているのである。

## 4・3・7　三元合金の成分組成の表示方法

A，B，Cの三成分からなる合金の組成は，図4.34で示す正三角形を用い，正三角形内の点でその合金の組成を表示している。

組成図の三辺はそれぞれ二元合金のA-B系合金，B-C系合金，C-A系合金の組成を示すものである。

ここで，この正三角形内の点pで示される合金の組成の求め方を述べる。p点を通り各辺AB，BC，CAに平行な線を引き，各辺との交点をそれぞれd，e，fとする。pdは成分Aの，peは成分Bの，pfは成分Cのそれぞれの割合を示し，また，

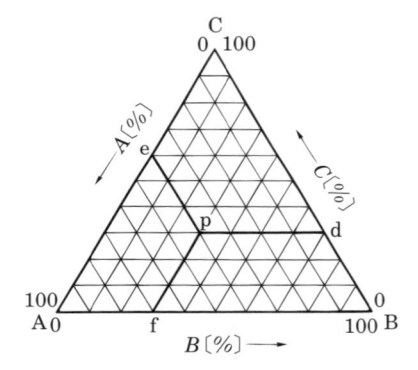

図 4.34　三元合金の組成の表示法

$$pd+pe+pf=正三角形の一辺の長さ$$

であるから，一辺の長さをそれぞれ100%とし，各辺の座標を図のようにとると，pd＝Ceであるから，e点はp合金Aの組成〔％〕を表している。同様に，f点は成分Bの，d点は成分Cの各組成〔％〕を示す値である。

p点で示される合金の組成は，A40%，B30%，C30%となる。なお，A，B，Cの各点は純金属A，B，Cの組成を示すものである。

三元合金の状態図は，正三角形で示される組成平面上の各頂点に立てた垂線を温度軸とした三角柱の立体構造となり，非常に複雑であるので，本書では扱わない。

# 第 5 章　金属材料の強化

## 5・1　材料の強化と強じん化

　第3章で材料の強さの評価は引張試験から，また引張試験の応力-ひずみ線図の下の面積の大きさから，その材料のじん性の評価が予想ができると述べた。図5.1は，四種類の材料の応力-ひずみ線図である。Aは弱くもろい材料，Bは弱い

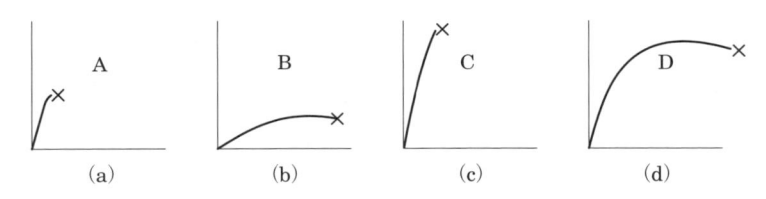

**図 5.1　各種の荷重-伸び線図**

がじん性に富む材料，Cは強いがもろい材料，Dは強く，かつじん性に富む材料と評価できる。AやCのような材料は，過大な力が働くと変形がみられないうちに，突然破壊を起こす可能性があり危険な材料といえる。これに対し，BやDのような材料は，破壊に至る過程が予知できるので安全な材料ともいえる。機械部品や構造物に使用される材料は強じん性に富むことが要求される。

　金属材料の変形は，特定の原子面で原子のすべりが起こること，このすべりは転位を媒介として起こることを述べた。

　強い材料とは変形させるために大きな力を必要とする材料であり，これはすべりが起こりにくい材料のことである。

　金属材料を強くするには，転位のない材料とするか，転位が移動しにくい材料とするかである。金属結晶を長年放置すると，その表面に直径0.1〜10μm程度のひげのような結晶が生じることがあり，これを**ひげ結晶**という。このひげ結晶

は転位をほとんど含んでいないため理論強度（3・8・1項 [2] 参照）に近い値となり，複合材料の繊維等に使われている。

## 5・2 金属材料の強化方法

転位を移動しにくくし，材料を強化するには，加工硬化による方法，結晶粒を微細化させる方法，合金元素を添加させる方法，硬質な微細粒子を分散析出させる方法，熱処理による方法などいくつかの方法がある。

### 5・2・1 加工硬化による材料の強化

金属を冷間加工をすると硬化の現象（3・7・1項）が起こるので，加工を続けるにはさらに大きい力を加えなければならない。これは加工がすすむと転位が動きにくくなることを示している。すなわち，加工を行うと転位が増加し，転位が増加すると転位が動きにくくなり，金属が強化されることが知られている。加工による強化機構については，十分には解明されていないが，冷間加工により転位密度が増え，多数の転位がからみあい，転位の動きが阻止されこれにより強化されるのである。

### 5・2・2 結晶粒微細化による強化

金属は，一般に多結晶体であり結晶粒界が存在する。多結晶体を構成する個々の結晶の結晶方位はそれぞれ独自の方向であるので，各結晶のすべり面とすべり方向は結晶粒により異なるので，図5.2に示すように結晶粒界は転位の移動の障害となる。粒界が転位の移動の阻止の場となれば，結晶粒が細かいほうが強度が

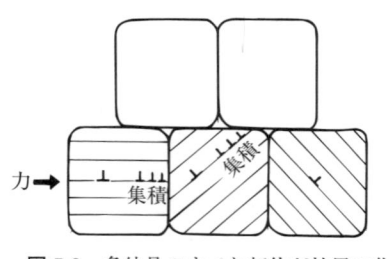

図 5.2 多結晶のすべり転位が粒界に集積する

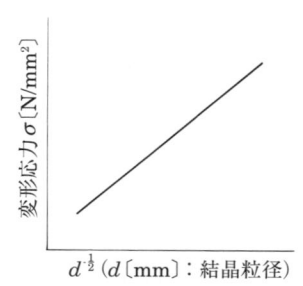

図 5.3 変形応力と結晶粒の大きさ

大きいことになる。多結晶体の変形のための応力と結晶粒の大きさについては図5.3のような関係が認められる。図中の$d$は結晶粒の平均直径で，$d$が小さいほど変形には大きな力が必要となることを示している。

### 5・2・3　合金による強化方法

**[1] 固溶による強化**　合金の結晶構造には，2・2・3項で置換型と侵入型があり，金属同士の合金は置換型を構成すると述べた。この場合，溶媒原子と溶質原子の原子の大きさが異なる場合には図5.4のように結晶格子にひずみが生じ，このようにひずみが生じている場では，ひずみのない場合と比べれば転位の移動の障害となり，転位の移動には大きな力が必要となる。

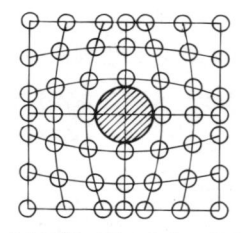

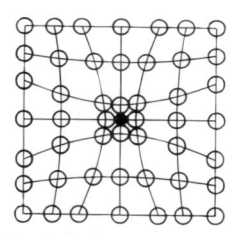

　　　(a) 溶質原子が大きい場合　　　(b) 溶質原子が小さい場合
図5.4　溶質原子による格子ひずみ

このように固溶体により強化されることを**固溶強化**という。固溶強化の程度は固溶量が多いほど，また溶媒と溶質原子の大きさの違いが大きいほど大きくなる。図5.5は銅の多結晶体の強度に対する溶質原子の固溶量の影響を調べた結果で，溶質量が増加するほどほぼ直線的に強度が増加することがわかる。

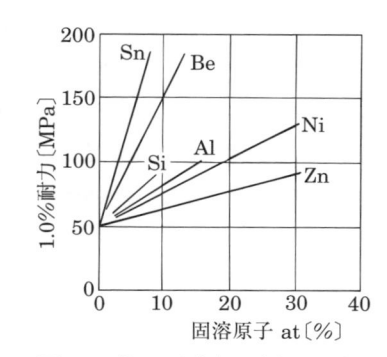

図5.5　銅の1％耐力に対する固溶原子の影響（Hibbardによる）

**[2] 転位の固着による強化**　図5.6は刃状転位であるが，転位の下方は格子の間隔が広くなっている。溶質原子が非金属原子の場合には侵入型に固溶するが，侵入原子は格子間隔の広い場所に並ぶようになる。この状態を**コットレル雰囲気**

という。この状態はエネルギー的に安定なため，転位が動こうとするとコットレル雰囲気も動こうとするので，転位が動きにくい状態となる。すなわち，侵入原子は転位の近くで転位を固着する働きがあり，これを**コットレル効果**という。軟鋼にみられる降伏現象は，多くの固着された転位が動き始めるためと考えられる。

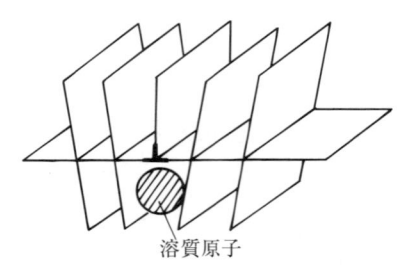

**図 5.6** コットレル雰囲気

面心立方の金属には積層欠陥が存在するが，積層欠陥は最密六方の並び方であるので，この場所は溶質原子の濃度が異なって偏析が生じ，この結果，転位の固着作用が起こり合金が強化される。この固着力は温度の影響が少ないので，耐熱材料では体心立方構造より面心立方金属のほうが，高温強さが良いといわれるのもこのためである。

### 5・2・4 析出による強化

図5.7のように結晶内に析出物を形成させると，転位の移動が妨げられる場合がある。また，この析出物の生成過程では結晶格子に大きなひずみを与え，これが転位の障害となることがある。図(a)は析出物が転位の移動の障害となることを示し，図(b)は析出物の生成過程で結晶格子にひずみを生じていることを示している。このように合金内部に析出物を形成させて材料を強化させる方法が**析出強化**である。析出強化には時間の経過が必要であり，金属材料の性質が時間の経過とともに変化する現象を**時効現象**というので，析出強化を**時効硬化**ともいう。

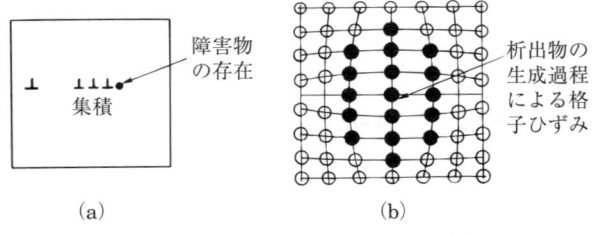

**図 5.7** 析出物による転位の移動の障害

この時効硬化現象は，1906年にウィルムが一部のアルミニウム合金の強化の研究過程で発見したもので，今日ではこの強化方法はAl合金のほか，様々な合金の強化に用いられている。

[1] **時効の過程** 時効硬化処理が可能な合金は，図5.8に示すように，添加元素の溶解度が温度とともに大きく変化していることが必要である。図でP組成合金をQ点まで加熱して均一な$\alpha$固溶体とする。この$\alpha$固溶体を徐冷すれば$\alpha+\theta$の安定組織となるが，急冷すると第二相を析出することができず，過飽和に溶質原子を固溶した不安定な状態の$\alpha$相となる。これはQの状態の$\alpha$相を強制的に常温にもってきた相と考えてよい。このように過飽和固溶体を得る熱処理を**溶体化処理**という。

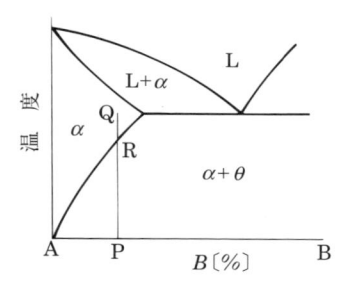

図5.8 時効合金の状態の$\alpha$側の概要

この不安定な過飽和$\alpha$相を適当な温度に再加熱すると，第二相の$\theta$相を析出して安定な状態，すなわち，過飽和$\alpha \to$ 飽和$\alpha+\theta$に移行をする。このように温度による溶解度変化で，母相中に溶け込んだ溶質原子が母相の結晶から出て，母相とは異なる結晶を形成する現象が析出である。この析出には原子の拡散のための時間が必要であるから，時間の経過とともに析出が進み時間の経過とともに時効現象が進行する。

不安定相である過飽和$\alpha$固溶体（$\alpha'$相）が時効により安定状態に移行する過程は次のような経過をたどる。

① 過飽和固溶体中の溶質原子が局部的に集合する（GP帯）。
② 状態図には示されない中間的な状態である中間相をつくる（$\theta'$相）。
③ 中間相$\theta'$相が状態図に示される安定な$\theta$相に移行する。

なお，室温に放置して時効を進行させる方法を**自然時効**，加熱をして進行させる時効を**人工時効**という。

**[2] GP帯と中間相**　Al-4%Cuを溶体化処理後，常温に放置するか，若干加熱をして放置しておくと，図5.9のように特定の原子面に溶質原子のCuが偏析してくる。この状態を発見者であるギニエとプレストンの二人の名前をとり**ギニエ・プレストンゾーン**または**GP帯**と呼ぶ。この領域周辺では，大きな格子ひずみが形成されて転位の移動の障害となる。

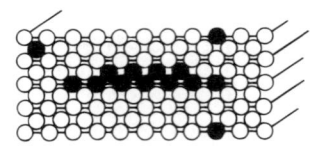

○：Al原子　●：Cu原子

図5.9　GP帯

さらに時効が進行すると，GP帯は大きく成長し，最後に状態図にみられる安定な相$\theta$に（図5.8）移行する。その過程で安定相と組成は同じであるが，結晶構造の若干異なる中間的な析出物を形成する。この中間相を$\theta'$相といい，この$\theta'$相が$\theta$相となり時効が終了する。

上述のGP→$\theta'$→$\theta$の過程は，母相の結晶格子から化合物が析出する過程であるが，この析出物が微細であり，かつ硬質で広く母相に分散されれば転位の移動の障害物となるので，強化の要因となる。しかし，析出物が成長し，その粒子がある程度の大きくなると軟化してくる。

このように時効硬化の現象は，析出の前段階であるGP帯による格子ひずみによる硬化と，析出段階である中間相による硬化の二つの硬化要因があるが，これらは連続して起こるもので，最高硬さはどちらの段階かは合金によって異なるものである。

## 5・2・5　その他の強化法

**[1] 分散強化型合金**　金属組織中に母相より硬い微細粒子を分散させると金属が強化されることを**分散強化**といい，この型の合金を**粒子分散型合金**という。この強化の機構は分散粒子が転位の移動の障害となるが，この分散粒子が熱的に安定しているので，耐熱材料の強化に用いられている。分散粒子には金属間化合物やセラミックスなどが用いられ，その製造は粉末冶金によるものが多い。

**[2] 繊維強化合金**　異なった材料を組み合わせて作った材料を**複合材料**といい，金属中に繊維を入れて金属を強化した材料を**繊維強化金属**と呼んでいる。

**[3] マルテンサイト変態による強化**　鋼を焼入れすると**マルテンサイト**と呼ばれる相が得られ，非常に硬くなるが，この強化機構については第7章で述べる。

# 第2編　鉄鋼材料

# 第6章　鉄鋼材料の状態図と組織

## 6・1　鋼の分類

　鉄鋼は，金属材料のなかで最も有用な機械材料として広く使用されている。鉄鋼は，安価であり，加工性もよく，熱処理によってすぐれた機械的性質を得ることができるからである。鉄はそのままの状態で使用されることは少なく，他の元素を添加させ合金として使用される。鉄に炭素を合金させたものを**炭素鋼**という。しかし，炭素鋼には製造工程から入るSi，Mn，P，Sのように炭素以外の元素が含まれている。鉄に炭素以外の元素を種々の目的で合金させたものを**合金鋼**という。なお，鋼は，工業的な目的から**普通鋼**と特殊な性質用途を持つ**特殊鋼**および**鋳鋼**に分類されている。表6.1に用途による鋼の分類を示す。

表6.1　鉄鋼の分類例　　　（　）はJIS鉄鋼記号の抜粋

| 普通鋼 | 炭素鋼 | 構造用，一般加工用，圧力容器用，土木建築用，鉄道用等 (SS，SM，SMA，SB，SPC等) |
|---|---|---|
| 特殊鋼 | 特殊用途鋼 | 機械構造用炭素鋼（S××C）<br>合金鋼（SNC，SNCM，SCr，SCM，SMn，SACM）<br>ステンレス鋼，耐熱鋼，超合金（SUS，SUH，NCF）<br>工具鋼（SK，SKH，SKS，SKD，SKT）<br>中空鋼（SKC）<br>バネ鋼（SUP）<br>快削鋼（SUM）<br>軸受鋼（SUJ） |
| 鋳鍛鋼 | 鍛鋼品（SF）<br>鋳鋼品（SC） | |

## 6・2 純鉄（Fe）の変態

通常，純鉄と呼ばれているものは，100％純粋な鉄ではなく，微量の不純物を含んでおり，最高純度でも99.99％程度である。

純鉄を常圧の下で常温から加熱したときの結晶構造の変化を示したものが図6.1である。Feの常温での結晶構造は，図6.2(a)に示すようにbcc構造であるが，加熱して911℃になると図(b)のようにfcc構造に変化し，さらに加熱すると，1392℃で再びbcc構造となり，1536℃で融解する。

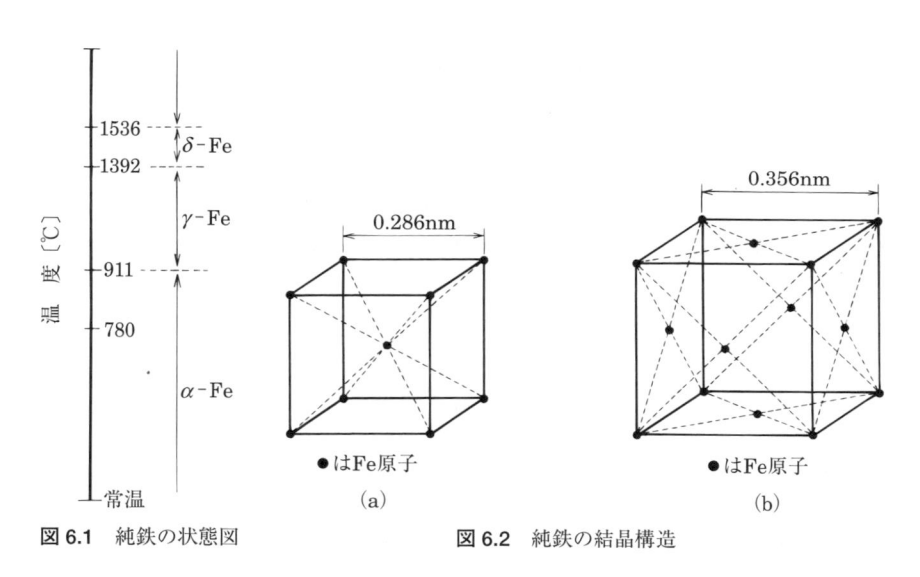

図 6.1　純鉄の状態図　　図 6.2　純鉄の結晶構造

Feには固体の範囲で二つの同素変態があるが，911℃以下のFeを**α-Fe（α鉄）**，911℃〜1392℃のFeを**γ-Fe（γ鉄）**，1392℃以上のFeを**δ-Fe（δ鉄）**という。911℃で起こる変態を鉄の**$A_3$変態**といい，この変態点を鉄の**$A_3$点**という。1392℃の変態を鉄の**$A_4$変態**，この変態点を鉄の**$A_4$点**という。

一方，Feは常温では強磁性を示すが，約780℃になると急激に磁性を失って常磁性体となる。この変化を鉄の**磁気変態**といい，強磁性を失う温度を**磁気変態点**または**キュリー点**という。なお，Feの磁気変態点を**$A_2$点**ともいうが，磁気変態

点は結晶構造の変化ではない。図6.3にFeの磁気の強さと温度との関係を示す。

$A_3$変態や$A_4$変態のように結晶構造の変化が起こるときは，それに伴って物理的性質の変化が起こる。図6.4は純鉄を溶融状態から冷却をしたときの熱分析曲線で，各変態点では相変化に対応した温度停滞（4・1・2項参照）がみられる。図6.5は純鉄を加熱したときの体積の変化を熱膨張計を用いて測定した結果で，$A_3$点では体積が収縮し，$A_4$点では体積が膨張している。これは，α鉄はbcc構造であり，またγ鉄はfcc構造で，それぞれの単位格子を形成する原子数はα鉄は2個，γ鉄は4個，すなわち1原子当りの占める体積はα鉄のほうが大きいからである（2・1・1項参照）。また，この曲線の勾配は熱膨張係数を示すが，γ鉄のほうがα鉄より熱膨張係数が大きいこともわかる。

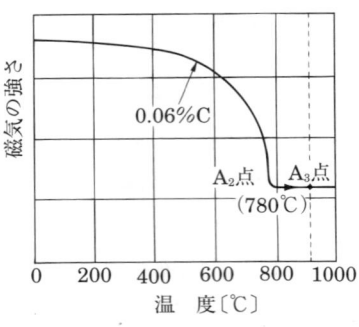

図6.3 鉄の磁気変態点

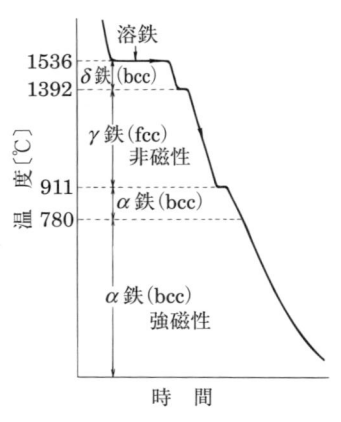

図6.4 純鉄の冷却曲線

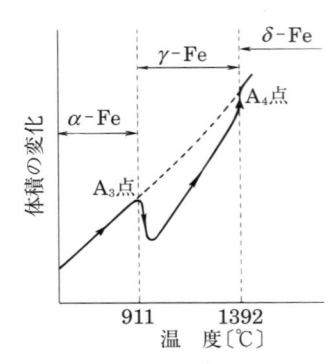

図6.5 純鉄の体積変化

## 6・3 鋼の状態図

鋼はFe-Cの合金で炭素以外の元素が混入したり，また添加するときがあるが，鋼の組織や性質は炭素の量によって大きく支配されるので，鋼をFe-Cの二元合金として考察することが，鋼を考察する基本である。図6.6は炭素量が6.67%までの範囲の鋼の状態図である。

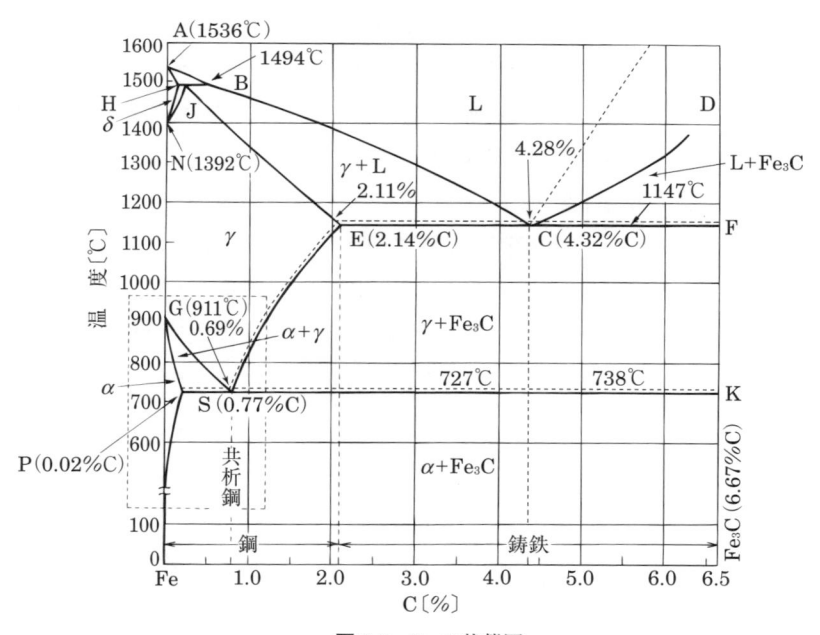

**図6.6 Fe-C状態図**

### 6・3・1 Fe-Fe₃C系状態図

Feの合金元素である炭素の安定した形態は**黒鉛**（G：**グラファイト**）であるが，鋼中では炭素は黒鉛の形状をとることは特殊の場合のみで，鉄との化合物$Fe_3C$として存在する。$Fe_3C$中の炭素量は約6.67%とすれば，状態図中には炭素量6.67%の位置に，炭化鉄（$Fe_3C$）を示す線が記されている（4・3・6項参照）。そのため，鋼の状態図をFe-C系といわずに**Fe-Fe₃C系**ということが多い。炭素が黒鉛の形態をとるときには，**Fe-G系**という。図中の破線で示したものがFe-G系である。

通常，鋼と呼ばれるものは，炭素量が2.14%以下の範囲で，ほとんどの場合，炭素は一部は基地のFe中に固溶したり，固溶限以上の炭素は$Fe_3C$の形で鋼中に存在する。炭素量が2.14%以上の合金は**鋳鉄**と呼ばれ，鋳鉄の場合は添加元素の影響もあるが，炭素は基地に固溶するほか，黒鉛として晶出される場合が多く，鋳鉄では$Fe_3C$と黒鉛の両者が混在する組織となる。

き地中に固溶した炭素は侵入型固溶体を形成するが，$\alpha$鉄に炭素を固溶した固溶体を**フェライト**，$\gamma$鉄の固溶体を**オーステナイト**という。これらの固溶体の炭素固溶量は，フェライトの場合は727℃で約0.02%，オーステナイトでは1147℃2.14%である。固溶限度以上に添加された炭素は$Fe_3C$となり，鋼中に分散する。この炭化鉄$Fe_3C$を**セメンタイト**という。

### 6・3・2　鋼の状態図

図6.7は前述のFe-C系の状態図の融液に関与する部分を記したもので，この部分は4・3・4項の包晶型の状態図である。この図から炭素量が2.14%以下の鋼の組成の場合には，融液を冷却すれば凝固組織はオーステナイト（$\gamma$相と略記）となる。

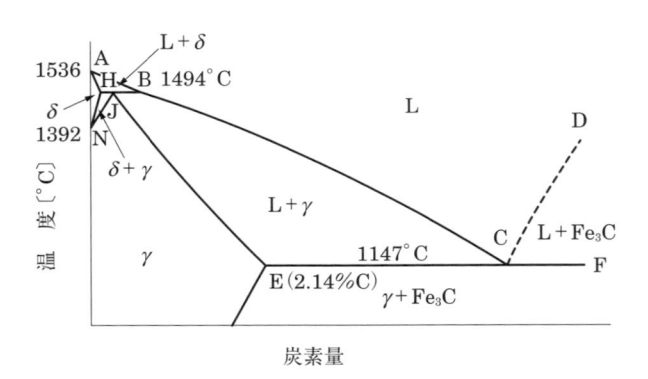

**図6.7　Fe-C状態図の融態に関係する部分**

図6.8は，鋼組成の$\gamma$相を冷却したときの変化の過程をみるために，鋼に関与する部分のみを記載した鋼の状態図であるが，この図は4・3・6項の図4.31（a）の共析型の状態図である。

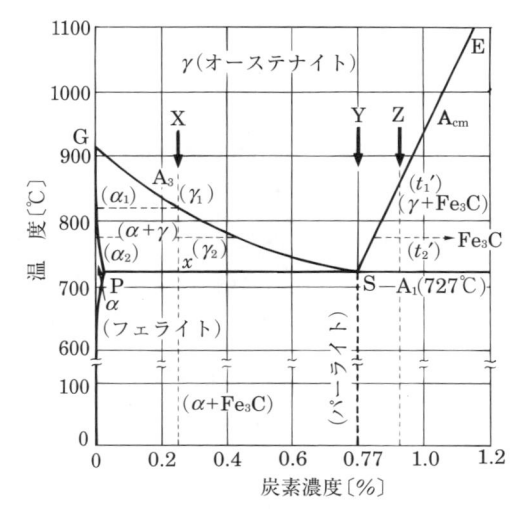

図6.8 Fe-C状態図のオーステナイトの変態に関する部分

G点：純鉄の$A_3$点（911℃）

S点：共析点（727℃，0.77％C）

GS線：$\gamma$相からフェライト（**α相**と略記）を析出し始める線で**$A_3$線**という。冷却時の$\alpha$相の初析線であり，$\gamma$相の$A_3$変態が開始する線でもある。

GP線：P点以下の組成の$\gamma$相から初析$\alpha$相の析出の終了線である。

ES線：$\gamma$相に対する固溶炭素の溶解度曲線で，この線の中では$\gamma$相中の固溶炭素はセメンタイトとして析出する。すなわち，セメンタイトの初析線で，この線を**$A_{cm}$線**という。

PSK線：S点（共析点）はGS線とES線の交点であるので，GS線で示される変化と，ES線で示される変化が同時に起こることになる。S点での変化は，S点組成の$\gamma$相（0.77％C）→ P点組成の$\alpha$相（0.02％C）+K点組成の$Fe_3C$で，この変化は共析反応（4・3・6項参照）であり，この反応を**鋼の共析変態**または**鋼の$A_1$変態**という。また，PSK線を**$A_1$線**，$A_1$線の示す温度を**共析温度**という。

$A_1$変態は冷却時だけでなく，加熱時の場合にも起こる可逆変態である。

## 6・3・3 鋼の状態図の読み方

鋼では，共析組成の鋼を**共析鋼**，共析組成未満の鋼を**亜共析鋼**，共析組成を超える鋼を**過共析鋼**という。

**[1] 共析鋼の冷却過程とその組織**　図6.8の鋼の状態図中で示したY組成の鋼を$\gamma$相域から徐冷し，S点に達すると共析反応が起こる。ここでは$\gamma$相（C量0.77%）が$\alpha$相（C量0.02%）と$Fe_3C$の二相に分離する。この分離相を顕微鏡で観察すると，図6.9のように特徴ある層状の組織となり，この組織を鋼の**パーライト**と呼んでいる。すなわち，鋼が共析変態（$A_1$変態）をすると，パーライト組織が得られることから，$A_1$変態を**パーライト変態**ともいう。鋼の$A_1$変態は$\gamma$相，$\alpha$相，$Fe_3C$の三相共存の変態であるから自由度は0，すなわち，$\gamma$相がすべてパーライトになるまでは温度が一定で変わらない。

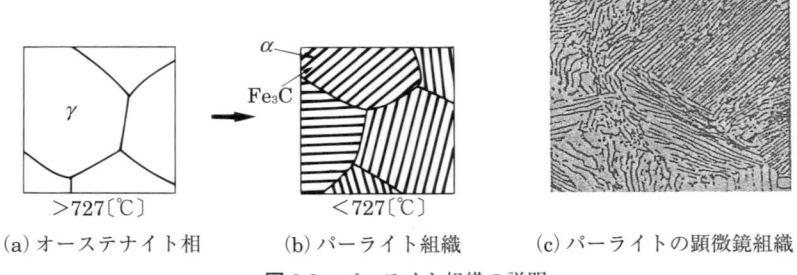

(a) オーステナイト相　(b) パーライト組織　(c) パーライトの顕微鏡組織

図 6.9　パーライト組織の説明

パーライトの生成機構については，図6.10のような説がある。$\gamma$相の結晶粒界にセメンタイトの結晶核が発生し，このセメンタイト相が成長すると周辺の炭素濃度が減少し，$\gamma$相は$\alpha$相に変態していき，層状のパーライト組織が形成される。冷却速度が遅いときには，パーライト組織は層の間隔の広い粗大な層状となり，

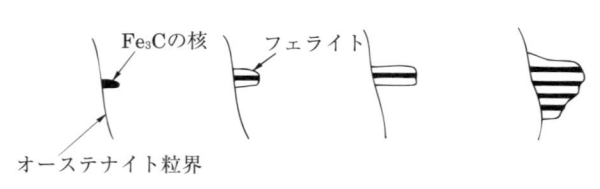

図 6.10　パーライトの核発生と成長

冷却速度が速いときには，パーライト組織は微細な層状となる。なお，パーライトの発生機構は，亜共析鋼では$\alpha$相が核となり，過共析鋼では$Fe_3C$相が核になるとの説がある。

**[2] 亜共析鋼の冷却過程とその組織**　図6.11で，炭素濃度がS点以下の例えばX組成の鋼を$\gamma$相域から冷却したときの相の変化を考えてみると，温度$t_1$で$A_3$線と交わり，ここで$\gamma_1$組成の$\gamma$相から$\alpha_1$組成の$\alpha$相を析出し始める。温度が低下するにつれて，$\gamma$相からの$\alpha$相の析出が続き，$\gamma$相の炭素濃度は$\gamma_1 S$線に沿って変化し，$\alpha$相の濃度も$\alpha_1 P$線に沿って変化する。温度$t_3$に達したときは，この間に析出した初析$\alpha$相とS点組成の$\gamma$相が共存し，ここで，前述の$A_1$変態が起こり，未変態の$\gamma$相がパーライト組織となる。この間の組織変化の概略を図6.12に，炭素0.3％の亜共析鋼の顕微鏡組織写真を図6.13に示す。図中の白い部分は$A_3$線～$A_1$線間の冷却途上に生成した初析フェライトであり，黒い部分はパーライト組織である。

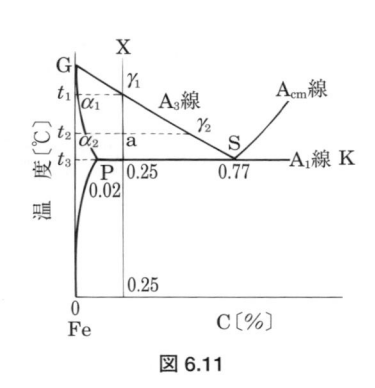

**図 6.11**

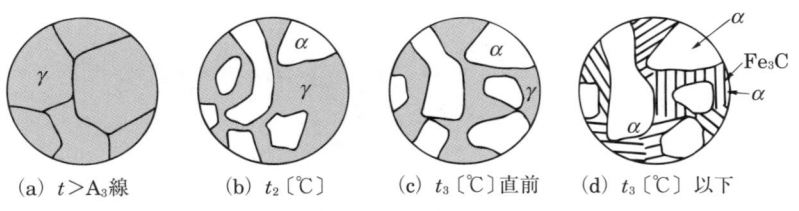

(a) $t > A_3$線　(b) $t_2$〔℃〕　(c) $t_3$〔℃〕直前　(d) $t_3$〔℃〕以下

**図 6.12**　亜共析鋼の冷却時の組織変化の説明図

**[3] 亜共析鋼の組織計算の例**　図6.11の0.25％C鋼の冷却過程の変化を考察してみる。

① 温度$t_1$以上では，100％$\gamma$相である。
② 温度$t_1$で，$\gamma$相 → $\alpha$相の変態が始まる。

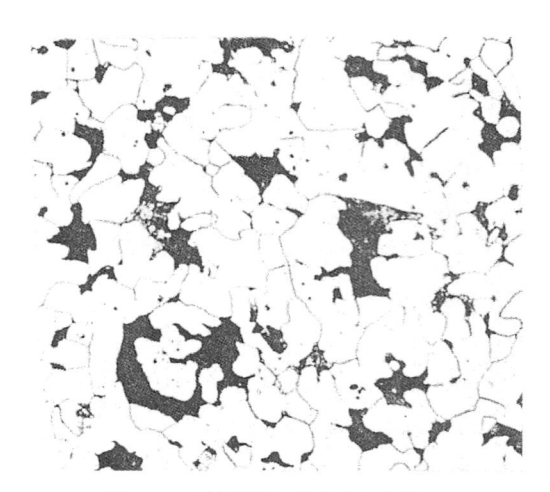

図 6.13　亜共析鋼の焼なまし組織

③　温度$t_2$で，γ相 → α相の変態が続く。
④　温度$t_3$直前では，γ相とα相の混合組織で，各相の量の割合は次のようになる。

$$\gamma 相量\ (0.77\%C) = \frac{0.25 - 0.02}{0.77 - 0.02} \times 100 ≒ 30.7\ [\%]$$

$$\alpha 相量\ (0.02\%C) = \frac{0.77 - 0.25}{0.77 - 0.02} \times 100 ≒ 69.3\ [\%]$$

⑤　温度$t_3$は$A_1$線上であるので全量の30.7%のγ相が温度が一定状態のまま共析変態を起こし，パーライト組織となる。変態終了後は全量の69.3%の初析α相と30.7%のパーライトとなる。

　　パーライトはα相とセメンタイト相の混合組織であるから，パーライト中のα相とセメンタイト相の量の割合は，

$$パーライト中のα相量 = \frac{6.67 - 0.77}{6.67 - 0.02} \times 100 ≒ 88.7\ [\%]$$

$$パーライト中のセメンタイト相 = \frac{0.77 - 0.02}{6.67 - 0.02} \times 100 ≒ 11.3\ [\%]$$

⑥　鋼の全体から⑤を考察すると，パーライト中のα相量は鋼全体の，

$$0.307 \times 0.887 \times 100 ≒ 27.2\ [\%]$$

となる。鋼中の全α相量は，

　　　初析α相69.3%+パーライト中のα相27.2%=96.5%

セメンタイト相は，

　　　$0.307 \times 0.113 \times 100 \fallingdotseq 3.5$〔%〕

であるから，0.25%炭素鋼の96.5%はフェライトで，3.5%はセメンタイトである。

⑦　$A_1$変態が終了すると温度が$t_3$より低下してくる。α相に固溶している炭素はPO線に沿って変化し，常温ではほとんど0%と考えてよい。しかし，この場合の固溶炭素の移動はパーライトのなかのことであるので，パーライト中のフェライトとセメンタイトの比率が変わるが，室温におけるパーライトの総量には変化はない。

[4] **過共析鋼の冷却過程とその組織**　　前掲の図6.8のZで示されるような過共

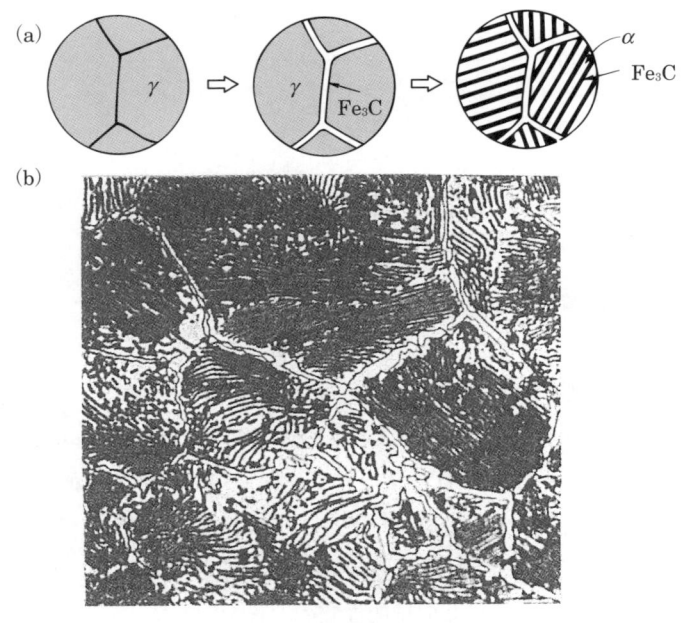

図 6.14　過共析鋼の組織変化の説明図

析鋼の冷却は，$A_{cm}$線で$\gamma$相からセメンタイトの析出が始まる。以下，温度が低下すると，$\gamma$相は$A_{cm}$線に沿って濃度を変化し，それにつれてセメンタイトの析出が続く。この初析セメンタイトは，図6.14 (a) に示すように，$\gamma$相の結晶粒界に沿って網目状に析出する。温度が低下し，未変態の$\gamma$相はＳ点でパーライトに変態する。図 (b) は過共析鋼の室温での顕微鏡写真例である。

## 6・4　鋼の組織とその性質

鋼を均一な$\gamma$相域からゆっくりと冷却し，状態図に示されるような相変化を行った場合の組織を**標準組織**という。標準組織は炭素含有量により異なるが，標準組織を構成する初析$\alpha$相，パーライトおよび初析セメンタイトの体積割合は炭素量によって決まるので，その関連を図示したものが図6.15である。また，鋼の顕微鏡組織からもその鋼のおおよその炭素量を推定できる。

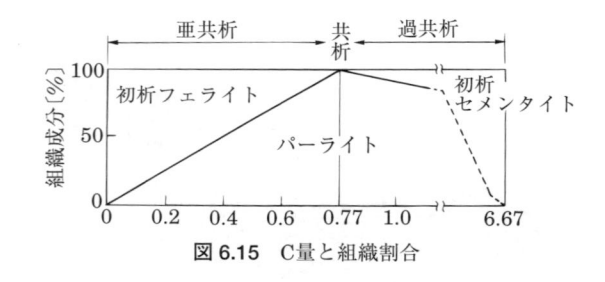

**図 6.15　Ｃ量と組織割合**

亜共析鋼や共析鋼の標準状態の鋼の機械的性質は，初析フェライト量とパーライト量により近似的に求めることが可能である。炭素量が0.77％以下の亜共析鋼や共析鋼の標準状態の鋼は，初析フェライト（固溶炭素量は0％としてよい）とパーライト（フェライトとセメンタイトの混合組織）の混合された組織である。

炭素量が増加すると，初析フェライトが減少してパーライトが増加するので，強度が増し，じん性が減る。これはフェライトは軟質であるが，セメンタイトは金属間化合物であり，非常に硬くもろい物質であるからである。図6.16は，標準状態に近い組織の鋼の炭素量と機械的性質の関係を示しているが，炭素量が増すと，強さ，硬さがほぼ直線的に増加し，伸びや絞りが減少しているのがわかる。

6・4 鋼の組織とその性質　79

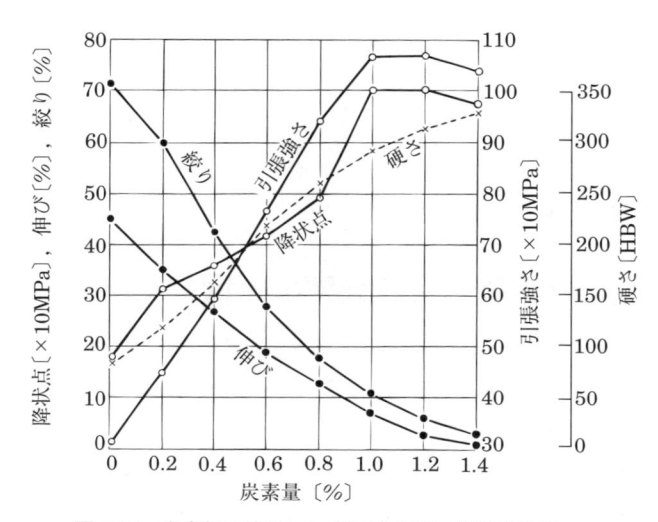

図6.16 炭素鋼の焼ならし（空冷）組織の機械的性質

[二相混合組織合金の強さ]

　二相混合組織合金の硬さや強さは，近似的に第二相（母相より硬く，強いとする）の量比に比例するとして概算することが可能である。この考え方を上記の鋼に適用して炭素鋼の強度を推定してみると（0.77%Cまでの炭素鋼），α相の硬さを$H_\alpha$，パーライトの硬さを$H_p$とすれば，炭素鋼の硬さは，おおよそ

$$H_\alpha \times (初析\alpha相の量比) + H_p \times (パーライトの量比)$$

と推定できる。ただし，パーライトの硬さは，熱処理条件（後述）によって異なり，標準組織のパーライトのブリネル硬さは約240HBW，フェライトは90HBW程度である。引張強さとブリネル硬さの関係は，3・3・3項から推定する。

「例題」　標準組織の0.25%C鋼のブリネル硬さと引張強さを推定せよ。

　0.25%C鋼の初析α相の量比は6・3・3項[3]の計算例からは約69%，パーライトの量比は約31%であるから，0.25%C鋼のブリネル硬さHBWは，

$$90 \times 0.69 + 240 \times 0.31 = 136.5$$

から137程度と推定される。

この鋼の引張強さは,

$$137 \times 0.35 \times 9.8 \fallingdotseq 470 \, [\mathrm{MPa}]$$

程度である。

ただし，この例はあくまでおおよその推定であり，鋼の機械的性質は炭素以外の諸元素の種類とその量，またオーステナイトの結晶粒度等によっても影響を受ける。また，過共析鋼には適用されない。

## 6・5 鋼の状態図と合金元素の影響

機械構造物等に使用される鋼には，炭素鋼に他の元素を添加させた合金鋼を使用する場合が多い。炭素鋼に他の元素を添加させたときの，合金元素が炭素鋼に与える影響について調べてみる。

### 6・5・1 鉄と他元素の状態図

炭素以外の合金元素とFeとの状態図は，合金元素により図6.17のような三つの型に分類される。この分類は$\gamma$相の存在する領域から分けたもので，図(a)は**γ領域開放型**で，Fe-Ni，Fe-Mn，Fe-Co等にみられる。この型では合金元素を増加すると常温でも$\gamma$相が得られる。図(b)は炭素鋼にみられる型で，合金元素の増加により$\gamma$域が拡大され，途中の温度で共析変態を行う**共析型γ域拡大型**で，Fe-N等にみられる。図(a)と(b)はいずれも$\gamma$域を拡大する合金元素なので，これらの合金元素を**オーステナイト生成元素**という。

図(c)は，$\gamma$相の領域を狭め，$\alpha$相域を拡大する**γ域閉鎖型**である。この傾向を

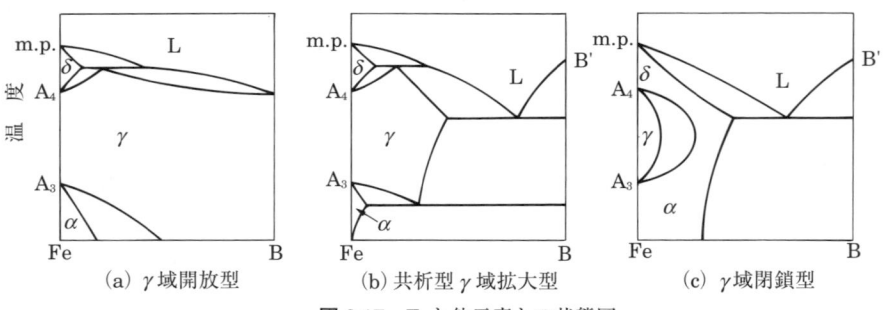

図6.17 Feと他元素との状態図

(a) γ域開放型　(b) 共析型γ域拡大型　(c) γ域閉鎖型

もつ合金は，Fe-Cr，Fe-Mo，Fe-Si，Fe-W，Fe-V，Fe-Ti，Fe-Nb，Fe-Al等で，これらの合金元素を**フェライト生成元素**という。

## 6・5・2　鋼の状態図に対する添加元素の影響

図6.18は，炭素鋼にCrを添加させたときのγ相域の範囲の変化を調べた図で，Crの添加量を増加するにつれてγ相域が縮小することがわかる。20%Crではγ相域が消滅している。またCr量が増すと，共析点が低炭素側に，共析温度が上昇していることを示している。

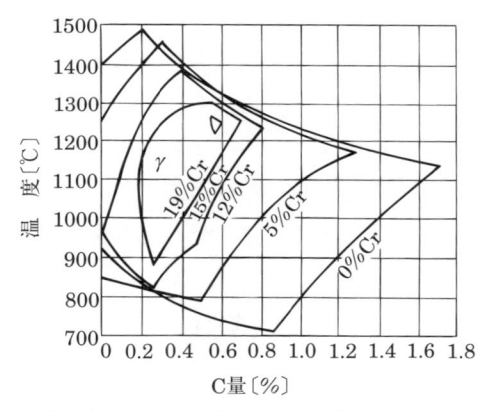

**図 6.18**　Fe-C-Cr系のオーステナイト域をクロム濃度一定の切断図で示したもの

図6.19は，添加元素の種類による鋼の共析温度変化を，図6.20は共析炭素濃度

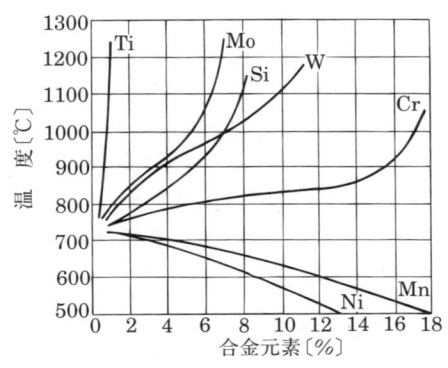

**図 6.19**　共析温度に与える合金元素の影響

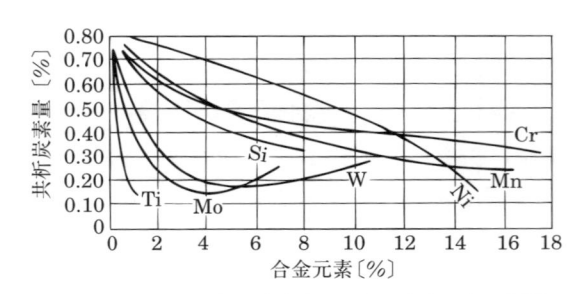

図 6.20 共析炭素濃度に与える合金元素の影響

の変化を示している。フェライト生成元素を添加すると共析温度は上昇し，オーステナイト生成元素では共析温度は低下している。共析炭素量は合金元素添加により一般に減少するが，この傾向はフェライト傾向の強い元素ほど大きい。

## 6・5・3 鋼中における合金元素の存在状態

鋼に合金元素を添加した場合，焼きなまし状態で合金元素の存在状態は，
① フェライト中に固溶している状態
② セメンタイトに固溶しているか，または直接炭素と化合物（炭化物）を形成する状態
③ 酸化物，硫化物，窒化物，その他の介在物を形成する状態
④ 金属間化合物となっている状態
⑤ 金属単体となっている状態

等があるが，鋼の性質に大きく影響するのは，①と②の場合である。

[1] 炭化物生成元素　鋼に添加した合金元素がFeよりCとの結合力が強いと，その合金元素の添加量が少ないときは，その元素はセメンタイトに固溶し，その量が多くなるとセメンタイト以外の特殊な炭化物を形成するようになる。このような働きを持つ元素を**炭化物生成元素**という。Fe中における合金元素とCと

表 6.2　炭化物

| 炭化物 | 溶融点 | 硬さHV |
|---|---|---|
| TiC | 3140 | 3200 |
| $V_4C_3$ | 2830 | 2800 |
| NbC | 3506 | 2400 |
| $Cr_{23}C_3$ | 1550 | 1000 |
| $Cr_7C_3$ | 1665 | 1450 |
| $Mo_2C$ | 2687 | 1800 |
| WC | 2867 | 2400 |
| $Fe_3C$ | 1650 | 1340 |

の親和力の傾向は，

$$\text{Ti} > \text{Nb} > \text{V} > \text{Ta} > \text{W} > \text{Mo} > \text{Cr} > \text{Mn} > \text{Fe}$$

の順で，これらの炭化物生成元素はbcc構造の金属が多い。表6.2はこれらの合金元素の炭化物で，いずれもセメンタイより硬いので，特に硬さや耐磨耗性を必要とする鋼ではこのような炭化物を分散させた合金鋼が使用されている。

**[2] 合金元素のその他の役割**　被削性を要求される快削鋼（8·5·4項）では，Mnを合金してMnSとし，き地に分散させて被削性を向上し，Pbを合金させたPb快削鋼では，Pbはき地中に微細分散して被削性を高めている。

　また，N原子はC原子と同様な効果があり，Al，Ti，V，Nb等の窒化物や炭窒化物を生成させ，鋼中に分散させた鋼もある。さらに，耐熱合金ではNiやAlの特殊な金属間化合物を析出させ耐熱性を高めている。

# 第 7 章　鋼の熱処理と熱処理技術

## 7・1　熱処理

　熱処理とは，鋼を加熱したり，冷却したりする熱操作のことで，この操作のねらいは鋼の材質を変化させて，鋼に所要の性質を与えることである。鉄そのものはそれほどの強さ，硬さはないが，炭素を合金させた鋼は，非常に広い範囲で，強さ，硬さ，ねばさを変えてあらゆる面で有用な合金となり，これは熱処理によるものである。

### 7・1・1　加熱と冷却

　熱処理を行うには，鋼を必要とする温度まで加熱し，その温度で適当な時間保持し，その後，鋼の熱処理の目的に合う方法で冷却をする。その過程を図7.1のような**熱処理サイクル図**に示すと便利である。図中のⅠは加熱操作で，熱処理の目的に合う加熱速度の選択と最高加熱温度の設定をする。Ⅱは保持時間で加熱温度における平衡状態の組織を得るための時間で，短いと熱処理の目的が達せられず，長すぎると酸化・脱炭・粒の粗大化等の問題がおきる。Ⅲの冷却方法には，

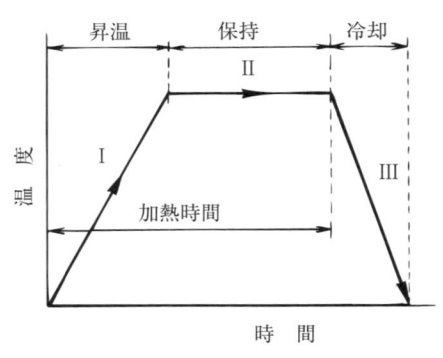

図 7.1　熱サイクル図

最高温度から連続的に冷却する**連続冷却**と，冷却途上に一定温度に保持後再び冷却する**恒温冷却**の二通りの方法がある。

連続冷却には，炉中でごくゆっくり冷却する炉冷，空気中で放冷する空冷，油のなかに投入して冷却する油冷，水中に投入して冷却する水冷等がある。炉冷と空冷は徐冷であり，油冷と水冷は急冷である。

恒温冷却の方法は，目的の温度に保持された溶融金属や溶融塩の浴中に投入し一定時間保持後に大気中で冷却をする。

### 7・1・2　加熱と冷却途上の鋼の変態

純鉄および共析炭素鋼を常温から変態点以上にゆっくり加熱後，常温までゆっくりと連続的に冷却したときの試料の長さ変化を，熱膨張計を用いて測定した結果が図7.2である。図中の①の純鉄では$A_3$変態による収縮と膨張変化がみられ，②共析鋼では$A_1$変態による収縮と膨張変化がみられる。両試料とも加熱時と冷却時の変態に温度のずれがみられるが，これは変態にはある程度の時間を必要とするからで，加熱時には高温側に，冷却時には低温側にずれる。このずれは加熱・冷却速度に大きく支配されるので，加熱・冷却時での変態を区分するために，加熱時の変態点を$Ac_1$，$Ac_3$，冷却の場合は$Ar_1$，$Ar_3$のように添え字c（加熱），r（冷却）をつける。なお，状態図で示される平衡温度は$Ae_1$，$Ae_3$のようにeと添え字をつける。

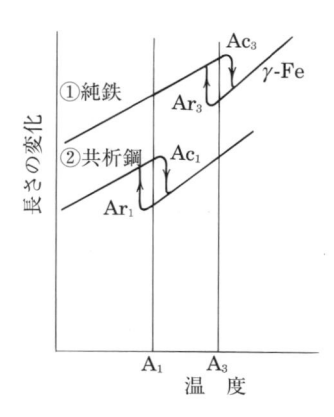

**図7.2**　加熱時と冷却時の変態温度の違い

### 7・1・3　熱処理の種類とその熱操作

鋼の熱処理では，**焼なまし，焼ならし，焼入れ，焼戻し**が主要なもので，図7.3にその熱操作の概略を示す。これらの熱処理は，鋼には変態があること，鋼の固溶炭素量が変態点上下で大きく変化すること等を利用して，鋼の性質改善を行うのである。

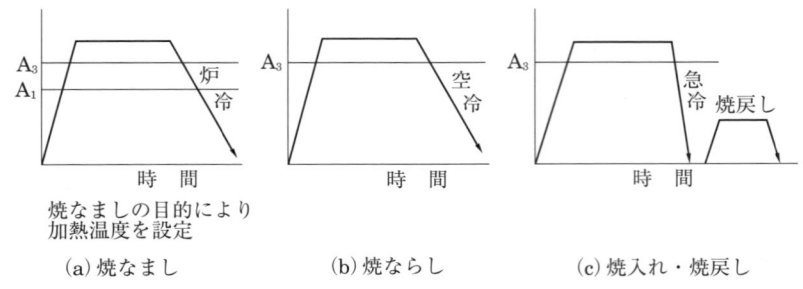

(a) 焼なまし　　　　　(b) 焼ならし　　　　(c) 焼入れ・焼戻し

図7.3　亜共析鋼の各種熱処理の熱処理サイクル図

[1] 焼なまし　　鋼の組織の調整，鋼の軟化，鋼の内部応力の除去，鋼の加工性や被削性の改善等の目的で行う熱操作である。

　一般に，焼なましは，亜共析鋼では$Ac_3$線以上の一定の温度から，共析鋼・過共析鋼では$Ac_1$以上30～50℃に加熱保持後に徐冷をし，鋼を軟化させたり，被削性を改善させたりする。この焼なましを**完全焼なまし**という。

　その他，焼なましには，図7.4のような鋼の製造過程での熱間加工により生じる**繊維組織**や，Pの偏析により生じる図7.5のような**縞状組織**を除去するための**拡散焼なまし**，高炭素鋼中の網目状のセメンタイトを球状化するための**球状化焼なまし**，内部応力を除去するための**応力除去焼なまし**等があり，その目的により最高加熱温度が選択されるが，冷却は徐冷をする。

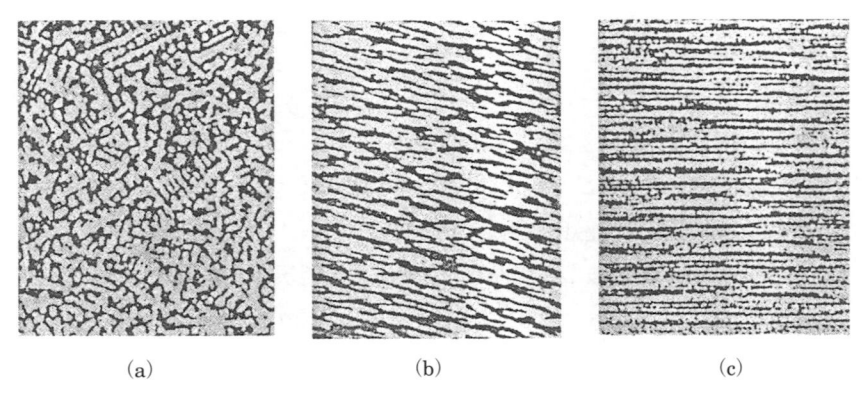

(a)　　　　　　　　(b)　　　　　　　　(c)

図7.4　熱加工による繊維組織の発生

**[2] 焼ならし**　　熱間圧延や熱間鍛造や鋳造のように高温に加熱した鋼は，結晶粒が粗大化したり，内部ひずみが生じたり，炭化物やその他の析出物が不均質分散したりして機械的性質が劣化している。このような異常組織を解消する目的の熱処理が**焼ならし**である。

この処理の主目的は鋼の組織を微細にすることである。鋼を$Ac_3$，$Ac_m$線以上に加熱し，均一で微細なオーステナイトとしたのち，空冷する熱操作である。

焼ならしを行うと，引張強さ，伸び，絞り，衝撃値等の機械的性質が改善され，また，じん性が大きく向上する。

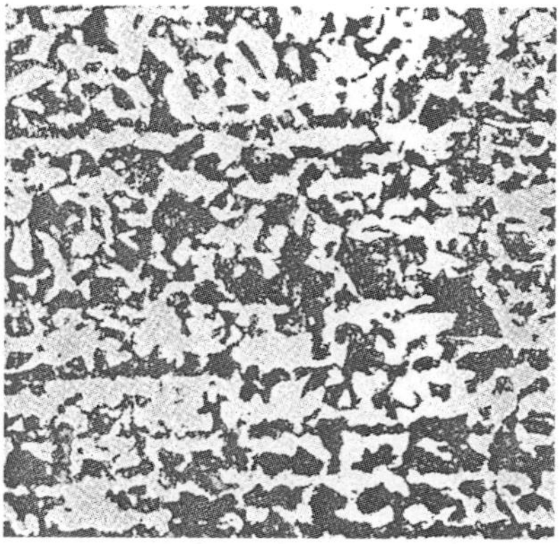

**[3] 焼入れ・焼戻し**　　**焼入れ**は，鋼をオーステナイト組織に加熱後，各種の冷却剤中で急冷する熱操作で，この目的はマルテンサイトと呼ばれる組織を得ることである（マルテンサイトについては7・3節で述べる）。

図7.5　縞　状　組　織

焼入れした鋼を，$A_1$点以下の温度に再加熱，冷却をして組織と性質を調整する熱操作を**焼戻し**という。

**[4] その他の熱処理**　　上記の熱処理のほか，鋼の強じん化のための加工熱処理，鋼の表面を硬化するための浸炭処理，窒化処理，粉末合金における粒子の結合のための焼結処理等があり7・7節および第17章で述べる。

## 7・1・4　オーステナイトの結晶粒度と熱処理

鋼をオーステナイト域まで加熱し冷却すると，加熱時には$\alpha \rightarrow \gamma$の変態が，冷却時には$\gamma \rightarrow \alpha$の変態が起こる。鋼が$Ac_1$線を超えると，パーライトが消滅し，オーステナイトが生成し始め，$Ac_3$，$Ac_m$線を超えると，初析フェライト，初析セメンタイトが消滅し，鋼全体がオーステナイトのみになる。さらに加熱温度を上げると，オーステナイト結晶粒は粗大化してくる。所定の加熱温度が終了したときのオーステナイト結晶粒の大きさを**オーステナイト結晶粒度**といい，粒度番

号で表示している（JIS G 0551）。オーステナイト結晶粒の細かい鋼を冷却すると，常温の組織は微細になり，粗大化した鋼を冷却すると，粗大な組織の鋼となる。

オーステナイト結晶粒の粗密は鋼の熱処理に大きな影響を与え，また機械的性質にも影響するので，いたずらに加熱をして粒が粗大化をすることを避けなければならない。粒度番号5以下の鋼を**粗粒鋼**，6以上の鋼を**細粒鋼**という。

## 7・2　鋼の連続冷却による変態

鋼をオーステナイト域から冷却すると，パーライトが生成されるが，この変態は$\gamma$相 → $\alpha$相という結晶構造の変化（格子変態）と，オーステナイからセメンタイトの析出という原子の拡散を伴う変態（析出変態）の二つの変化が同時に起きている。後者の析出変態は，固体内での炭素原子の移動を伴うので，そのための温度と時間が必要である。また，原子の拡散は高温では起こりやすいが，低温ではきわめて起こりにくく，冷却速度が速いと炭素原子の拡散は不十分か，またはほとんど起こらない場合もある。この場合には状態図では説明できない非平衡な状態となる。

### 7・2・1　冷却速度と変態

図7.6は，共析炭素鋼を室温から加熱後，冷却速度を炉冷，空冷，油冷，水冷と変えたときの試料の長さ変化を熱膨張計で自記記録をした結果である。試料は$\alpha \to \gamma$の変態では収縮，$\gamma \to \alpha$変態では膨張変化が起こることから，各冷却速度によるオーステナイトの変態挙動がわかる。

図中の(a)は，ごくゆっくり加熱冷却を行った場合で，顕微鏡で観察をすると，$Ar_1$変態により生成された標準的なパー

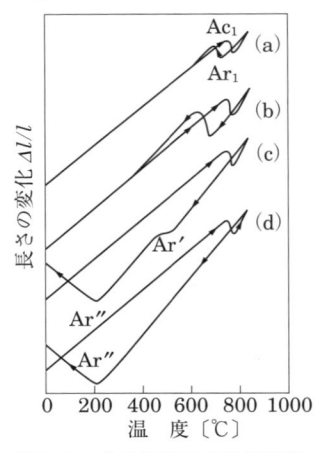

**図7.6**　共析炭素鋼の冷却速度による膨張・収縮変化

ライト組織（図6.9（c）参照）が観察される。

（b）は，（a）より冷却速度の速い空冷であるが，$Ar_1$変態は$Ae_1$より大きく低温側にずれて起こる。平衡温度からのずれを**過冷度**といい，$Ar_1$変態は冷却速度が大きくなるにつれて低温側に移り，過冷度が大きくなるにつれてパーライト組織は層間隔が細かくなり，微細になってくる。

（c）は，油冷をした場合で，この冷却過程には2段の変化がみられる。500℃付近に見られる膨張は大きく過冷された$Ar_1$変態で，この変態を**Ar′変態**ともいう。しかし冷却が速いため，オーステナイトの一部は変態をするが，残りは変態が起こらずオーステナイトのまま温度が下がり，200℃付近で未変態のオーステナイトがマルテンサイトと呼ばれる相に変化する。このオーステナイト → マルテンサイトの変化を鋼の**マルテンサイト変態**または**Ar″変態**という。このAr″変態は大きな膨張を伴う変態である。

図7.7は油冷試料の顕微鏡組織で，黒い部分はAr′変態により生成された微細パーライト，白い部分はAr″変態によるマルテンサイト相である。

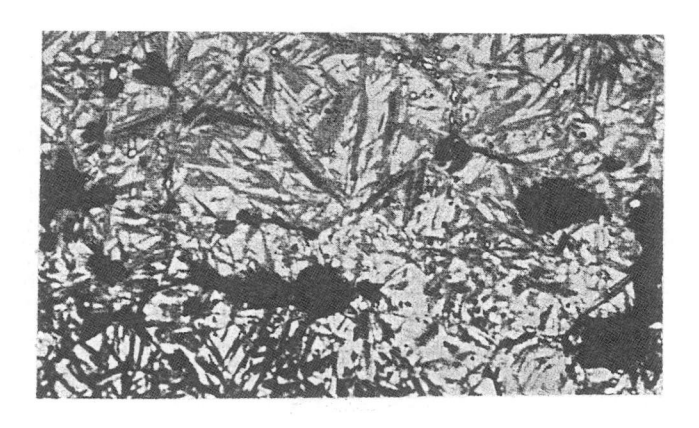

図7.7　0.9％C鋼の油冷組織（微細パーライト＋マルテンサイト）

（d）は，水冷の場合で，冷却が速いためAr′変態が起こらず，大きく過冷されたオーステナイトによるAr″変態のみが現れる。図7.8はマルテンサイトの顕微鏡写真である（マルテンサイト変態については7・3節で述べる）。

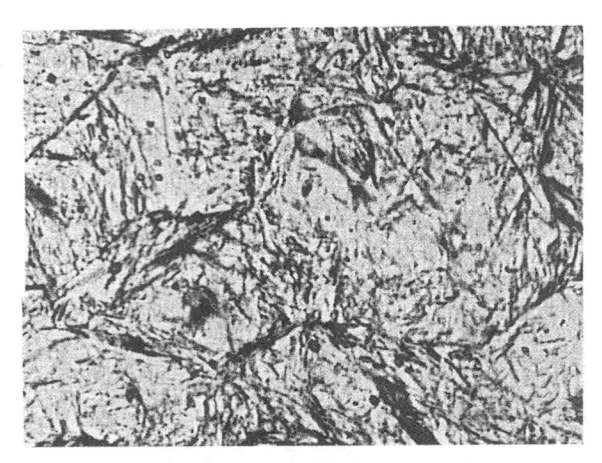

図 7.8　0.9%C鋼の水冷組織（マルテンサイト）

このようにオーステナイトを冷却すると冷却速度により変態の起こり方が異なり，状態図には見られない非平衡な状態の組織が得られ，その組織に対応した機械的性質が得られる。

### 7・2・2　オーステナイトの恒温冷却

鋼をオーステナイト状態から図7.9（a）に示すような恒温冷却を行って過冷オーステナイトの変態挙動を調べてみる。この方法はオーステナイト域まで加熱した鋼の小試片を，$Ae_1$以下の$T_1$，$T_2$，$T_3$，$T_4$の各温度に設定された熱浴中に投入し，その温度に保持する。各温度におけるオーステナイトの変態開始までの時間$s_1$，$s_2$，$s_3$，$s_4$と変態終了までの時間$f_1$，$f_2$，$f_3$，$f_4$を測定し，図(b)のように図示する。

次に，$s_1$，$s_2$，$s_3$，$s_4$を結び，$f_1$，$f_2$，$f_3$，$f_4$を結べば，図(c)が得られる。この図(c)を**恒温変態曲線**または**TTT曲線**，あるいは曲線の形から**S曲線**ともいう。図中の$s_1$，$s_2$，$s_3$，$s_4$曲線はオーステナイトからの変態開始線，$f_1$，$f_2$，$f_3$，$f_4$曲線は変態終了線を示す。両曲線の上部はその鋼の$Ae_1$温度に漸近している。曲線の突出した部分$s_3$を，S曲線の鼻（ノーズ），鼻の下の部分をS曲線の湾（ベイ）という。

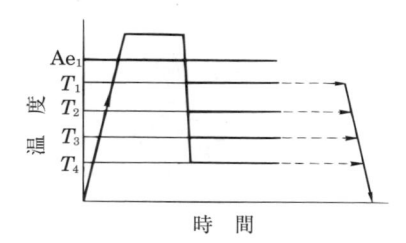

(a) 恒温処理におけるオーステナイトの変態時間開始，終了の説明図

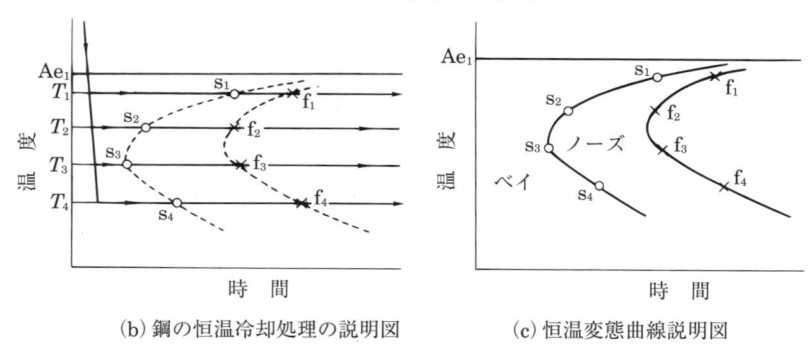

(b) 鋼の恒温冷却処理の説明図　　(c) 恒温変態曲線説明図

図 7.9　鋼の冷却過程（定性図）

## [炭素鋼のS曲線]

　S曲線は鋼種によりすべて異なる形状を示す．図7.10は共析炭素鋼のS曲線で，ノーズより上の変態開始線を**Ps線**，変態終了線を**Pf線**といい，ノーズより下の変態開始線を**Bs線**，変態終了線を**Bf線**という．なお，下部の**Ms線**はマルテンサイト変態の開始温度を示し，**Mf線**はその終了温度を示したものである．

　共析炭素鋼を$Ae_1$とノーズの間で恒温冷却を行わせると，図のPs線の交点でパーライト変態が開始され，Pf線の交点でパーライト変態が終了する．図に示すように，パーライト変態は550℃程度で最も起こりやすく，$Ae_1$に近いほどパーライトは粗い層状となり，ノーズに近いほど微細なパーライトになる．

　ノーズより下の温度で恒温冷却を行うと，Bs線の交点でベイナイト変態と呼ばれる変態が起こり，生成される組織を**ベイナイト**という．Bf線はこの変態の終了線である．また，ノーズに近い部分のベイナイトを**上部ベイナイト**，低温側

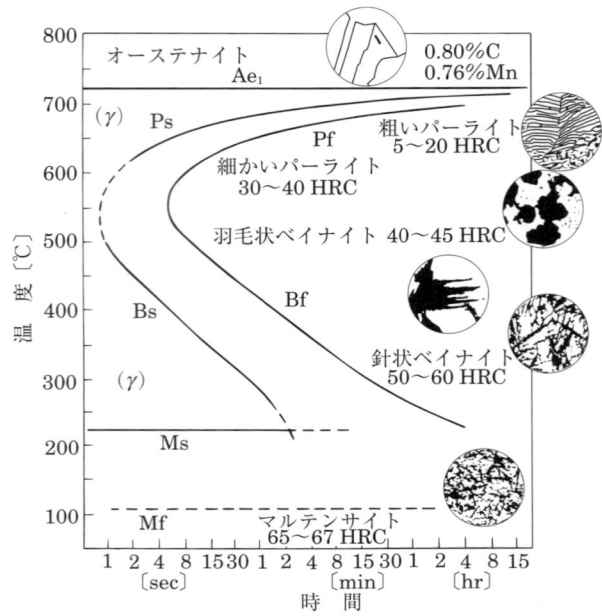

**図 7.10** 共析炭素鋼のS曲線（説明図）
図中のMf線は常温以下である。

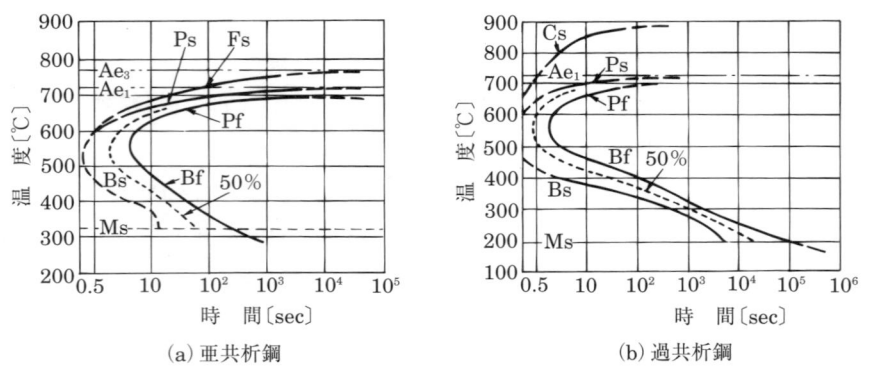

(a) 亜共析鋼

(b) 過共析鋼

**図 7.11** 炭素鋼のS曲線

のベイナイトを**下部ベイナイト**という。

ベイナイトはフェライトとセメンタイトの混合組織であるが，その形態はパーライトとは異なるもので，パーライト変態とマルテンサイト変態の中間の温度域で恒温的に起こる変態である。上部ベイナイトは羽毛状，下部ベイナイトは針状の組織である。

図7.11に亜共析鋼と過共析鋼のS曲線を示す。

### 7・2・3 CCT曲線

オーステナイトを連続冷却したときの変態挙動はS曲線から類推できる。いま図7.12で示されるS曲線をもつ鋼を，$Ae_1$以上のオーステナイト域から異なる冷却速度$v_1$，$v_2$，$v_3$，$v_4$で連続冷却したとする。この冷却速度を示す線をS曲線状にのせ，この線とS曲線の交点の位置および交点の有無等から各冷却速度によるオーステナイトの変態挙動を知ることができる。図7.13はこの関係を示したもので，**連続冷却変態曲線**または**CCT線図**ともいう。

図7.2で冷却速度$v_1$の場合は，Ps線上の$s_1$でパーライト変態が始まり，Pf線との交点$f_1$で変態が終了する。

冷却速度$v_2$では，$v_1$と同じようにPs線上の$s_2$でパーライト変態が始まり，Pf

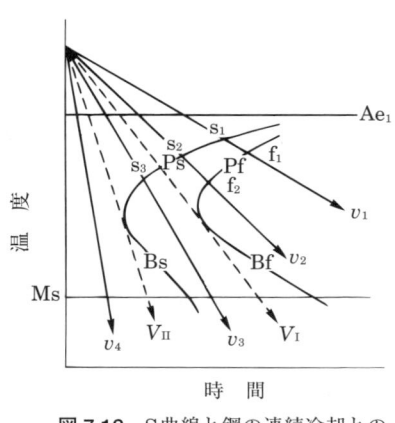

**図7.12** S曲線と鋼の連続冷却との関連の定性的な説明図

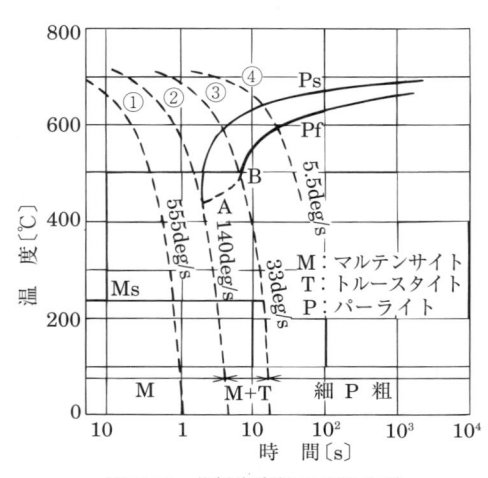

**図7.13** 共析炭素鋼のCCT曲線

線との交点$f_2$で変態が終了する。$v_1$を炉冷とすれば$v_2$は空冷(図7.6参照)に相当するものと考えてもよい

冷却速度$v_3$は$s_3$で変態が始まるが，Ps線との交点がない。これは図7.6の油冷に相当する場合で，未変態のオーステナイトが一部残留し，それがMs線でマルテンサイトに変態し始めるのである。

冷却速度$v_4$ではパーライト変態は起こらずにマルテンサイトのみとなる。

図中に点線で示した冷却速度$V_I$と$V_{II}$について考察すると，冷却速度$V_I$は，マルテンサイト組織が混入し始める最小の冷却速度で，これを**下部臨界冷却速度**という。一方，$V_{II}$は，完全にマルテンサイト組織のみになる最小の冷却速度で，これを**(上部)臨界冷却速度**という。

この図では，連続冷却ではBs線と交わることがない。特殊な鋼を除いては，ベイナイト組織を得るには恒温冷却処理を必要とする。

図7.13は共析鋼のCCT線図の実際を示す。Aを通る曲線②が上部臨界冷却速度であり，Bを通る曲線③が下部臨界冷却速度である。また，A〜B間を通る冷却速度の場合には，AB線上に達するとパーライト変態が中断され，以下の温度では，未変態のオーステナイトがMs線上に達すると，マルテンサイト組織を形成し始める。なお，CCT線図は実用鋼すべてに作成されており，連続冷却でベイナイト変態の起こらない鋼では，Bs線，Bf線は記入されない。

## 7・3 鋼のマルテンサイト変態

前節で，鋼を急冷すると$A_1$変態が完了しないか，または$A_1$変態が全く起こらずに特定の温度に達すると，未変態のオーステナイトがマルテンサイト相に変態すると述べた。

### 7・3・1 マルテンサイトの本性

鋼は，状態図からみれば室温では炭素をほとんど含まないフェライト相とセメンタイト相の混合組織である。この鋼を加熱すれば，bcc構造のフェライトはfcc構造のオーステナイト相に変態し，セメンタイトは基地に固溶して最後にはオーステナイト単一相になる。このfcc構造のオーステナイト相を急冷すると，炭素

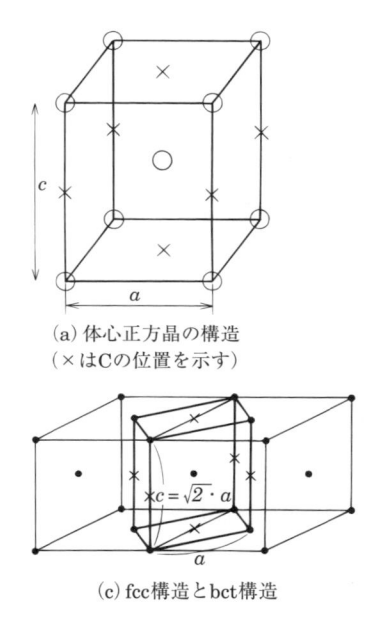

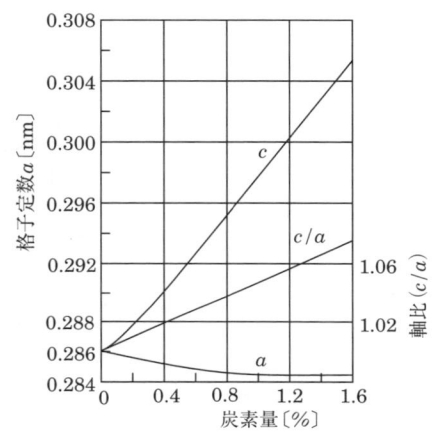

(a) 体心正方晶の構造
(×はCの位置を示す)

(c) fcc構造とbct構造

(b) 炭素量とマルテンサイトの格子定数と軸比

図 7.14 マルテンサイト相の結晶構造

原子の析出が阻止され，炭素を固溶した状態のままで，結晶構造のみが体心構造にかわる．すなわち，炭素を強制固溶したフェライト相となる．これが**マルテンサイト相**である．マルテンサイト相は正常のフェライトと比べれば，図7.14(a)に示すような$c$軸が長い体心正方晶（bct）で，この軸比$c/a$の値は，図(b)のように固溶炭素量により変化する．また，この変態はFe原子が移動をして，fcc → bctを形成するのではなく，Fe原子が協同的に一度に動いて新しい構造を形成するので，無拡散変態であり，この変態は$10^{-7}$秒というきわめて短時間に起こるので，この変態を阻止することはできない．

fcc → bctの構造変化の過程には諸説がある．図(c)は初期のBainの学説であるが，面心立方格子は見方をかえると体心正方格子でもある．この説は，$a$軸が膨張し$c$軸が収縮すればFe原子の移動はなくても変態は可能であるとの考え方である．

## 7・3・2　マルテンサイト相の諸性質

[1] マルテンサイトの変態挙動　　マルテンサイト変態が開始する温度である

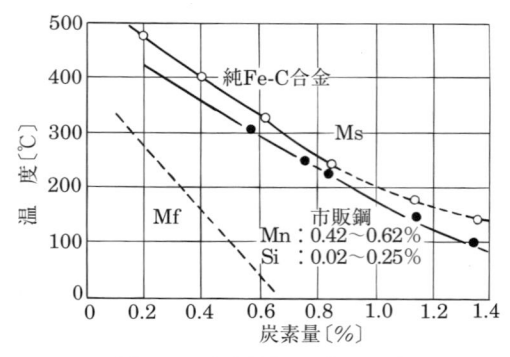

**図 7.15** 炭素量とMs点，Mf点

Ms点は冷却速度には関係なく，鋼の炭素量と合金元素により決まる特定の温度である。図7.15は炭素量とMs点・Mf点の関係を表したもので，炭素量に大きく依存している。特に炭素量が0.6%を超えると，Mf点が常温以下に低下している。合金元素を添加すると，Co以外はMs点を低下させる働きがある。

Ms点以下になるとマルテンサイト変態が起こるが，この変態は恒温的には進行せず，温度のみに依存して進行する変態である。すなわち，Ms点以下の温度で冷却が止まれば，その後はマルテンサイト変態は起こらず，温度が低下すれば再び変態が進行する。

## [2] 残留オーステナイトと深冷処理

Ｍｆ点が室温以下の鋼は水中に焼入れ

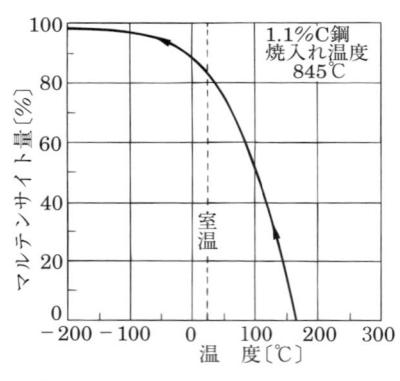

**図 7.16** マルテンサイトの変態量

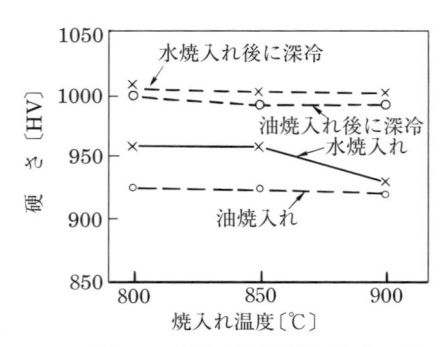

**図 7.17** 深冷処理と硬さ（今井・森）

しても100%マルテンサイトは得られず，未変態のオーステナイトが残ることになる。この未変態のオーステナイトを**残留オーステナイト**という。図7.16は，1.1%炭素鋼の焼入れ結果のマルテンサイト量を調べた結果で，20%近い残留オーステナイトが存在する。

残留オーステナイトをマルテンサイトに変態させるために，0℃以下の冷却剤を用いて冷却をする処理が行われる。この処理を**深冷処理（サブゼロ処理）**という。図7.17は，1.0%炭素鋼を水焼入れと油焼入れをしたのち，深冷処理をし，その硬さ変化を調べたもので，深冷処理後は硬さが向上していることを示している。

**[3] マルテンサイトの硬さ**　マルテンサイトは炭素を過飽和に強制固溶させた相で，強い冷間加工を施したと同じような高転位密度を持っているため，非常

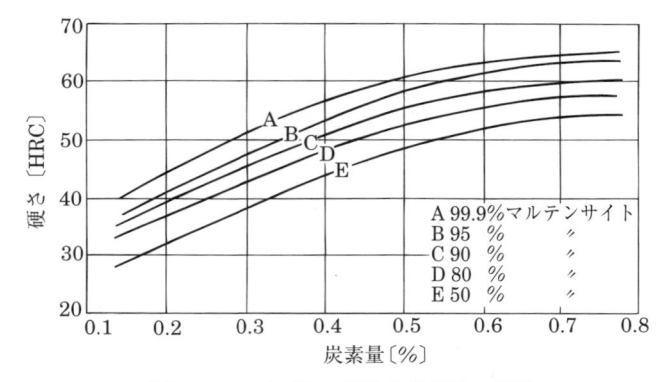

(a) マルテンサイトの硬さと炭素量の関係

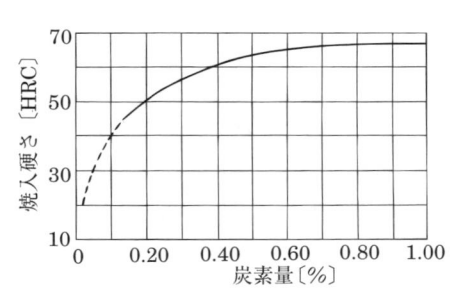

A 99.9%マルテンサイト
B 95 % 〃
C 90 % 〃
D 80 % 〃
E 50 % 〃

(b) 鋼の炭素量と焼入れ硬さの関係

**図7.18** マルテンサイトの硬さ

に硬い組織である。図7.18(a)は炭素鋼の炭素量とマルテンサイトの硬さを，図(b)は炭素鋼の焼入れ硬さを示したもので，焼入れ硬さは低炭素鋼では炭素量が増すと向上するが，0.6%以上の鋼ではあまり増加しない。また，合金元素を添加してもマルテンサイトの硬さには影響を与えていない。

## [4] マルテンサイト変態と熱処理変形

オーステナイトがマルテンサイトに変態するときには，大きな膨張変化を伴うことが7・2・1項の図7.6でみられた。この膨張量を概算してみる。

0.93%C鋼を急冷したときの体積変化(100%マルテンサイトとして)を調べる。ただし，焼入れ温度は860℃，このときのオーステナイトの格子定数は0.3588nm，焼入れ後のマルテンサイトの格子定数は$a=0.2845$nm，$c=0.2976$nmとする。

860℃におけるオーステナイト1原子の占める体積は

$$\frac{(0.3588\text{nm})^3}{4} = 1.1548 \times 10^{-2} \, [\text{nm}^3]$$

焼入れ後のマルテンサイト1原子の占める体積は

$$\frac{(0.2845\text{nm})^2 \times 0.2976\text{nm}}{2} = 1.2044 \times 10^{-2} \, [\text{nm}^3]$$

よって，オーステナイト → マルテンサイトの体積変化は

$$\frac{1.2044 \times 10^{-2} - 1.1548 \times 10^{-2}}{1.1548 \times 10^{-2}} \fallingdotseq 0.043 \, (=4.3\%)$$

となる(これはあくまで計算例で，実際の焼入れでは，残留オーステナイト存在等の影響があり，4%程度の体積膨張である)。

マルテンサイト変態には大きな膨張を伴う変態であるが，図7.19に示すように試料の内外部では冷却速度が異なり，そのために同図のようにマルテンサイト変態が起こる時間にずれを生じ，その結果図7.20の実験結果で示すように大きな内部応力が残留する。

マルテンサイト変態に伴う内部応力は，通常は外周部には引張応力，中心部では圧縮応力であるが，残留応力には，その他不均一の加熱冷却に伴う熱応力の影響や材料の方向性の有無等が相互に影響しあっている。これらをまとめて**熱処理応力**という。

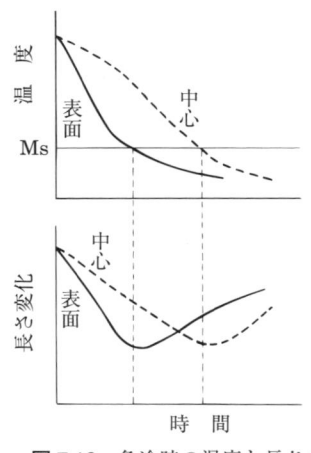

**図 7.19** 急冷時の温度と長さの変化(表面, 中心)

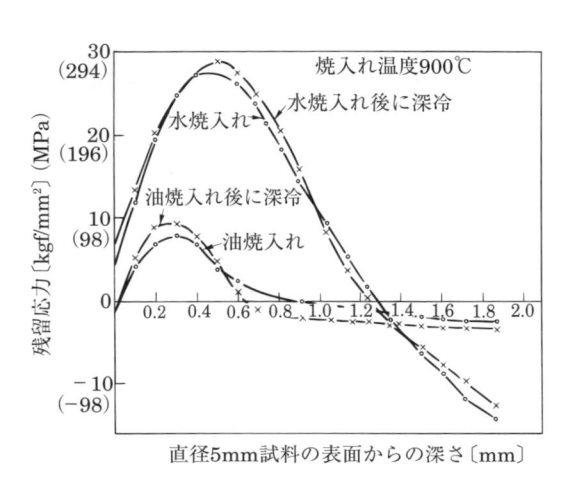

**図 7.20** 熱処理と残留応力 (今井・森)

この熱処理応力の発生の結果，材料にひずみを生じ，変形したり割れたりすることが起こる。この防止のためには，必要以上の急熱急冷を避け，特にマルテンサイト変態域では，材料の内外部の温度差を小さくして，変態応力の発生を少なくすることに留意することが大切である。

## 7・4 鋼の焼入性

炭素鋼を焼入れしてマルテンサイト組織を得るためには，かなり急速な冷却を必要とするが，これにCrやMn等を合金させると，冷却速度を遅くしてもマルテンサイト変態が起こりやすい。このように鋼では焼きが入りやすい鋼と入りにくい鋼がある。焼きの入りやすさの指標として焼入性という評価方法がある。焼入性がよいとはゆっくり冷却しても焼きが入るということである。

**焼入性**の表示方法には，ジョミニー試験による**一端焼入方法**が広く用いられており，そのほか臨界冷却速度や臨界直径による方法などがある。

### 7・4・1 質量効果，焼入液

**[1] 鋼の質量効果**　材料の寸法により，熱処理効果が異なる現象を**質量効果**という。図7.21は0.45%炭素鋼の質量効果を調べたもので，径が小さいと内部まで

焼きが入り，硬くなっているが，径が太くなると，表面・内部とも硬さが低く焼きが入っていない。質量効果の大きい鋼とは，焼きが入りにくい鋼のことである。

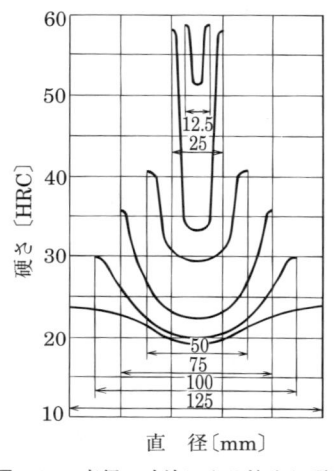

**図 7.21** 直径の寸法による焼入れ硬さの違い

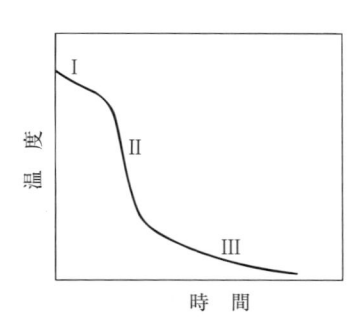

**図 7.22** 焼入れ液の冷却段階

**[2] 焼入液の冷却効果**　図7.22は**焼入液**の冷却効果を定性的にみた図で，焼入液の冷却過程はおおよそ3段階に分かれている。

図中のⅠは，初期の段階で全体が蒸気幕に覆われ，冷却は蒸気幕を通して行われるので冷却速度は遅くなる。

Ⅱは蒸気幕が破れて盛んに沸騰が起こり，冷却効果が大きい領域である。

Ⅲは液の沸騰が終わり伝導と対流により冷却されるので，冷却効果は小さくなる。

Ⅱの段階はパーライト生成に相当する段階であるので，この域は急冷が必要であり，Ⅲはマルテンサイトの変態域で，この領域は特に内外部の温度差に留意することが内部応力の減少につながるので，急冷をさけることが大切である。

焼入液としてはⅠが短時間で終わり，Ⅱの冷却速度が速く，Ⅲの冷却速度が遅いものが望ましい。表7.1は，各種冷却液の冷却特性を比較するため，18℃の水を標準にして各種焼入液の速度比をとり，定性的な値で特性を示したものである。

表7.1　各種焼入れ液の冷却能力

| 焼入れ液 | 720～550℃ | 220℃ |
|---|---|---|
| 10% NaCl | 1.96 | 0.98 |
| 0℃の水 | 1.06 | 1.02 |
| 18℃の水 | 1.00 | 1.00 |
| 25℃の水 | 0.72 | 1.11 |
| ナタネ油 | 0.30 | 0.055 |
| 50℃の水 | 0.17 | 0.95 |
| 100℃の水 | 0.044 | 0.71 |
| 空　気 | 0.028 | 0.007 |

表7.2　かくはんによる冷却能力の比較

| かくはん度 | 塩水 | 水 | 油 | 空気 |
|---|---|---|---|---|
| 静　止 | 2.2 | 1.0 | 0.3 | 0.02 |
| 中程度 |  | 1.5 | 0.5 |  |
| 激しく | 7.0 | 2.0 | 0.7 | 0.05 |
| 噴　射 |  | 6.0 | 1.2 | 0.08 |

　焼入液はかくはんすると冷却能力が向上する。各種焼入液のかくはんによる冷却効果を定性的に示したものが表7.2である。表中の数値は20℃の静止水中で焼入れしたときにおける720～550℃の平均冷却速度の基準として表示したものである。

　なお，サブゼロ用の冷却剤には，ドライアイスとアルコールの混合液(–78℃)，液体空気(–183℃)，液体窒素(–210℃)などが使用される。

## 7・4・2　焼入性の表示方法

**[1] 臨界冷却速度による方法**　臨界冷却速度(7・2・3項)は，焼入性の良否を判断できる数値である。図7.23は炭素鋼の炭素量と臨界冷却速度の関係を，図7.24は，合金元素添加の影響を示したものである。高純度鋼と市販鋼の違いは，市販鋼にはMnやSiのような元素が混入している影響で臨界冷却速度は小さくなっている。

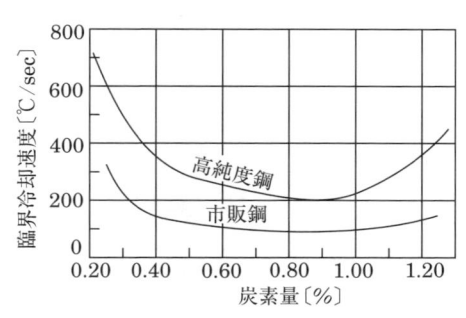

図7.23　炭素鋼の炭素量と臨界冷却速度の関係

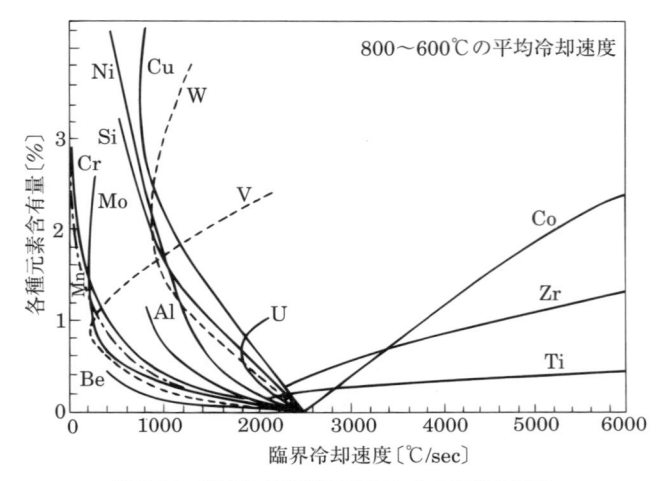

**図7.24** 臨界冷却速度に及ぼす合金元素の影響

　焼入性の表現に臨界冷却速度を使用することは合理的ではあるが，臨界冷却速度の測定が困難であるので，実用性に乏しい．

**[2] 一端焼入方法**　　JISで規定されている鋼材の焼入性を判断する方法で，**ジョミニー試験法**と通称されている．その方法は，一定形状の試験片を決められ

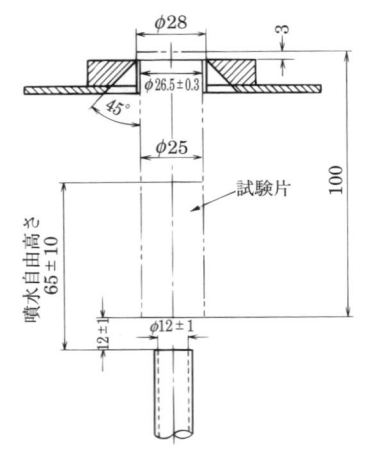

**図7.25** ジョミニー試験装置（単位：mm）

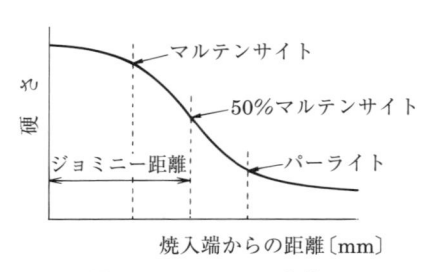

**図7.26** ジョミニー曲線

た焼入温度に加熱後，試料の下端に流量を一定にした噴水をあて，下端を冷却させて焼入れする方法である．図7.25にジョミニー試験装置の試験片とその冷却方法を示す．焼入れの終わった試験片の焼入端（水冷端）からの距離とその点の硬さを測定すると，図7.26のような曲線（**焼入性曲線**）を得る．この曲線を**ジョミニー曲線**といい，この曲線から焼入性を判断するのである（JIS G 0561）．

この曲線では，水冷端から離れるに従って冷却効果が減少するため，水冷端はマルテンサイト組織となり，硬いが離れるに従ってパーライトが増加し，最後はパーライト組織のみになるので，硬さは低下してくる．この曲線の変曲点は50％のマルテンサイト組織の位置で，この位置までの距離を**ジョミニー距離**という．ジョミニー距離の長い材料ほど焼入性が良い材料である．

[3] **臨界直径による方法**　この方法は同一鋼材で直径の異なる丸棒を焼入れしたときに，中心部まで焼きが入る最大の丸棒の直径を求めて，その直径を**臨界直径**といい，$D_0$で表す．臨界直径が大きい鋼ほど焼入性が良いことになる．なお，焼きが入ったか否かの判断としては，一般に組織の50％がマルテンサイトになるか否かで認定している．

しかし，同一鋼材でも冷却液の種類やかくはんの程度によって冷却能力に違いがある．すなわち，冷却条件が違えば臨界直径は異なってくる．そこで，ある試料を焼入れした瞬間，試料表面の温度が焼入液の温度と同じになるという理想的な焼入液を考え，この焼入液で冷却したときの臨界直径を**理想臨界直径**といい，$D_I$で表す．$D_I$値が求まれば，各種の鋼の焼入性が判断できることになる．

[4] **理想臨界直径を求める方法**

(1)　ジョミニー試験から$D_I$を求める方法

図7.27はジョミニー距離と$D_I$との関係を示したもので，ジョミニー曲線が求まれば，この図から$D_I$を推定することができる．

(2)　鋼の化学組成から$D_I$を求める方法

鋼化学組成から$D_I$を推定することができる．焼入性は鋼の炭素量とオーステナイトの結晶粒度，それに合金元素の種類とその添加量に支配されるので，第一に，鋼の炭素量とオーステナイトの結晶粒度から，基本値としての炭素

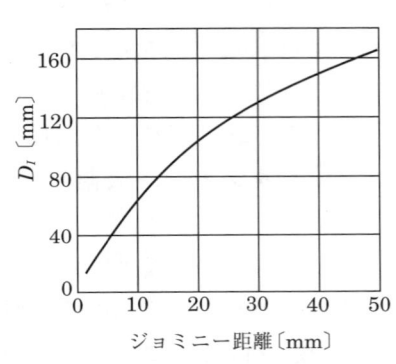

**図 7.27** ジョミニー距離と $D_I$ との関係図

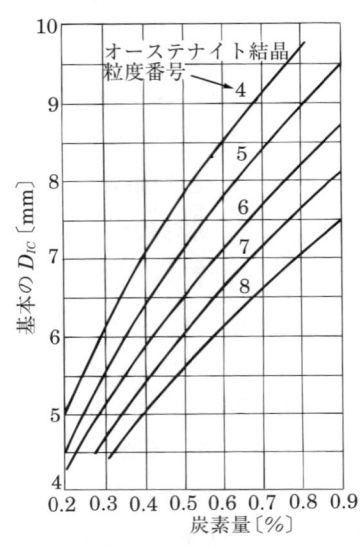

**図 7.28** 基本炭素鋼の $D_I$ の値

鋼の理想臨界直径（これを $D_{IC}$ とする）を図7.28から求める。

第二に，合金元素の添加の効果は，本項［1］の図7.24で示したようにCoを除き，ほとんどの元素が臨界冷却速度を遅くする働きがある。これはほとんど

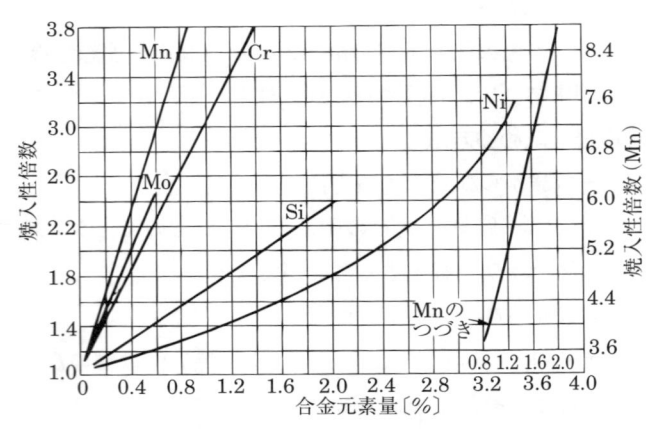

**図 7.29** 合金元素の焼入性倍数

の元素が焼入性を向上する働きがあり，これらの元素を添加すれば臨界直径は増加することになる。鋼の焼入性に及ぼす合金元素の影響の大きさを示す値を，その合金元素の**焼入性倍数**という。各元素の焼入性倍数は図7.29より求められる。

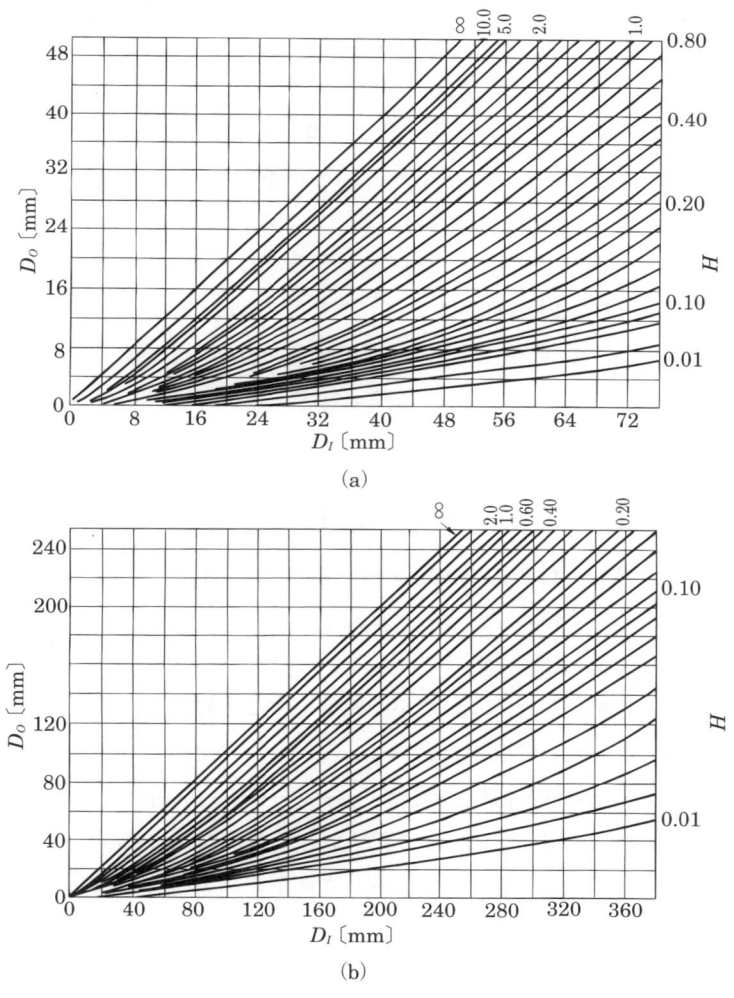

図 7.30　$D_O$-$D_I$-$H$ 関係線図

基本値としての炭素鋼の$D_{IC}$に，添加元素の焼入性倍数を次々に乗ずれば，求める鋼の理想臨界直径$D_I$が求められる．

　（例）　0.4%C-0.8%Mn鋼の$D_I$値を求める（粒度番号No.6）

　　　　図7.28より，$D_{IC}$ → 5.9〔mm〕

　　　　図7.29よりMnの焼入性倍数 → 3.6

　　　　理想臨界直径$D_I$は，5.9×3.6 → 21.2〔mm〕となる．

(3)　鋼の$D_I$から$D_O$を求める方法

　鋼の理想臨界直径$D_I$が求まれば，その鋼を焼入れたときの臨界直径が推定できる．この方法は図7.30の$D_O$-$D_I$-H線図を用いる．この図のHは冷却液の冷却能力を示す値で，定性的には7・4・1項[2]の表7.2を用いてよい．

　（例）　前例の鋼を水焼入れ（H=2.0とする）したときの臨界直径$D_O$は，図7.30よりH値が2の曲線と$D_I$値が21.2に対応する$D_O$を読む．

　　　　$D_I$21.2〔mm〕 → H=2.0のとき → $D_O$値は12〔mm〕となる．

　この鋼を水中で強くかくはんして焼入れすると，直径約12mmまで焼きが入る．

## 7・5　マルテンサイトの焼戻し

　鋼のマルテンサイトは本来不安定な相であり，その機械的性質は非常に硬く，もろく，加工もしにくいので，そのまま使用されることは少ない．そこで，この不安定な状態を安定な組織とするために，マルテンサイトを$A_1$以下の温度に再加熱する熱操作を**焼戻し**という．焼戻し処理をすると硬さを減じ，じん性が向上し，内部応力を取り除いて有用な材料となる．

### 7・5・1　焼戻しの炭化物反応

　図7.31は，0.9%炭素鋼を815℃より焼入れ後，焼戻し処理過程での試料の熱膨張変化の様子を示したもので，三つの変化が観察される．

　　　第一段階は，100〜150℃での収縮

　　　第二段階は，200〜250℃での膨張

　　　第三段階は，250〜350℃での収縮

これらの変化は，マルテンサイト相が加熱により，他の相に分解する焼戻し反応過程である。この反応を支配するものはマルテンサイト中の固溶炭素や固溶炭化物生成元素の挙動である。これらの固溶元素の析出と炭化物生成過程を**炭化物反応**といい，焼戻し反応は炭化物反応そのものである。

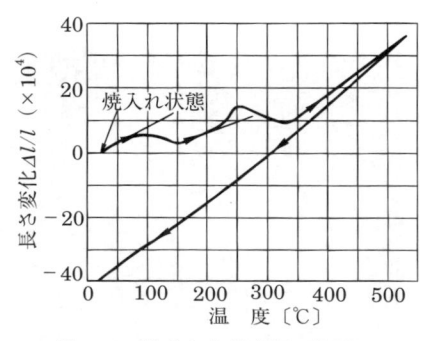

**図7.31** 焼入れた炭素鋼の焼戻しにおける長さの変化

## 7・5・2 炭素鋼の焼戻し過程での組織変化

第一段階100～150℃での収縮は，マルテンサイト中に固溶している炭素が初期の炭化物のε相（$Fe_{2\sim3}C$）として，析出し始めることによる。最近では，初期の炭化物をη相（$Fe_2C$）とする説もあるが，炭化物の析出により，き地は低炭素のマルテンサイトとなり，軸比は低下してくる。

第二段階200～250℃での膨張は，焼入れにより残留したオーステナイトが低炭素マルテンサイトに変態し，さらにき地よりのε炭化物（またはη炭化物）の析出が進行することによる変化である。低炭素鋼やサブゼロ処理をした鋼ではこの変化はみられない。

第三段階250～350℃での収縮は，炭化物の析出がさらに進み，き地はマルテンサイトから転位密度の高いフェライトになる過程に対応したものである。この間で，初期に析出したε炭化物（またはη炭化物）はχ炭化物（$Fe_5C_2$）と構造を変え，安定なθ炭化物(板状のセメンタイト)に変化していく。

350～450℃と温度が上昇すると，板状のセメンタイトが凝集して粒状のセメンタイトになってくる。この段階になるとき地組織はbcc構造のフェライトと，粒状のセメンタイトの二相組織となる。その後，温度上昇と共に粒状のセメンタイトの凝集粗大化が進む。

図7.32（a）は，0.82％炭素鋼を400℃で1時間の焼戻し処理を行った組織の顕微鏡写真で，**トルースタイト**と呼ばれる組織である。図（b）は，500℃で1時間

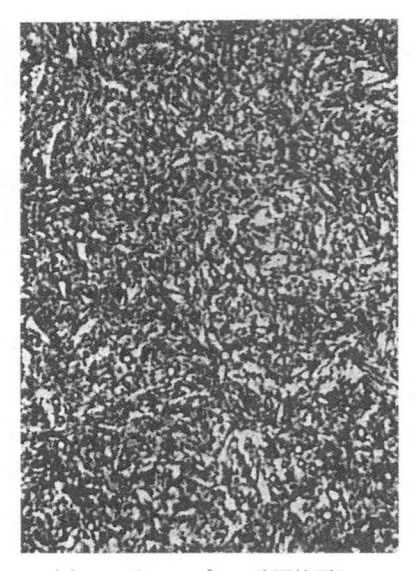

(a) 0.82%C 400℃ 1時間焼戻し　　　　　　(b) 0.82%C 500℃ 1時間焼戻し
　　（トルースタイト）　　　　　　　　　　　　（ソルバイト）

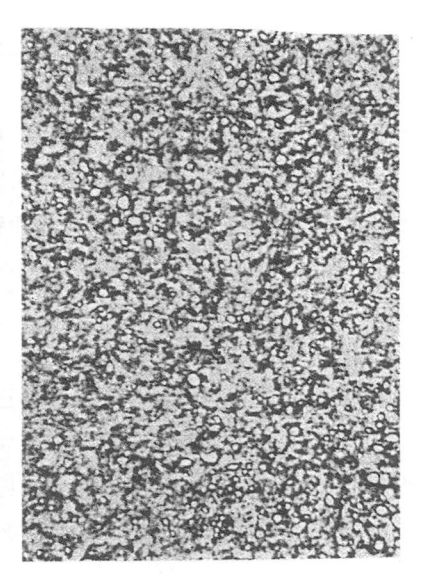

図7.32　トルースタイトとソルバイト

の焼戻しの組織で，**ソルバイト**と呼ばれる。両組織ともフェライト地に球状の炭化物が光学顕微鏡では確認不能ぐらい微細に分散されている。

　従来は，$Ar_1$変態の過冷されたフェライトとセメンタイトの層状組織，すなわち微細なパーライトをソルバイトおよびトルースタイトと呼び，焼戻し組織を焼戻しトルースタイト，焼戻しソルバイトと呼んだが，現在では微細パーライトをまとめて，**ファインパーライト**と呼んでいる。

### 7・5・3　焼戻し過程での機械的性質の変化

　焼戻し組織はフェライト地（または低炭素マルテンサイト）に炭化物の分散された組織である。この炭化物の粒子の大きさとその分散傾向は，焼戻し温度により異なる。5・2・4項および6・4節で述べたように，合金内に硬い粒子が析出分散されると合金は強化され，強化の程度は分散粒子の大きさ，量，そしてその粒子間距離により支配される。焼戻し組織は，設定された焼戻し温度により，硬質な

炭化物粒子の粒子間距離や大きさ等が支配されるので，焼戻し温度の選択によりそれに対応する機械的性質が得られることになる。

[1] **焼戻し温度**　硬さや耐磨耗性を要求する部材に使用する鋼は焼入れ後，150～200℃での焼戻し温度を選択し，硬さよりも強じん性を必要とする部材に使用する鋼は550～650℃での焼戻し温度を選択している。前者の温度での焼戻しを**低温焼戻し**，後者の焼戻しを**高温焼戻し**という。

図7.33は，0.4％炭素鋼の焼戻し温度による機械的性質の変化を示したもので，引張強さ，降伏点，硬さは200℃付近が最大で，それを超えると軟化しているのがわかる。

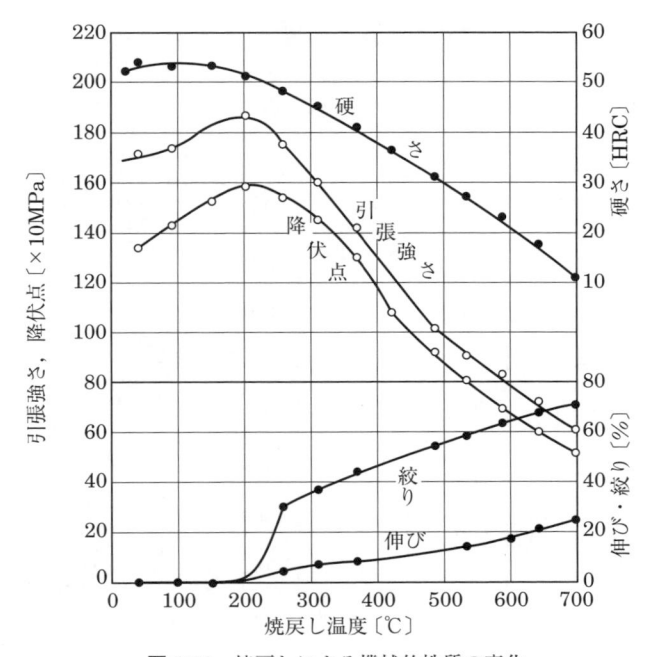

図 **7.33**　焼戻しによる機械的性質の変化

## [2] 焼戻しぜい性

焼入れ鋼を焼戻すと，強度は温度上昇とともに減少してくるが，ある特定の温度域ではもろさを示し，ぜい化の現象が起こる。この**現象を焼戻しもろさという**。

図7.34は，0.4％炭素鋼を焼入れ後に焼戻し処理を行ったさいの，衝撃値の変化を調べたもので，300℃付近に衝撃値の低下する領域がある。図7.35は四種類の炭素鋼の焼戻し温度における衝撃値の変化をみたもので，いずれの鋼でも300～350℃に衝撃値の低下がみられる。このような現象を**低温焼戻しぜい性**という。このぜい化の起こる温度領域は焼戻し過程での板状のセメンタイトの析出温度域であり，この現象はすべての鋼にみられるので，この温度域での焼戻し処理は避けるべきである。

一部の合金鋼では，500℃付近に衝撃値の低下がみられる。このぜい化現象を**高温焼戻しぜい性**といい，この温度域での焼戻しには注意する。

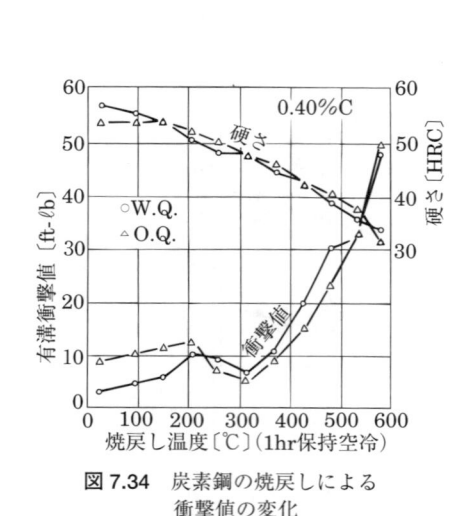

図 7.34 炭素鋼の焼戻しによる衝撃値の変化

図 7.35 衝撃値変化

## 7·5·4 焼戻しにおける合金元素の効果

図7.36は，鋼中に炭化物傾向の強い元素であるMoを合金した鋼の焼戻し温度による硬さ変化の様相を示したものである。焼入は，オーステナイト中にMoを完全に固溶した状態から行い，Mo無添加の鋼と添加量を変えた鋼での焼戻しのさいの軟化抵抗の傾向をみたものである。Moの添加量を増すと，焼戻しのさいの軟化の傾向は減少し，特に2%以上添加すると，一度軟化したのち，再硬化する現象がみられる。このように，焼戻しの後期に生じる硬化を**二次硬化**という。二次硬化はW，V，Nb，Ti等を合金させても起こる。Crは軟化抵抗は増すが，二次硬化には有効ではない。

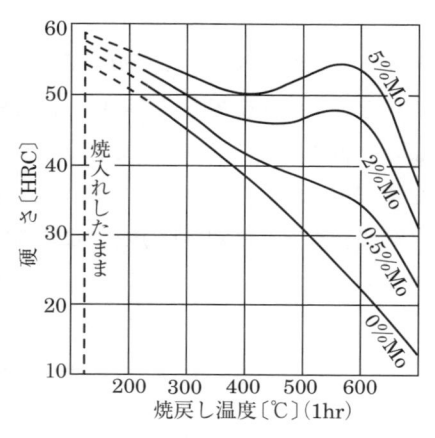

**図7.36** Moの影響

炭化物傾向の強い元素を鋼中に合金させると，焼入れ時にはこれらの元素はマルテンサイト中に固溶する。これらの元素は低温では拡散が遅いので，焼戻しの初期には炭素の拡散による**炭化物反応**が進むが，焼戻し温度が高くなると，合金元素の拡散が容易になる。

合金元素の拡散の初期は，セメンタイト中に固溶をして$(Fe・M)_3C$のような炭化物を生成する。これによりセメンタイトの凝集粗大化を防ぐため，鋼は軟化しにくくなる。焼戻し温度が450℃以上になるとMoやVを含む鋼は二次硬化を起こす。この硬化の始まる時期に達すると$(Fe・M)_3C$は不安定になり，次第にき地中に溶け込み，代わってき地中から合金元素の炭化物が析出し始める。この合金炭化物（例えば，$Mo_2C$や$V_4C$）の粒子の析出量が多くなると，二次硬化が起こり，この炭化物が凝集し始めると軟化してくる。

二次硬化のさいに析出する合金炭化物は，合金の種類によって構造や形状が異なり，また二種類以上の合金元素が添加された鋼も多く，その焼戻し炭化物反応も複雑となる。

## 7・6 その他の熱処理技術

### 7・6・1 特殊焼入れ

　焼割れや焼入れによる変形は，急冷による鋼材内外部の温度差のためマルテンサイト変態がずれて起こるからである。この防止には冷却時に内外部の温度を均一になるような冷却方法を考慮し，内外部が揃ってマルテンサイト変態が起こるような方法を行っている。これはマルテンサイト変態が恒温的には進行しないことを利用している。炭素鋼では連続冷却ではベイナイト組織は得られないので，この場合も恒温冷却処理が必要になる。図7.37に，これらの特殊焼入れの熱サイクルの例を示す。

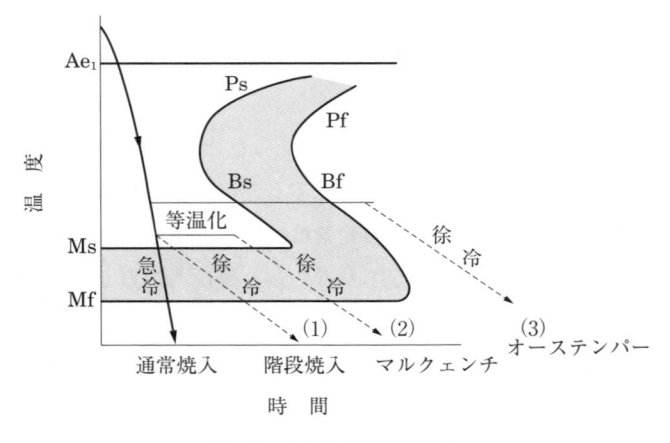

図7・37　特殊焼入(定性図)

**[1] 階段焼入れ（時間焼入れ）**　　図中(1)のようにMs点の直上まで急冷したのち，冷却液から引き上げて大気中で放冷をする熱処理法である。

**[2] マルクエンチ**　　図中(2)のようにMs点の直上または直下の温度に保持した熱浴中に投入し，鋼材の内外部の温度が均一になったら，引き上げて徐冷する方法である。

**[3] オーステンパー**　　図中(3)のように，S曲線のベイ付近の温度に保持した熱浴中に投入保持をし，ベイナイト変態が終了したのち，大気中で放冷する熱操

作である。

## 7・6・2 加工熱処理

　鉄鋼材料の強じん性の改善には，加工による強化，熱処理による強化方法があり，それらは単独に行われているが，塑性加工，変態と熱処理を組み合わせて機械的性質を改善する処理方法が，**加工熱処理**である。加工熱処理では熱処理の途中のどこで加工を施すかによって種々な組合せがあり，その効果も異なる。

　加工の時期は，①変態前，②変態途中，③変態終了後に分類され，その利用する変態も，マルテンサイト変態，パーライト変態，ベイナイト変態がある。加工熱処理の適用にあたっては，その鋼のS曲線との対応が必要である。

　図7.38に加工熱処理の例を示す。

(a) 安定オーステナイト域での加工
　　（加工焼入れ）　　（定性図）

(b) 安定オーステナイト域での加工
　　（亜熱間加工）　　（定性図）

(c) 準安定オーステナイト域での加工
　　（オースフォーミング）（定性図）

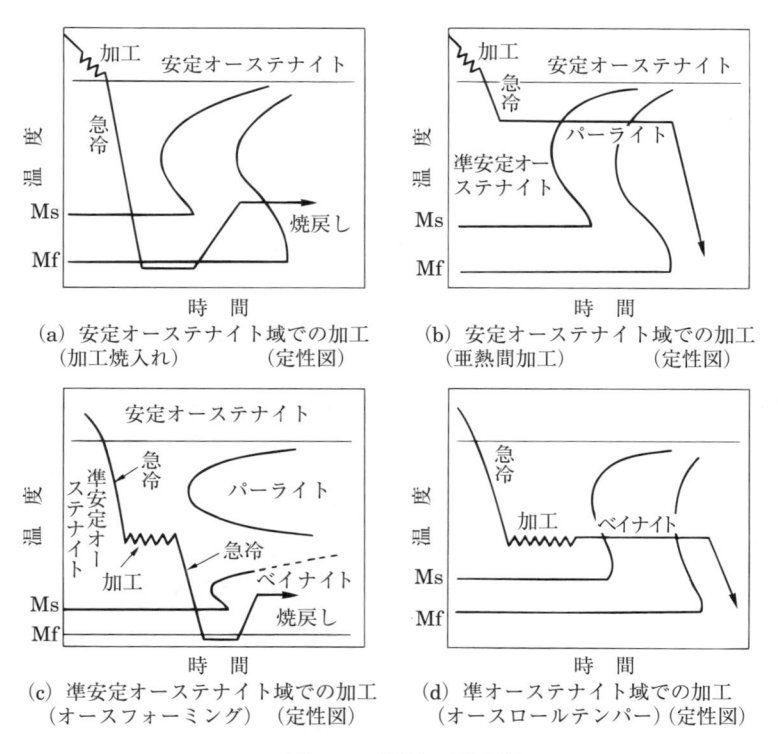

(d) 準オーステナイト域での加工
　　（オースロールテンパー）（定性図）

**図 7.38　各種加工熱処理**

図(a)に示す加工法を加工焼入れといい，安価で加工性の悪い鋼に適用される。

図(b)は，恒温変態により，結晶粒を微細化して強靱性を向上させている。

図(c)は，**オースフォーミング**と呼ばれる処理法である。この処理法はオーステナイト温度域から500～600℃の温度に急冷し，準安定オーステナイト域で塑性加工を行い，その後焼入れをする熱操作である。この処理を行うと強度の増加が著しく，しかもじん性の低下はほとんどないという特徴がある。この処理は準オーステナイト域の広い合金鋼に適用される。

図(d)は，オースフォームと同じ考えで，ベイナイト変態が促進される。

## 7・6・3　加工誘起変態

マンガン鋼や準安定ステンレス鋼を加工をすると，$M_s$点が上昇してマルテンサイト変態が促進される。この現象を**加工誘起変態**という。この変態が起こる最高の温度を**$M_d$点**という。

図7.39は加工誘起変態を利用した熱処理法である。

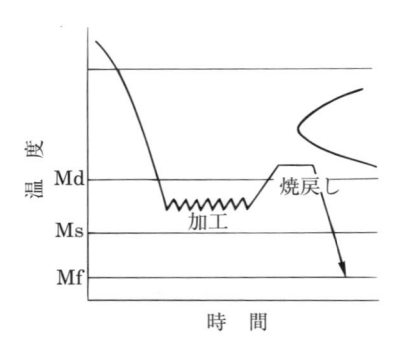

**図7.39**　変態途中の加工（定性図）

## 7・7　表面硬化処理

機械部品は，使用中摩擦を受けたり，繰り返し荷重により疲労させられたり，するので，これらの機械部品は耐磨耗性に富むことが大切である。耐磨耗性を高めるには表面層を硬化することが有効であるが。硬化のために鋼全体をマルテンサイト組織にすると，鋼はもろくなり，また加工上の問題が起こる。このため鋼全体はじん性の高い鋼を用い，摩擦を受ける部分のみを硬化する熱処理法が行われるのである。

材料の疲労破壊は材料の表面に微少な傷があると，そこに応力が過度に集中し，亀裂が進行して破壊にいたるものであり，この亀裂は表面に引張応力が残留して

いると，進行が速まるのである。表面に圧縮応力が残留するような処理をすれば，疲労破壊を防止し遅らせる効果がある。

表面硬化の狙いは，耐摩耗性を高めることと，表面に圧縮応力を残留させて，疲労破壊を防止することである。

表面硬化処理を大別すると，

① 表面の化学組成を変えて，表面に硬化層をつくる。この方法に，浸炭法，窒化法，浸硫法，浸ほう法，メッキ，セメンテーション，溶射等がある。

② 表面の化学組成を変えないで，硬化層をつくる。この方法に表面焼入れ，ショットピーニング，PVD，CVD法等がある。

### 7・7・1 浸炭法

**浸炭**とは，低炭素鋼を浸炭剤中で加熱する熱操作で，変態点以上に加熱すると，高温で発生したCOガスが鋼材表面で分解し，発生したCが鋼内部に拡散していく。これにより，低炭素鋼の表層部は炭素量の高い状態となる。

浸炭剤の種類により，固体浸炭，ガス浸炭，液体浸炭がある。浸炭した鋼は焼入れ，焼戻し処理を施して使用する。

**[1] 固体浸炭** 鉄製の容器に浸炭剤として木炭と促進剤としての$BaCO_3$や$Na_2CO_3$等を10〜20％混合し，その中に鋼部品を埋めて，約900〜950℃で数時間加熱し，冷却をすると鋼材表面に高炭素の浸炭組織が得られる。

浸炭の機構については，空気中の$O_2$が木炭Cと反応して$CO_2$を発生する。$CO_2$は固体炭素表面で，$CO_2+C \rightarrow 2CO$となり，COガスとなる。このCOガスは鋼材表面で，$2CO \rightarrow C+CO_2$のように分解し，発生期のCまたは原子上のCが生成され，このCが鋼の中に進入する。

**[2] ガス浸炭** メタン，プロパン，ブタン等の炭化水素系のガスを用いて，浸炭処理を行う方法がガス浸炭である。ガス浸炭法は鋼材を外気としゃ断された炉中で，浸炭ガスを送りながら加熱をする。炉中では$CH_4 \rightarrow C+2H_2$と分解し，生じた原子状のCが鋼材表面から進入し，浸炭層を形成する。ガス浸炭は，浸炭ガス組成と加熱温度により平衡炭素量が決まるので，ガス濃度を変えることにより，浸炭量を制御できる利点がある。

[3] **液体浸炭**　NaCNやKCNのようなナトリウムやカリウムの青酸塩を主成分とする溶融塩中で加熱をすると，

$$4NaCN + 4O_2 = 2Na_2CO_3 + 2CO + 2N$$

のような反応が起こり，ここで生じるCOにより浸炭が起こる。

　なお，この反応で生じるNも鋼材表面から進入し，窒化作用が同時に起こる。NaCNの溶融点は550℃であり，浴温度が低い鋼のフェライト域での処理の場合は窒化作用が多く，温度が高いオーステナイト域で処理をすると浸炭が中心になる。

[4] **浸炭後の熱処理**　浸炭処理によって表面のみ高炭素の鋼が得られるので，表面層を硬化させるための熱処理を行う。浸炭処理後の鋼は表面は過共析鋼，内部は低炭素のままで，また長時間の高温度の浸炭処理により，結晶粒が粗大化している。

　熱処理は850～950℃に再加熱し，表面層のCの拡散を行って濃度勾配をゆるやかにしたのち，焼入れを行う。この焼入れを**一次焼入れ**という。これにより網状のセメンタイトは壊されるが，この温度は浸炭層の焼入れ温度としては高すぎるので，残留オーステナイトも多く十分な硬化層は得られない。そこで，表面層の硬化のために，浸炭層の$A_1$点より高めの温度に再加熱をし，焼入れを行う。この処理を**二次焼入れ**といい，これにより，表面はマルテンサイト地に未溶解の粒状の炭化物が分散した組織が得られる。

　焼戻しは，焼入れによる内部応力除去の目的で150～200℃で行う。

### 7・7・2　窒化法

　鋼中にAl，Cr等を合金した鋼の表面に，$NH_3$ガスを流しながら500℃に加熱をすると，鋼表面に硬い硬化層が得られる。この処理を**窒化法**という。

　$NH_3$ガスは鋼材表面で

$$NH_3 \rightarrow N + 3H$$

のように分解し，生じた原子状の窒素が鋼中に進入する。窒素は鋼中で鉄との窒化物を形成するがこのままでは硬化せず，鋼中にAlやCrが存在すると，鋼中に硬質で微細な複窒化物$Fe_xCr_yN_2$，$Fe_xAl_yN_2$等が生成され，硬化するといわれて

いる。

図7.40は，硬化に与える合金元素の影響で，AlやCrのほか，VやMn等も窒化層の硬化に寄与している。

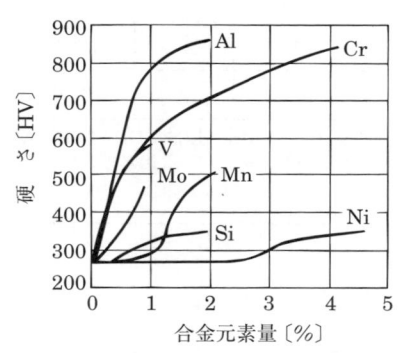

**図7.40** 窒化に及ぼす合金元素の影響

図7.41は，窒化温度の影響で，最も硬化される温度域は，鋼の$A_1$点以下のフェライト域である。またこの温度は鋼の再結晶以下であり，浸炭処理のような焼入れ処理は必要がなく，変形も起こらない。そのために窒化処理は精密部品の表面処理に最適である。表7.3は窒化処理をした鋼の機械的性質を示す。この処理により伸び，絞りは減少するが，表面硬さが大きく向上し，耐磨耗性にすぐれ，

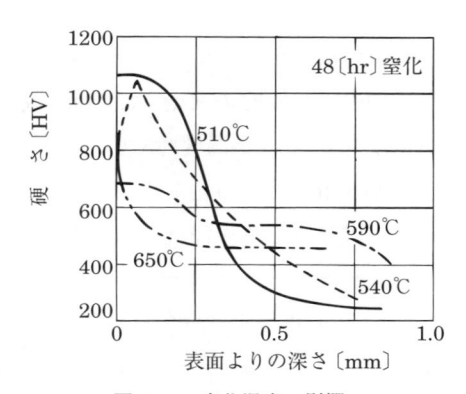

**図7.41** 窒化温度の影響

表7.3 窒化処理をした鋼の機械的性質

| 試料状態 | 引張強さ〔MPa〕 | 伸び〔%〕 | 絞り〔%〕 | 疲れ限度〔MPa〕 | 硬さHV |
|---|---|---|---|---|---|
| 熱処理のまま | 931 | 24 | 68 | 480 | 290 |
| 窒化後の中心部 | 911 | 24 | 59 | — | 280 |
| 窒化層の部分 | 990 | 8 | 7 | 578 | 1100 |

(注) 0.35% C, 0.35% Si, 0.43% Mn, 1.69% Cr, 1.06% Al, 0.40% Mo
熱処理950℃焼入れ, 700℃油冷　窒化処理500〔℃〕×100〔hr〕

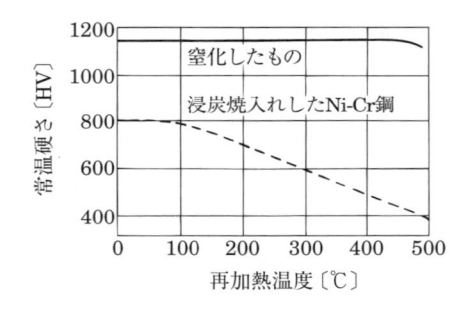

図7.42 硬化層の硬さと再加熱による軟化

また疲れ強さも高くなっている。

　図7.42は表面硬化層の温度による影響を示したもので、窒化層はその生成温度である500℃近くまで、安定した硬さを保つことがわかる。

　窒化処理の方法は、$NH_3$ガスを用いるほかに、前項[3]で述べた液体窒化法もある。この場合には窒化が主目的のときは、浴組成は、KCN約60%、$Na_2CO_3$約15%、KCNO約25%とし、浴温度約570℃、1.5～2hrの浸漬で窒化層が形成される。この方法を**軟窒化法**という。

　その他、$NH_3$中で真空放電を行い、Nを浸透させる**イオン窒化法**がある。

### 7・7・3　表面焼入れ

　炭素量が0.35～0.50%の中炭素鋼または合金鋼で機械部品をつくり、焼入れ、焼戻し処理を行い強じんな状態にしておく。その後、この部品の表面層のみを急速に加熱をし、オーステナイト化し直ちに急冷すると、表面のみは焼入れ硬化し

## 7・7 表面硬化処理

内部は元の強じんな状態の組織が得られる。この処理方法を**表面焼入れ**という。

表面層の加熱方式により，**高周波焼入れ**と，酸素・アセチレン炎を用いる**炎焼入れ**の二方式がある。

**[1] 高周波焼入れ**　表面を硬化したい鋼の表面に図7.43のようなをコイルを巻いて，コイルに高周波電流を流す。鋼材表面に渦電流が流れ，このため鋼表面が急速に加熱される。

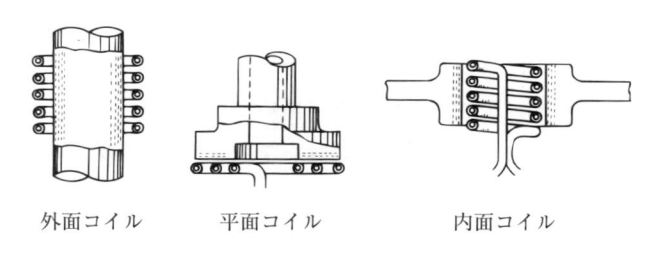

外面コイル　　　平面コイル　　　内面コイル

図 7.43　高周波コイル

鋼材の表面が焼入れ温度になると，コイルにあけられた数多くの穴から冷却水が噴出して焼入れができる。コイルに流す電流の周波数およびその時間によって，焼入れ深さの制御が可能となる。また物品の形状に合わせたコイルを用いることができる。

**[2] 炎焼入れ**　鋼材表面の加熱に酸素アセチレン炎を用いる方法で，加熱バーナーと冷却用ノズルは図7.44のように一体化して動くようになっている。ただし，加熱温度の調節や焼入れ深さの制御は高周波焼入れより困難である。

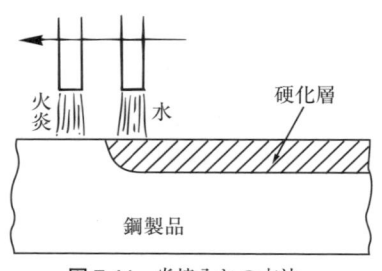

火炎　水　硬化層　鋼製品

図 7.44　炎焼入れの方法

# 第8章 構造用鋼

## 8・1 構造用鋼の概要

### 8・1・1 構造用鋼の分類

建築用,橋梁,船舶,車両等の構造物に用いたり,ボイラー,圧力容器等の用途,あるいは機械構造物の各部品に使われる鋼を総称して**構造用鋼**という。構造用鋼はその使用条件により,一般構造用圧延鋼材,高張力鋼,機械構造用鋼,超強力鋼等があり,これらの中には炭素含有量や不純物などを規定しているものや,引張強さ等で分類し成分規定のないもの,あってもごく大まかなもの等がある。また使用に際しては,**非調質**(熱間圧延のまま,あるいは焼ならし状態)のものや,**調質**(焼入れ,焼戻しによる強靱化処理)のものがあるが,これらの鋼は広範囲かつ大量に使用されている。表8.1は,JISに規定されている構造用鋼の例を示したものである

表8.1 構造用鋼の規格・記号の例 (JIS 2000)

| 規 格 名 称 | 記 号 | |
|---|---|---|
| 一般構造用圧延鋼材 | SS– | S: Steel  S: Structure |
| 自動車構造用熱間圧延鋼板 | SAPH | A: Automobile  P: Press  H: Hot |
| 溶接構造用圧延鋼材 | SM– | M: Marine |
| ボイラー及び圧力容器用炭素鋼材 | SB | B: Boiler |
| 溶接構造用高降伏点鋼板 | SHY | H: High Yield  Y: 溶接 |
| 溶接構造用耐候性熱間圧延鋼材 | SMA | M: Marine  A: Atmospheric |

### 8・1・2 リムド鋼とキルド鋼

鋼材は製鋼工程によりリムド鋼とキルド鋼に分類される。転炉で所定の組成に精錬された溶鋼は凝固されて鋼塊となるが,凝固途上に脱酸剤を添加し,溶鋼中

のガスを除去する．使用される脱酸剤にはMn，Si，Al等があるが，脱酸力の弱いMnのみを添加してつくられた鋼を**リムド鋼**，脱酸力の強いSi，Alを添加してつくられた鋼を**キルド鋼**という．

リムド鋼塊は内部に多数の気泡が残り，これらは熱間圧延により圧着されるが各種の不純物やガス分を含み，また偏析も多いので良質の鋼ではない．キルド鋼塊は凝固時に上部に収縮孔ができ，その部分は切り取るため歩留りは良くないが良質な鋼である．

脱酸剤にMnに適量のAlを添加してつくられた鋼を**セミキルド鋼**という．

## 8・1・3　構造用鋼の使用温度の影響

鉄鋼材料は温度により，機械的性質や物理的性質が変化する．鋼を低温で使用したり高温で使用したりするときは，これらの温度における性質変化の特性を考慮しなければならない．

低温工業において，プロパンの液化分離には−40℃，メタンガスの液化には−160℃等の低温度域で使用されるが，このように低温域で使用される鋼にはある温度以下で急にもろくなる低温ぜい性の問題がある．

また，各種の熱機関や化学工業においてはますます使用温度が上昇するが，このような高温では，低温や常温では問題とならないクリープ現象が起こり，クリープに対する考慮が必要となる．

**[1] 低温における鋼の機械的性質**　一般的に，金属材料は温度が低下しても引張強さ，硬さ等は大きな変化はないが，低温で衝撃的に力が加わるような場合には巨視的な塑性変形がみられないのに，急激に割れが発生し，破壊にいたることがある．このような破壊を**ぜい性破壊**といい，bcc構造の金属材料，特に鉄鋼材料に生じやすい．一方，fcc構造の金属，Ni，Al，Cuやオーステナイト鋼（ステンレス鋼）などは低温におけるぜい性はほとんど起こらない．

図8.1は，C量の異なる炭素鋼を低温度で衝撃試験を行った結果で，低炭素鋼では−20〜−30℃程度に急激に衝撃値が低下している．このように急激に衝撃値が下がる温度を**せん移温度**といい，低温でぜい化する現象を**低温ぜい性**という．

鋼のせん移温度は，炭素量が高いと高くなり，結晶粒が粗いほど高くなる．鋼

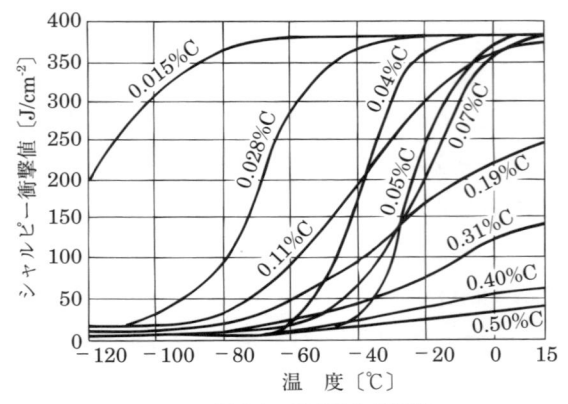

**図 8.1** 炭素量と衝撃値

の組織では，微細パーライト，粗パーライト，マルテンサイトの順にせん移温度は高くなる．すなわち，鋼は焼入れ，焼戻しを行い炭化物を一様に分布させるとせん移温度は低くなる．

図8.2より，0.1％炭素鋼の低温ぜい性に及ぼすNi添加の影響で，Ni添加量が増加するとせん移温度を下げることがわかる．MnもNi同様な効果がみられる．

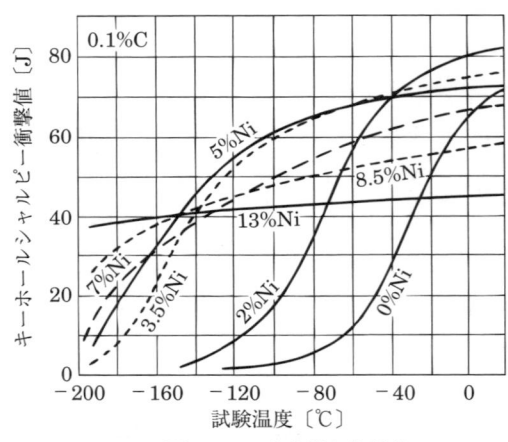

**図 8.2** Ni含有量と衝撃値

## [2] 高温における鋼の機械的性質

### (1) 青熱ぜい性

図8.3は0.25%炭素鋼の高温での引張試験結果で，250〜300℃では強度は増すが，絞り値は最低になっている。炭素鋼は250〜350℃付近では常温よりもろくなるが，この温度では鋼は青い酸化色を呈するので，鋼の**青熱ぜい性**という。この原因は鋼中の侵入型固溶元素であるCやNに起因するといわれている。このため，リムド鋼は青熱ぜい性はみられるが，AlやTiなどで固溶CやNを炭化物，窒化物として固定したキルド鋼には現れにくい。

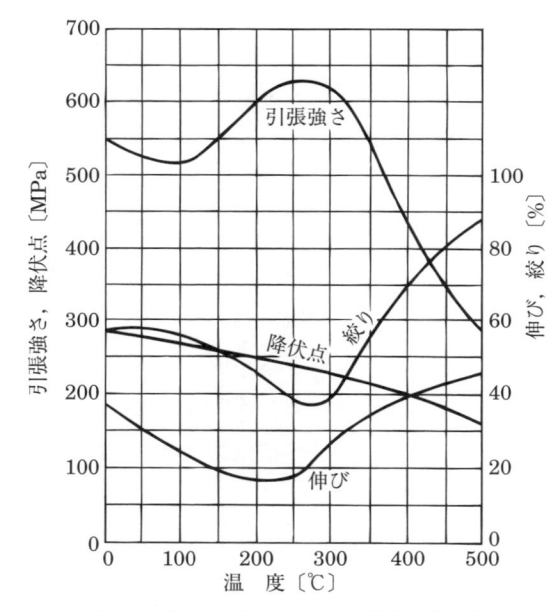

**図 8.3** 炭素鋼（0.25%C）の高温引張試験

### (2) クリープ曲線

高温で使用される材料の高温特性を知るためにクリープ試験が行われるが（3・6節参照），この試験では試験片を所定の温度に保ち，一定の荷重をかけたときの経過時間と試験片の伸びを測定する。この試験により，図8.4で示すような曲線が得られ，この曲線を**クリープ曲線**という。

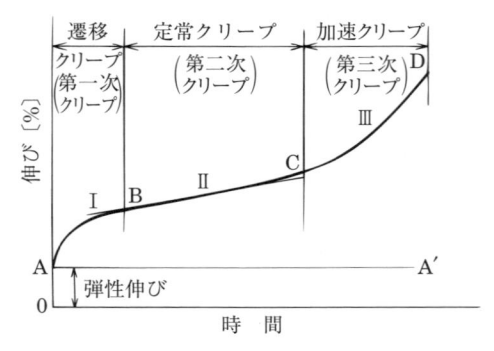

図8.4 クリープ曲線（定性図）

OAは荷重をかけたことにより生じる弾性伸びで，試験条件が室温の場合には時間が経過してもAA′で示すように伸びの変化はないが，高温状態ではABCDのように時間とともに変形する。曲線は三つの区分AB，BC，CDからなり，AB部を**せん移クリープ**（一次クリープ）といい，ここでは変形は時間とともに著しい。次の変形率がほぼ一定の部分BCを**定常クリープ**（二次クリープ）という。CD部分は，ふたたび変形量が時間とともに増加し，**加速クリープ**（三次クリープ）といい，Dで破断する。クリープ変形の機構は10・4・3項で説明する。

この曲線の形状は温度や応力によっては，図8.5に示すように変わり，特に定常クリープの段階は著しく影響を受ける。図8.6は材料によるクリープ曲線の型を示したもので，1は純金属，2は多くの構造用合金，3はもろい材料にみられる

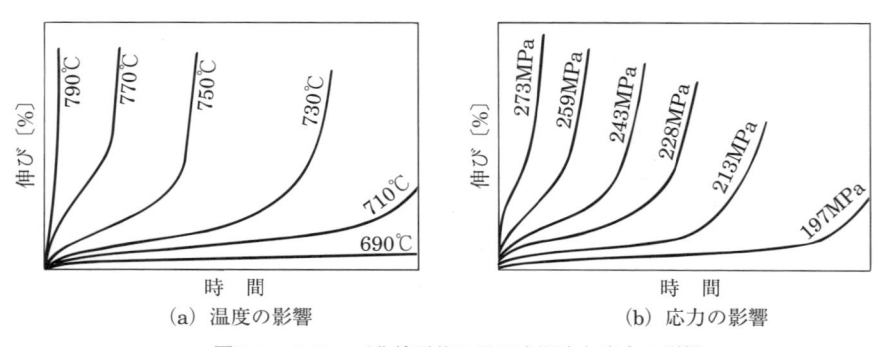

(a) 温度の影響　　　(b) 応力の影響

図8.5 クリープ曲線形状に及ぼす温度と応力の影響

型で，純金属では定常クリープ段階が非常に短いが，鋳造材などのぜい性材料では加速段階がほとんどなく突然破断が起こってしまう。

(3) クリープ強さ・クリープ破断強さ

材料の高温特性は，温度や応力の条件を示さなければ定義できない性質である。クリープ特性を示すには，クリープ強さとクリープ破断強さを用いる方法がある。

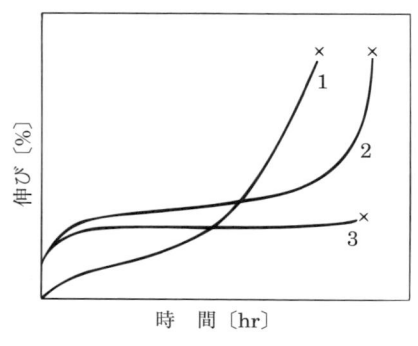

図 8.6 クリープ曲線の型

**クリープ強さ**とは，一定温度で一定時間負荷したときに生じたひずみが規定した値に達する応力をいう。例えば，ある温度で50MPaの応力で，1000時間当り，0.1％の割合で定常クリープを起こすとき，この温度で，0.1％/1000hrのクリープ強さは50MPaであるという。

一方，工業的には，破断までの時間によって設計条件が決められる場合がある。そこで，ある規定された時間にクリープ破断を生じる応力を，その材料の**クリープ破断強さ**という。例えば，ある温度で，1000hrで破壊する応力を求めたとき，その応力がその温度での1000hrのクリープ破断強さである。

## 8・2　非調質構造用圧延鋼材

### 8・2・1　一般構造用圧延鋼材〔SS材〕

各種建築物，橋梁，船舶，車両等の構造物に用いる一般構造用の熱間圧延鋼材で，鋼板，形鋼，平鋼，棒鋼の形で出荷される。化学成分の規定はないが，炭素量は0.3％以下のリムド鋼，もしくはセミキルド鋼である。この鋼材は引張強さにより1～4種に分類されている。

### 8・2・2　自動車構造用熱間圧延鋼材（SAPH材）

自動車のボデーは薄鋼板をプレス成型してつくられるので，大部分は炭素量が0.12％以下の極軟鋼で，プレス成型性のよい鋼板が使用されている。プレス成型

に適応するには，鋼が大きい塑性変形能をもつことが必要で，かつ表面がきれいであることが要求される。

純鉄や軟鋼板は加工をすると降伏現象が起こり，余分に伸びたところがしわとなる。このしわを**ストレチャーストレーン**といい，プレス成型のためにはストレチャーストレーンのできない，すなわち降伏点の起こらない鋼材が要求される。

鋼に降伏点が起こるのは鋼中に固溶されているC原子やN原子のためで，降伏現象を起きないようにするには，鋼中の固溶C，N量を下げるか，Al，Ti，Nb等を添加し，鋼中のC原子やN原子を炭化物や窒化物として固定させるとよい。

また，ストレチャーストレーンの防止のために，プレス加工の前にわずかなひずみを与えてから加工することも有効である。

### 8・2・3 ボイラ及び圧力容器用炭素鋼材（SB材）

ボイラ用材は耐熱性，耐圧性等の高温における安全性が要求されるため，板厚により，炭素量の規定があり，Si量，Mn量も規定され，キルド鋼が使用される。

### 8・2・4 溶接構造用圧延鋼材（SM材）

溶接構造物では溶接部は急熱急冷を受けることにより，部分的に硬化し，ぜい化する。そのために降伏点以下の応力でぜい性破壊にいたることがある。

溶接構造物にはSM材が使用される。熱影響を少なくするには，炭素量0.2％程度以下にすることが必要であるが，炭素量を下げれば強度の低下が起こる。そのために結晶粒を微細にして強化させる目的でMnを添加してある。Mnは溶接中の酸素の侵入に対して脱酸効果もあり，じん性も向上される。

### 8・2・5 非調質高張力鋼（ハイテン）

大型の溶接構造物のため，強度・加工性・溶接性・切欠じん性に考慮を払って製造された構造用鋼を**高張力鋼**（略称**ハイテン**）という。一般には引張強さ490～980MPaのレベルであるが，588MPa以上のものは調質処理される。

鋼の炭素量を増加すればその強度を向上させることができるが，加工性・溶接性・切欠じん性等は炭素量の増加に従って低下する。高張力鋼は炭素を約0.2％以下とできるだけ低くし，その代わりに，Mn，Si，Ni，Cr，Mo，V，Ti，Nb，B等の合金元素を少量添加して，フェライトの固溶強化，析出硬化，結晶粒の微

図8.7は，フェライトの引張強さに及ぼす固溶元素の影響を示したもので，Ti，W，Moは炭化物をつくりやすいため，高張力鋼の固溶強化元素としては，Si，Mn，Ni等が有効である．また，Mn，Ni等は$A_3$点を下げるので，フェライトの結晶粒を微細化する効果もある．Nb，V等の添加により，これらの元素の炭化物・窒化物を鋼中に微細分散させて鋼の強度を上げることもできる．また，これらの析出物は鋼の結晶粒を微細にし，じん性の向上に役立っている．

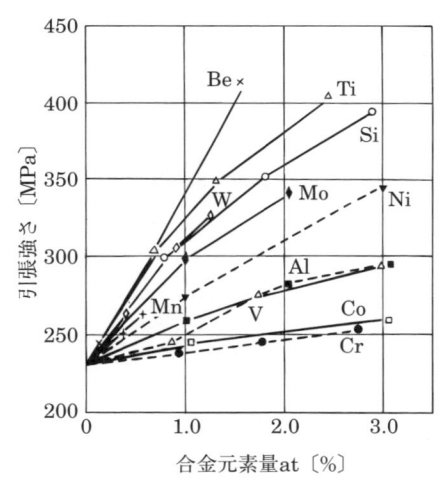

図8.7 フェライトの引張強さに及ぼす固溶元素の影響

溶接用鋼材は露天で使用されるので，錆びの発生しにくい材質または錆びの進行を妨げる材質が望ましい．大気中での腐食にたえる性質を耐候性といい，耐候性を考慮した鋼が**耐候性高張力鋼**で，P，Cu，Crなどの元素を添加すれば，通常の軟鋼の6倍以上の耐候性を有する．表8.2に耐候性高張力鋼の例を示す．

表8.2 Corten50鋼の組成

| C | Mn | Si | P | S | Cu | V | Cr |
|---|---|---|---|---|---|---|---|
| 0.10～0.19 | 0.90～1.25 | 0.15～0.30 | ≦0.040 | ≦0.050 | 0.25～0.40 | 0.02～0.10 | 0.40～0.65 |

## 8・3　調質型高張力鋼

引張強さが490MPa級までは調質の必要がなく合金元素の調整のみでよいが，588MPa級では調質を行ったほうが強度の改良が容易で，686MPa以上では調質処理によって，合金元素をさほど増加させずに高い強度を得ることができる。

合金元素の働きをみると，焼入性に寄与する元素がNi，Cr，Mo，Mn，Si，B等であり，焼戻しに関与するのがCr，Mo，V，Nb，Si，Mn等である。強度，じん性の要求に応じて，これらから適当な元素の種類と量が選ばれ，鋼に添加されている。588MPa級は焼戻しベイナイトに近く，また，784MPa級以上は完全調質鋼として製造されている。

表8.3に，高張力鋼の例を示す。

表 8.3　国産高張力鋼の例

| 種別 | 製品名 | 化学成分〔%〕 | | | | | | | | | 降伏点〔MPa〕 | 引張強さ〔MPa〕 |
| --- | --- | --- | --- | --- | --- | --- | --- | --- | --- | --- | --- | --- |
| | | C | Si | Mn | P | S | Ni | Cr | Mo | V | その他 | | |
| 588 MPa級 | SM 570 (JIS) | ≦0.18 | ≦0.55 | ≦1.50 | ≦0.040 | ≦0.040 | | | | | | | 568〜715 |
| | NK-HITEN 60 | ≦0.18 | ≦0.55 | ≦1.50 | ≦0.035 | ≦0.040 | — | — | ≦0.30 | ≦0.10 | — | ≧451 | ≧588 |
| 686 MPa級 | River Ace 70 | ≦0.18 | ≦0.35 | ≦1.20 | ≦0.035 | ≦0.035 | ≦0.40 | ≦0.70 | ≦0.40 | ≦0.80 | B ≦0.05 Cu ≦0.40 | ≧588 | 686〜804 |
| 784 MPa級 | WELTEN 80 | ≦0.18 | 0.15〜0.35 | 0.60〜1.20 | ≦0.030 | ≦0.030 | ≦1.50 | 0.40〜0.80 | ≦0.60 | ≦0.10 | Cu 0.15〜0.50 B ≦0.006 | ≧686 | 784〜931 |

## 8・4　低温用鋼

液化ガスの貯蔵容器や運搬容器は，低温に耐える材料でなければならない。低温でのぜい性破壊は結晶構造に支配されるので，低音材料としてはfcc構造のオーステナイト系の鋼が良いが，強度や経済性の面から使用温度でぜい化しない鋼

が用いられている。表8.4に，各種液化ガス温度とそれに適応する低温材料を示す。

表8.4 液化ガスの液化温度と低温材料

| 液化ガス温度 | | 使用鋼 |
|---|---|---|
| アンモニア | −33.4 | 高張力鋼 Alキルド鋼 |
| プロパン | −45 | |
| プロピレン | −47.7 | |
| 硫化水素 | −59.5 | 2.5% Ni鋼 |
| 炭酸ガス | −78.5 | 3.5% Ni鋼 |
| エタン | −88.3 | |
| エチレン | −104 | |
| メタン | −163 | 9% Ni鋼 |
| 酸素 | −183 | |
| 窒素 | −195.8 | |
| 水素 | −252.6 | ステンレス鋼 |
| ヘリウム | −269 | |

[1] アルミキルド鋼　　低炭素のアルミキルド鋼は，C量を0.1％以下，Mnを1.0％以上とし，圧延後は焼ならし，または焼入れ・焼戻しで結晶粒の微細化を図り，液化プロパン用の大型低温タンクに用いられている。

[2] 調質型高張力鋼　　588MPa以上の鋼は，焼戻しマルテンサイト組織となるため強度が大きく低温じん性もすぐれ，低温圧力容器に使用される。

[3] Ni鋼　　Niが増加するとフェライト鋼でも低温度でのねばさが増加する。13％Ni鋼はオーステナイト組成であるので，低温ぜい性はみられないが，9％Ni鋼はマルテンサイトとオーステナイトが混在する組織で，マルテンサイトの強度とオーステナイトの延性を結合したような鋼である。

## 8・5　機械構造用鋼

機械構造物の部品に使う鋼材は，一般構造用鋼より信頼度の高い機械構造用鋼を使用する。機械構造用鋼には，機械構造用炭素鋼と機械構造用合金鋼がある。

## 8・5・1 機械構造用炭素鋼

表8.5に，機械構造用炭素鋼の種類と組成を示す。これらはいずれもキルド鋼塊から製造され，S25C以下の低炭素の鋼は焼ならしのままで，強度の要求の少ないボルト，ナット，ピン，小物軸類に使用される。

表 8.5 機械構造用炭素鋼材（JIS G 4051）

| 種類の記号 | 化学成分〔%〕 C | 機械的性質（参考）引張強さ〔MPa〕 | 機械的性質（参考）シャルピー衝撃値〔J/cm²〕 | 種類の記号 | 化学成分〔%〕 C | 機械的性質（参考）引張強さ〔MPa〕 | 機械的性質（参考）シャルピー衝撃値〔J/cm²〕 |
|---|---|---|---|---|---|---|---|
| S10C | 0.08〜0.13 | Ⓝ＞310 | — | S38C | 0.35〜0.41 | Ⓝ＞540 | — |
| S12C | 0.10〜0.15 | Ⓝ＞370 | — | S40C | 0.37〜0.43 | Ⓗ＞610 | ＞88 |
| S15C | 0.13〜0.18 | | | S43C | 0.40〜0.46 | Ⓝ＞570 | — |
| S17C | 0.15〜0.20 | Ⓝ＞400 | — | S45C | 0.42〜0.48 | Ⓗ＞690 | ＞78 |
| S20C | 0.18〜0.23 | | | S48C | 0.45〜0.51 | Ⓝ＞610 | — |
| S22C | 0.20〜0.25 | Ⓝ＞440 | — | S50C | 0.47〜0.53 | Ⓗ＞740 | ＞69 |
| S25C | 0.22〜0.28 | | | S53C | 0.50〜0.56 | Ⓝ＞650 | — |
| S28C | 0.25〜0.31 | Ⓝ＞470 | — | S55C | 0.52〜0.58 | Ⓗ＞780 | ＞59 |
| S30C | 0.27〜0.33 | Ⓗ＞540 | ＞180 | S58C | 0.55〜0.61 | Ⓝ＞650 | — |
| S33C | 0.30〜0.36 | Ⓝ＞510 | — | | | Ⓗ＞780 | ＞59 |
| S35C | 0.32〜0.38 | Ⓗ＞570 | ＞98 | S09CK | 0.07〜0.12 | Ⓗ＞392 | |
| | | | | S15CK | 0.13〜0.18 | Ⓗ＞490 | |
| | | | | S20CK | 0.18〜0.23 | Ⓗ＞539 | |

（注） 1. Mnの含有量は，S10C〜S25Cのものは0.30〜0.60%，S28C〜S58Cのものは0.60〜0.90%。
2. すべてSi 0.15〜0.35%，P＜0.030%，S＜0.035%。
3. 不純物としてCu 0.30%，Ni 0.20%，Cr 0.20%，Ni＋Cr 0.35%を超えてはならない。
4. Ⓝは焼きならし状態，Ⓗは焼入れ・焼戻し状態を表す。

S30CからS58Cは，830〜880℃から水焼入れ，550〜650℃で焼戻しで使用される。炭素鋼は質量効果が大きく，焼入性も良くない鋼である。例えばS40Cの臨界直径$D_I$は約17mm程度であるので，17mm以上の品物には焼入性を向上させた機械構造用合金鋼が使用される。

## 8・5・2 機械構造用合金鋼

機械構造用合金鋼には，クロム鋼，クロムモリブデン鋼，ニッケル鋼，ニッケルクロムモリブデン鋼が規格化されている。いずれも炭素量が0.27〜0.50%の中

## 8・5 機械構造用鋼

表8.6 機械構造用合金鋼の規格抜枠

(a) Cr鋼 (JIS G 4053)

| 種類の記号 | 化学成分 [%] | | | 機械的性質 | |
|---|---|---|---|---|---|
| | C | Mn | Cr | 引張強さ [MPa] | シャルピー衝撃値 [J/cm²] |
| SCr 415 | 0.13〜0.18 | 0.60〜0.85 | 0.90〜1.20 | >780 | >59 |
| SCr 420 | 0.18〜0.23 | 0.60〜0.85 | 0.90〜1.20 | >830 | >49 |
| SCr 430 | 0.28〜0.33 | 0.60〜0.85 | 0.90〜1.20 | >780 | >88 |
| SCr 435 | 0.33〜0.38 | 0.60〜0.85 | 0.90〜1.20 | >880 | >69 |
| SCr 440 | 0.38〜0.43 | 0.60〜0.85 | 0.90〜1.20 | >932 | >59 |
| SCr 445 | 0.43〜0.48 | 0.60〜0.85 | 0.90〜1.20 | >980 | >49 |

(Si 0.15〜0.35 P<0.030 S<0.030)

(b) Cr-Mo鋼抜枠 (JIS G 4053)

| 種類の記号 | 化学成分 [%] | | | | 機械的性質 | |
|---|---|---|---|---|---|---|
| | C | Mn | Cr | Mo | 引張強さ [MPa] | シャルピー衝撃値 [J/cm²] |
| SCM 430 | 0.28〜0.33 | 0.60〜0.85 | 0.90〜1.20 | 0.15〜0.30 | >834 | >108 |
| SCM 432 | 0.27〜0.37 | 0.30〜0.60 | 1.00〜1.50 | 0.15〜0.30 | >883 | >88 |
| SCM 435 | 0.33〜0.38 | 0.60〜0.85 | 0.90〜1.20 | 0.15〜0.30 | >932 | >78 |
| SCM 440 | 0.38〜0.43 | 0.60〜0.85 | 0.90〜1.20 | 0.15〜0.30 | >981 | >59 |
| SCM 445 | 0.43〜0.48 | 0.60〜0.85 | 0.90〜1.20 | 0.15〜0.30 | >1030 | >39 |

(Si 0.10〜0.35 P<0.030 S<0.030)

(c) Ni-Cr-Mo鋼抜枠 (JIS G 4053)

| 種類の記号 | 化学成分 [%] | | | | | 機械的性質 | |
|---|---|---|---|---|---|---|---|
| | C | Mn | Ni | Cr | Mo | 引張強さ [MPa] | シャルピー衝撃値 [J/cm²] |
| SNCM 240 | 0.38〜0.43 | 0.70〜1.00 | 0.40〜0.70 | 0.40〜0.65 | 0.15〜0.30 | >883 | >69 |
| SNCM 431 | 0.27〜0.35 | 0.60〜0.90 | 1.60〜2.00 | 0.60〜1.00 | 0.15〜0.30 | >834 | >98 |
| SNCM 439 | 0.36〜0.43 | 0.60〜0.90 | 1.60〜2.00 | 0.60〜1.00 | 0.15〜0.30 | >980 | >69 |
| SNCM 447 | 0.44〜0.50 | 0.60〜0.90 | 1.60〜2.00 | 0.60〜1.00 | 0.15〜0.30 | >1030 | >59 |
| SNCM 625 | 0.20〜0.30 | 0.35〜0.60 | 3.00〜3.50 | 1.00〜1.50 | 0.15〜0.30 | >932 | >78 |
| SNCM 630 | 0.25〜0.35 | 0.35〜0.60 | 2.50〜3.50 | 2.50〜3.50 | 0.50〜0.70 | >1079 | >78 |

(Si 0.10〜0.35 P<0.030 S<0.030)

(d) Ni-Cr鋼抜枠 (JIS G 4053)

| 種類の記号 | 化学成分 [%] | | | | 機械的性質 | |
|---|---|---|---|---|---|---|
| | C | Mn | Ni | Cr | 引張強さ [MPa] | シャルピー衝撃値 [J/cm²] |
| SNC 236 | 0.32〜0.40 | 0.50〜0.80 | 1.00〜1.50 | 0.50〜0.90 | >736 | >118 |
| SNC 631 | 0.27〜0.35 | 0.35〜0.65 | 2.50〜3.00 | 0.60〜1.00 | >834 | >118 |
| SNC 836 | 0.32〜0.40 | 0.35〜0.65 | 3.00〜3.50 | 0.60〜1.00 | >932 | >78 |

(Si 0.15〜0.35 P<0.030 S<0.030)

炭素鋼にCr, Mo, Niを合金させている。これらの添加元素は焼入性の向上と焼戻し軟化傾向の減少を目的としている。

**[1] クロム鋼（SCr）**　炭素鋼に約1%のCrを添加し焼入性を向上させた鋼で，830～880℃から油焼入れ580～680℃で焼戻し，焼戻し後は急冷する。Cr鋼の耐磨耗性は，Crはセメンタイトに固溶し，炭化物の硬さを高めるためである。

**[2] クロムモリブデン鋼（SCM）**　クロム鋼に約0.25%のMoを添加した鋼で，焼入性が一層向上し，焼戻しによる軟化も起こりにくく，かつ焼戻しもろさも少ない。構造用合金鋼のなかで最も多く使用されている。

**[3] ニッケルクロムモリブデン鋼（SNCM）**　ニッケルクロム鋼とクロムモリブデン鋼の長所を組み合わせた，合金鋼中最良の鋼である。焼入性が良く，焼戻し軟化抵抗も大きいので，高温に焼戻すことにより，じん性も高く，焼入れ可能限度は直径200mm以上である。

**[4] ニッケルクロム鋼（SNC）**　Cr 0.5～1.0%にNiを1～3.5%添加した鋼であるが，焼戻しもろさが著しいうえ，Niが高価であるので，最近はほとんど使用されていない。

　表8.6に現用構造用合金鋼の規格を示す。

### 8·5·3　はだ焼鋼と窒化鋼

**[1] はだ焼鋼**　はだ焼鋼は，浸炭用の鋼のことで，高温での加熱で結集粒が粗大化しないこと，非浸炭部は焼入れ後も切削可能で，しかも強じんであること等が必要である。そのため低炭素で，ある程度の焼入性が必要であるので，機械構造用炭素鋼のほかにCr鋼，Cr-Mo鋼，Ni-Cr鋼，Ni-Cr-Mo鋼等が規格化されている。

**[2] 窒化鋼**　窒化用鋼には中炭素でアルミニウム，クロム等の窒素と化合しやすい元素を含む，Al-Cr-Mo鋼（7·7·2項参照）が指定されている。

### 8·5·4　快削鋼

　機械工作法の進歩によって，切削技術は高速化し，自動化により制度の高い製品の要求がますます高まっている。これに対する材料の被削性向上の目的で開発された鋼が快削鋼である。被削性を改良するための添加元素としては，P，Pb，

Ca等があり，それぞれ硫黄（S）快削鋼，鉛（Pb）快削鋼，カルシウム（Ca）快削鋼，また，それらを複合添加した複合快削鋼もある。

**[1] S快削鋼**　鋼にSとMnを同時に添加し，鋼中にMnSを分散させると，MnSがチップブレーカとして働いて被削性が向上する。

**[2] Pb快削鋼**　鋼に，0.1～0.3％のPbを添加すると，Pbは鋼中に微細分散され，さらに切削中に溶融し，工具と材料間の潤滑作用や快削性が与えられる。

**[3] Ca快削鋼**　製鋼時に脱酸剤として添加されたCaは鋼中に酸化物系の介在物として残存するが，高速切削の際にこの介在物が超硬工具の刃面に付着して工具の磨耗を防ぐ機能がある。

図8.8に，各種の快削鋼の工具寿命曲線を示す

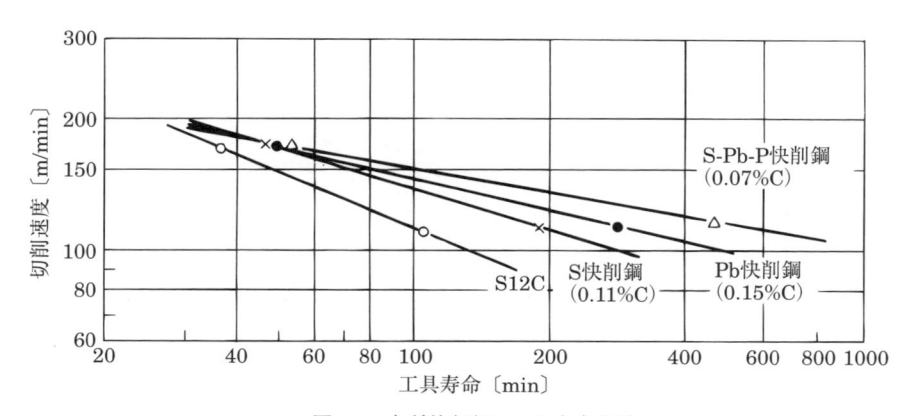

図8.8　各種快削鋼の工具寿命曲線

## 8・6　超強力鋼

降伏点1274MPa，引張強さ1372MPa程度以上の鋼を**超強力鋼**といい，航空・宇宙産業などの用途の要求により開発された。このような高強度の水準の要求では高強度化に伴って，じん性の劣化が急激に低下するので，その改善のための高純度化や組成組織の制御に特別な配慮が行われている。

超強力鋼では組成によって，添加合金量が5％以下のものを低合金超強力鋼，10％以上のものを高合金超強力鋼，その中間のものを中合金超強力鋼と分類して

いる。

## 8・6・1　低合金超強力鋼（マルテンサイト鋼）

鋼の強度を向上させる考え方としては，構造用合金鋼の焼戻し温度を下げれば引張強さは向上するが，300℃付近では低温焼戻しもろさが現れるので，炭素量を0.2％程度にして，焼戻し温度を200℃程度にすると，低炭素マルテンサイト組織の鋼が得られ，高い強度とじん性が期待できる。このような考え方で開発された鋼が**低合金超強力鋼**である。

低合金超強力鋼の基本鋼種はNi-Cr-Mo鋼（SNCM 439）で，この鋼は一般に4340鋼といわれるが，4340鋼の炭素量を0.25％に下げ，Si量を1.5～2.5％と高めると，焼戻し温度を本来の600℃から200～300℃に下げることが可能になる。表8.7は低合金超強力鋼の例である。航空機の離着陸脚材に使用されているのは主にこの合金である。

表 8.7　低合金超強力鋼の例

| 名　称 | 化　学　成　分〔％〕 | | | | | | | 降伏点〔MPa〕 | 引張強さ〔MPa〕 | 伸び〔％〕 |
|---|---|---|---|---|---|---|---|---|---|---|
| | C | Si | Mn | Ni | Cr | Mo | その他 | | | |
| 4340 | 0.40 | 0.30 | 0.70 | 1.85 | 0.80 | 0.25 | | 1470 | 1764 | 18 |
| 3006 | 0.43 | 1.60 | 0.80 | 1.80 | 0.80 | 0.40 | V≧0.05 | 1666 | 1960 | 10 |
| Hy-Tuf | 0.25 | 1.50 | 1.30 | 1.80 | | 0.40 | | 1323 | 1617 | 14 |
| Super Hy-Tuf | 0.40 | 2.30 | 1.30 | | 1.40 | 0.35 | V：0.20 | 1656 | 1980 | 10 |

## 8・6・2　中合金超強力鋼（二次硬化鋼）

表8.8は中合金超強力鋼の例である。この鋼の基本鋼種は第9章で述べる熱間金型用の工具鋼（SKD 6）で，焼戻しの二次硬化（7・5・4項）を利用している。

焼戻し温度を二次硬化の最高温度より若干高めにし，じん性の回復を図っている。ただし，強じん性の確保のためには熱処理上の工夫が必要であり，オースフォーム処理（7・6・2項参照）により強度の上昇が容易である。

表 8.8 中合金高張力鋼の例

| 名称 | 化学成分〔%〕 | | | | | | 焼戻し温度〔℃〕 | 降伏点〔MPa〕 | 引張強さ〔MPa〕 | 伸び〔%〕 |
|---|---|---|---|---|---|---|---|---|---|---|
| | C | Si | Mn | Cr | Mo | V | | | | |
| H-11 (JIS SKD 6) | 0.36 | 1.17 | 0.50 | 5.00 | 0.93 | 0.48 | 550 | 1900 | 2019 | 12.4 |
| H-50 | 0.46 | 0.63 | 0.64 | 5.00 | 0.80 | 1.30 | 560 | 1382 | 1960 | 10 |
| Peerless 56 | 0.40 | 1.00 | 0.60 | 3.30 | 2.75 | 0.40 | 540 | 1686 | 2068 | 8 |

## 8・6・3 高合金超強力鋼（マルエージング鋼）

マルエージングとはマルテンサイトとエージング（時効のこと）の合成語である。

マルエージング鋼は炭素をほとんど含まない高Ni-Co鋼にMo, Ti, Al, Nb等を添加し，焼入れ後に時効硬化処理をほどこし，マルテンサイト中にこれらの添加元素とFe, Niの金属間化合物を析出させて強化した鋼である。2450MPaの引張強さを持つきわめて強じんな鋼である。同様な鋼種に**PHステンレス鋼**（第10章）があり，航空機の部材に使用されている。

# 第9章 工具鋼

## 9・1 工具鋼の概要

　工具鋼は，バイト，ドリル，ダイス，ゲージ等，他の材料を切削加工，塑性加工等によって成型するために使用される鋼である。工具鋼は硬さと耐磨耗性の大きいことが必要である。そのために硬いマルテンサイト地にさらに硬い炭化物を分散させた鋼が用いられている。工具鋼は，炭素工具鋼，合金工具鋼，高速度鋼に分けられる。工具材料としては，工具鋼のほかに焼結工具として超硬合金，セラミック工具材料があるが，これらの工具材料については第17章で述べる。

### 9・1・1　炭素工具鋼

　最も安価な工具鋼であり，加工条件の厳しくない用途に広く使用されている。表9.1は炭素工具鋼の規格例を示す。

表 9.1　炭素工具鋼（JIS G 4401）

| 種類の記号 | 炭素量〔%〕 | 硬さ 焼なまし HB | 硬さ 焼戻し HRC | 用　途　例 |
|---|---|---|---|---|
| SK140 | 1.30〜1.50 | <217 | >63 | かみそり，やすり |
| SK120 | 1.10〜1.30 | <212 | >63 | バイト，ドリル，小型ポンチ，かみそり |
| SK105 | 1.00〜1.10 | <212 | >63 | タップ，ねじ切りダイス，弓のこ，たがね，ゲージ |
| SK95 | 0.90〜1.00 | <207 | >61 | 木工用きり，おの，たがね，ぜんまい，帯のこ |
| SK85 | 0.80〜0.90 | <207 | >59 | ポンチ，プレス型，ぜんまい，丸のこ |
| SK75 | 0.70〜0.80 | <201 | >57 | 同　上 |
| SK65 | 0.60〜0.70 | <201 | >56 | 同　上，ナイフ |

（注）1. すべてSi<0.35%, Mn<0.50%, P,S<0.030%。
　　 2. 焼入れはすべて760〜820℃程度で，水または小物のときは油中で行う。焼戻しはすべて150〜200℃空冷である。

炭素工具鋼の硬さ，耐磨耗性はマルテンサイト地と，き地中に分散されている炭化物（$Fe_3C$）粒によっているので，加工速度が上がればマルテンサイトの分解と$Fe_3C$粒子の粗大化を起こし，工具材料としての硬さ，耐磨耗性を保持することができない。また炭素工具鋼は焼入性は良くないし，焼割れの可能性もあるので，小型の工具にしか使用できない。

### 9・1・2 合金工具鋼

炭素工具鋼の欠点である焼入性を改善し，特殊炭化物により硬さと耐磨耗性を向上させた工具鋼が合金工具鋼である。合金元素としてMn，Cr，Mo，W，Ni等を組合わせ，その用途に適応させている。これらの添加元素は，焼入性を高め，特殊炭化物をつくる働きがある。合金工具鋼は，切削工具用，耐衝撃用，冷間加工用，熱間金型用に分類されている。表9.2は，これら各用途の合金工具鋼の規格例を示す。

[1] 切削工具用　　炭素量を比較的高くし，切削能力向上のためWを合金させ，W炭化物（WC）により耐磨耗性を高めている。Vもほぼ同様な効果があるが，Crは焼入性の向上のための添加である。Niは炭化物をつくらないが鋼のじん性を高める働きがある。難削材の加工や高速切削には適さない。

[2] 耐衝撃工具用　　たがね，ポンチのようにじん性とある程度の耐磨耗性の必要な用途に使用される工具で，切削工具鋼に比べて炭素量を低くしてじん性をもたせ，W，Vの特殊炭化物により耐磨耗性を高めている。

[3] 冷間金型用工具　　ゲージ，抜型，ダイス，ローラ等に使用される工具で，ゲージ等に使用されるものは，Mn量を多くして熱処理による変形を少なくしている。この種類のなかには，高C，高CrにしてCrの炭化物を多量に分散させて耐磨耗性を高めている。

この高C，高Cr系は空冷でも焼きが入る。

[4] 熱間金型用工具　　熱間成型用プレス型やマンドレル，ダイカスト用ダイスに用いられる工具で，これらの工具は，急熱・急冷の繰り返しを受けて表面にき裂が発生しやすいので，炭素量を少なくし，Mo，W，V等の二次硬化による高温強さを向上させている。

表 9.2 合金工具鋼の規格の抜粋（JIS G 4404）

(a) 切削工具用

| 種類の記号 | 化学成分〔%〕 | | | | | | | 用途例 |
|---|---|---|---|---|---|---|---|---|
| | C | Si | Mn | Ni | Cr | W | V | |
| SKS 11 | 1.02～1.30 | <0.35 | <0.50 | — | 0.20～0.50 | 3.00～4.00 | 0.10～0.30 | バイト・冷間引抜ダイス・センタドリル |
| SKS 2 | 1.00～1.10 | <0.35 | <0.80 | — | 0.50～1.00 | 1.00～1.50 | — | タップ・ドリル・カッタ・プレス型・ねじ切りダイス |
| SKS 21 | 1.00～1.10 | <0.35 | <0.50 | — | 0.20～0.50 | 0.50～1.00 | 0.10～0.25 | |
| SKS 5 | 0.75～0.85 | <0.35 | <0.50 | 0.70～1.30 | 0.20～0.50 | — | — | 丸のこ・帯のこ |
| SKS 51 | 0.75～0.85 | <0.35 | <0.50 | 1.30～2.00 | 0.20～0.50 | — | — | |
| SKS 7 | 1.10～1.20 | <0.35 | <0.50 | — | 0.20～0.50 | 2.00～2.50 | — | ハクソー |
| SKS 8 | 1.30～1.50 | <0.35 | <0.50 | — | 0.20～0.50 | — | — | 刃やすり・組やすり |

(b) 耐衝撃用

| 種類の記号 | 化学成分〔%〕 | | | | | | 用途例 |
|---|---|---|---|---|---|---|---|
| | C | Si | Mn | Cr | W | V | |
| SKS 4 | 0.45～0.55 | <0.35 | <0.50 | 0.50～1.00 | 0.50～1.00 | — | たがね・ポンチ・シャー刃 |
| SKS 41 | 0.35～0.45 | <0.35 | <0.50 | 1.00～1.50 | 2.50～3.50 | — | |
| SKS 43 | 1.00～1.10 | <0.25 | <0.30 | — | — | 0.10～0.25 | さく岩機用ピストン・ヘッディングダイス |
| SKS 44 | 0.80～0.90 | <0.25 | <0.30 | — | — | 0.10～0.25 | ヘッディングダイス・たがね |

9・1 工具鋼の概要

(c) 冷間金型用

| 種類の記号 | 化学成分〔%〕 | | | | | | | 用途例 |
|---|---|---|---|---|---|---|---|---|
| | C | Si | Mn | Cr | Mo | W | V | |
| SKS 3 | 0.90〜1.00 | <0.35 | 0.90〜1.20 | 0.50〜1.00 | — | 0.50〜1.00 | — | ゲージ・シャー刃プレス型 |
| SKD 1 | 1.80〜2.40 | <0.40 | <0.60 | 12.00〜15.00 | — | — | — | 線引ダイス・抜型粉末成形型 |
| SKD 11 | 1.40〜1.60 | <0.40 | <0.50 | 11.00〜13.00 | 0.80〜1.20 | — | 0.20〜0.50 | ゲージ・抜型・ねじ転造ローラ |
| SKD 12 | 0.95〜1.05 | <0.40 | 0.60〜0.90 | 4.50〜5.50 | 0.80〜1.20 | — | 0.20〜0.50 | ゲージ・抜型・ねじ転造ローラ |

(d) 熱間金型用

| 種類の記号 | 化学成分〔%〕 | | | | | | | 用途例 |
|---|---|---|---|---|---|---|---|---|
| | C | Si | Mn | Cr | Mo | W | V | |
| SKD 4 | 0.25〜0.35 | <0.40 | <0.60 | 2.00〜3.00 | — | 5.00〜6.00 | 0.30〜0.50 | プレス型・ダイカスト型・押出工具・シャープレート |
| SKD 5 | 0.25〜0.35 | <0.40 | <0.60 | 2.00〜3.00 | — | 9.00〜10.00 | 0.30〜0.50 | |
| SKD 6 | 0.32〜0.42 | 0.80〜1.20 | <0.50 | 4.50〜5.50 | 1.00〜1.50 | — | 0.30〜0.50 | |
| SKD 61 | 0.32〜0.42 | 0.80〜1.20 | <0.50 | 4.50〜5.50 | 1.00〜1.50 | — | 0.80〜1.20 | |
| SKD 62 | 0.32〜0.42 | 0.80〜1.20 | <0.50 | 4.50〜5.50 | 1.00〜1.50 | 1.00〜1.50 | 0.20〜0.60 | プレス型・押出工具 Co 3.80〜4.50 |
| SKD 7 | 0.28〜0.38 | <0.50 | <0.60 | 2.50〜3.50 | 2.50〜3.00 | — | 0.40〜0.70 | |
| SKD 8 | 0.35〜0.45 | <0.50 | <0.60 | 4.00〜4.70 | 0.30〜0.50 | 3.80〜4.50 | 1.70〜2.20 | |
| SKT 3 | 0.50〜0.60 | <0.35 | 0.60〜1.00 | 0.90〜1.20 | 0.30〜0.50 | Ni 0.25〜0.60 | * | 鍛造型・プレス型・押出工具 |
| SKT 4 | 0.50〜0.60 | <0.35 | 0.60〜1.00 | 0.70〜1.00 | 0.20〜0.50 | Ni 1.30〜2.00 | * | |

＊SKT 3・SKT 4にはV0.20%以下を添加することができる．

### 9・1・3 高速度鋼

高温用の工具鋼として代表的なものが高速度鋼である。高速切削を行うと工具刃先の温度が上がるので，高温用の工具では焼戻し軟化抵抗を大きくするためにW，Mo，V等を多量に添加して，$Mo_2C$，$WC$，$V_4C_3$等の特殊炭化物の二次硬化を利用し，高温硬さを保持させてある。

この鋼の代表組成は18-4-1型で，これは0.8%Cに18%W，4%Cr，1%V組成の鋼で，表9.3に高速度鋼の規格例を示す。高速度鋼には，W系とMo系がある。W系のW量を減らしてMoを添加したものは，Mo 1%の添加でW 2%に相当すると考えてよい。Mo系はW系に比べて価格が安く，比重が小で，じん性が高いうえに，焼入れ温度が低く熱処理が容易である。なお，Coは高温硬さを高め，切削耐久性を向上する

表9.3 高速度鋼の例 (JIS G 4403)

| 分類 | | 記号 | 化学成分〔%〕 | | | | | | 用途例 |
|---|---|---|---|---|---|---|---|---|---|
| | | | C | Cr | W | Mo | V | Co | |
| W系 | W系 | SKH 2 | 0.78 | 4.15 | 18 | — | 1.0 | — | 一般切削用 |
| | W-Co系 | SKH 3 | 0.78 | 4.15 | 18 | — | 1.0 | 5.0 | 高速切削用 |
| | | SKH 4 | 0.78 | 4.15 | 18 | — | 1.25 | 10 | 難削材切削用 |
| Mo系 | Mo系 | SKH 51 | 0.85 | 4.15 | 6.1 | 5.0 | 1.9 | — | じん性を要する一般切削 |
| | Mo-Co系 | SKH 55 | 0.85 | 4.15 | 6.1 | 5.5 | 2.0 | 5.0 | 比較的じん性を要する高速切削用 |
| | | SKH 57 | 1.23 | 4.15 | 1.0 | 3.5 | 3.35 | 10 | |

## 9・2 工具鋼の熱処理

工具鋼は，高炭素鋼が多く使用されているが，焼入れにさいして炭素をすべてオーステナイト中に固溶した状態から焼入れすれば，残留オーステナイト量も多くなり（7・3・2項参照），十分な硬さが得られない。高炭素鋼の焼入れ硬さは炭素量が0.6%以上では殆ど変わらない（図7.18）ので，き地中の固溶炭素量は0.6%程度とし，残りの炭素を炭化物として分散させる必要がある。このために焼入れ

温度を$Ac_m$線と$A_1$線の中間温度とすれば，焼入れ後の組織はマルテンサイトと炭化物の共存組織となる．また，高炭素鋼では初析セメンタイトが網目状に存在しているので，このままの状態から焼入れを行うと焼入れ後にもろくなるので，焼入れの前処理として，炭化物の球状化処理（7・1・3項［1］参照）が必要である．

## 9・2・1 工具鋼の焼入れ焼戻し

工具鋼の焼入れは，添加元素の特性に合った焼入れ温度が選択される．炭素工具鋼では，過熱をさけるために750～780℃とし，焼入性が良くないので水冷を行う．合金工具鋼では，一般に$A_3$点を上げる元素Cr，W等が添加されるため，同程度の炭素量をもつ炭素工具鋼より若干高めの温度から水または油冷を行う．焼入れのさいはS曲線の鼻までは必要な速さで急冷するが，$M_s$点以下はゆっくり冷却をすることも大切である．SKD材は空冷でも焼きが入る．

焼戻しは，切削用工具は150～200℃であるが，じん性を必要とする切削用工具では400～450℃，また熱間工具のように二次硬化をさせる工具では600～

表9.4 工具鋼の熱処理の例

| 種類 | | 記号 | 焼入れ温度〔℃〕 | 焼戻し温度〔℃〕 | 焼入れ・焼戻し硬さ HRC |
|---|---|---|---|---|---|
| 炭素工具鋼 | | SK 3 | 760～820 水冷 | 150～200 空冷 | 63 以上 |
| 合金工具鋼 | 切削工具用 | SKS 2 | 830～880 油冷 | 150～200 空冷 | 61 以上 |
| | | SKS 5 | 800～850 油冷 | 400～450 空冷 | 45 以上 |
| | 耐衝撃工具用 | SKS 4 | 780～820 水冷 | 150～200 空冷 | 56 以上 |
| | 冷間金型用 | SKS 3 | 800～850 油冷 | 150～200 空冷 | 60 以上 |
| | | SKD 12 | 930～980 空冷 | 150～200 空冷 | 61 以上 |
| | 熱間金型用 | SKD 5 | 1050～1150 油冷 | 600～650 空冷 | 50 以下 |

650℃で行う。

表9.4に代表的な工具鋼の熱処理を示す。

## 9・2・2 高速度鋼の熱処理

高速度鋼の熱処理は，普通の工具鋼とは異なり，図9.1にその熱処理の大要を示す。高速度鋼は合金元素量が多く，それら添加元素の炭化物の析出による二次硬化により高温硬さを保持させるのである。

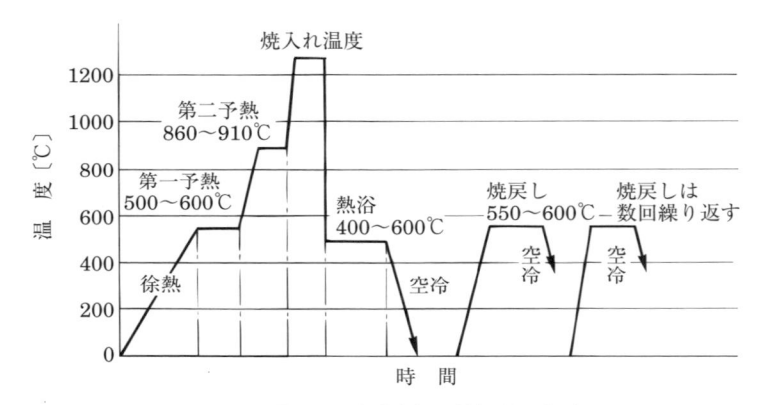

図 9.1 高速度鋼の熱処理の大要

焼入れ温度は非常に高く，その鋼の共晶温度直下約1300℃付近まで加熱して油中に急冷する。加熱温度を高くするのはオーステナイト中に合金元素を十分に固溶させるためである。

焼戻しは550～600℃で行う。焼戻しの過程で$W_2C$，$Mo_2C$，$VC$等の炭化物を析出させ二次硬化をさせるのである。二次硬化したものは，この温度まで加熱しても硬さはほとんど低下しない。

## 9・3 工具鋼に類似した鋼

### 9・3・1 軸受鋼

軸受鋼の代表組成は，約1%C，1.2～1.5%Crの高炭素・高クロム鋼である。軸受は，点や線接触の状態で高速で繰り返し高荷重を受けなければならないので，マルテンサイト地中に多量の粒状セメンタイトを分散させている。また，高い疲

労強度の要求もあるので，鋼材の清浄度や組織の均一性に対する要求も大きい。表9.5は軸受鋼の例である。

表9.5 軸受鋼の例 (JIS G 4805)

| 種類の記号 | 化学成分 [%] | | | | |
|---|---|---|---|---|---|
| | C | Si | Mn | Cr | Mo |
| SUJ 2 | 0.95〜1.10 | 0.15〜0.35 | 0.50以下 | 0.90〜1.20 | — |
| SUJ 3 | 0.95〜1.10 | 0.40〜0.70 | 0.90〜1.15 | 0.90〜1.20 | — |
| SUJ 5 | 0.95〜1.10 | 0.40〜0.70 | 0.90〜1.15 | 0.90〜1.20 | 0.10〜0.25 |

P, Sは0.025以下

表9.6 ばね鋼鋼材 (JIS G 4801)

| 種類の記号 | 化学成分 [%] | | | | | 備考 | 用途 |
|---|---|---|---|---|---|---|---|
| | C | Si | Mn | Cr | その他 | | |
| SUP 6 | 0.56〜0.64 | 1.50〜1.80 | 0.70〜1.00 | — | — | Si-Mn鋼材 | 主として重ね板ばねコイルばねトーションバー |
| SUP 7 | 0.56〜0.64 | 1.80〜2.20 | 0.70〜1.00 | — | — | Si-Mn鋼材 | 主として重ね板ばねコイルばねトーションバー |
| SUP 9 | 0.52〜0.60 | 0.15〜0.35 | 0.65〜0.95 | 0.65〜0.95 | — | Mn-Cr鋼材 | 主として重ね板ばねコイルばねトーションバー |
| SUP 9A | 0.56〜0.64 | 0.15〜0.35 | 0.70〜1.00 | 0.70〜1.00 | — | Mn-Cr鋼材 | 主として重ね板ばねコイルばねトーションバー |
| SUP 10 | 0.47〜0.55 | 0.15〜0.35 | 0.65〜0.95 | 0.80〜1.10 | V 0.20 | Cr-V鋼材 | コイルばねトーションバー |
| SUP 11A | 0.56〜0.64 | 0.15〜0.35 | 0.70〜1.00 | 0.70〜1.00 | B 0.0005以上 | Mn-Cr-B鋼材 | 大型重ね板ばね |
| SUP 12 | 0.51〜0.59 | 1.20〜1.60 | 0.60〜0.90 | 0.60〜0.90 | — | Si-Cr鋼材 | コイルばね |
| SUP 13 | 0.56〜0.64 | 0.15〜0.35 | 0.70〜1.00 | 0.70〜0.90 | Mo 0.25〜0.35 | Cr-Mo鋼材 | 大型重ね板ばねコイルばね |

P, Sは0.035以下

## 9・3・2 ばね鋼

ばねの種類には，板ばね，巻ばね，線ばね，ゼンマイのように，大きさ，形状には種々のものがあるが，いずれも変形によりエネルギーを吸収したり，エネルギーを放出したりする目的で使用される。このため材質としては疲れ強さが大きく，かつ弾性限度が高いこと，そのうえ切欠き感受性が小さいこと等の性質が要求される。このようなばねとしての機能を持つのがばね鋼である。大型のばねは熱間加工で成形し，焼入れ焼戻しでばね性を得るが，小型のばねは熱処理あるいは冷間加工でばねに成型して造られる。

表9.6はばね鋼の規格である。ばね鋼はSi量が多いがSiは弾性限を高める効果がある。

なお，冷間加工により素材を強化したばねを加工ばねといい，ばね用冷間圧延鋼帯・ピアノ線材・硬鋼線材もばね材として使用されている。

# 第10章　鉄鋼の腐食と ステンレス鋼・耐熱鋼

## 10・1　鉄鋼の腐食

**腐食**は，金属がそれを取り巻く環境によって，侵され消耗されていく現象をいう。鉄鋼材料は強さ，硬さ，ねばさ等の機械的性質が熱処理により変えられ，また価格も安いので大量に使用されているが，比較的腐食されやすいという欠点もある。

### 10・1・1　腐食の種類

鉄鋼の腐食には水分を含む環境で起こる腐食と，水分を含まない環境で起こる腐食とに分けられる。前者の腐食を**湿食**，後者を**乾食**という。

鉄鋼を室内や大気中に置いたものでも，空気中の水分が表面に吸着しその水分を通して腐食が進行する。

鉄鋼を高温の環境で使用をすると，気相中の乾燥ガス成分による酸化，硫化，塩化等が起こり消耗されるが，これらは乾食の例である。

鋼の耐腐食性を高めることを目的で製造された合金鋼を**ステンレス鋼**（錆びない鋼）といい，特に高温環境での高温腐食性，耐酸化性，高温強度等を改善した合金鋼を**耐熱鋼**という。

### 10・1・2　鉄鋼の湿食

水分が存在する環境における鉄鋼の腐食の機構は，鉄鋼表面に電池が形成され，その電池による電気化学的反応によって起こる。すなわち，この環境では鉄鋼表面に**アノード反応**（陽極反応）が起こる部分と，**カソード反応**（陰極反応）が起こる部分が生成される。

この場合の**電気化学的反応**とは，アノード部からはFe（鉄）が$Fe^{2+}$（鉄イオン）となって液中に溶け込む反応で，次式で表される。

$$Fe \rightarrow Fe^{2+} + 2e^-$$

溶け出した鉄イオン$Fe^{2+}$は，水溶液中の水酸イオン$OH^-$と反応して水酸化鉄となり，鉄鋼表面に付着する．

$$Fe^{2+} + 2(OH^-) \rightarrow Fe(OH)_2$$

一方，カソード部での反応とは，水分中には水素イオン（$H^+$）が存在するので，カソード部で，水素イオンが電子を得て中性の原子となる反応である．

$$2H^+ + 2e^- \rightarrow H_2$$

図10.1に，鉄の腐食におけるアノードとカソードの反応の機構を示す．

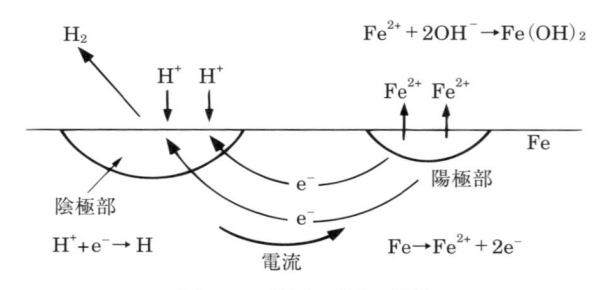

図 10.1　鉄鋼の腐食の機構

陽極生成物$Fe(OH)_2$はさらに酸化されて$Fe(OH)_3$となり，また一部はFeOや$Fe_2O_3$に変わるが，これらが**鉄の錆び**といわれるものである．これらの錆びは多孔質で吸湿性があるから，水分を吸収し，この水分に空気中の塩素や$SO_2$等が溶け込めば，さらに反応が活発となり腐食が進行する．

一方，カソード部では，生成された水素が鉄鋼表面に吸着されると，カソード反応が進行しなくなる．この状態を**分極**というが，水中に溶解酸素が存在すると，この水素と酸素が，

$$\frac{1}{2}O_2 + 2H \rightarrow H_2O$$

となり，水素原子が取り除かれるので，再びカソード反応が活発となり，腐食が進行する．この作用を**復極**という．

## 10·1·3 鉄鋼の腐食の要因

大気中には，湿気（$H_2O$），$O_2$，$CO_2$等が存在するので，長い間には，鋼材表面に電池が形成されて，錆びによる腐食が進行するが，地中やコンクリート中の鉄鋼は$O_2$の存在が少ないので，空気中より腐食しにくい。鉄鋼は水中や海水中では腐食されやすいが，純水中では錆びは進行しない。

表10.1は鉄鋼の腐食の傾向を比較したものである。

**表10.1 鉄鋼の腐食**

| 組織分類 | 腐食されにくい | 腐食されやすい |
|---|---|---|
| (1) | 低炭素鋼 | 高炭素鋼 |
| (2) | 純度の高いもの | 不純物の多いもの |
| (3) | 面の滑らかなもの | 面の粗いもの |
| (4) | 焼きなましたもの | 残留応力のあるもの |
| (5) | 一相組織のもの（マルテンサイト） | 二相組織のもの（パーライト） |
| (6) | 荒い組織のもの（ソルバイト） | 細かい組織のもの（トルースタイト） |

鉄鋼の組織はフェライトとセメンタイトの二相組織であるが，この場合にはセメンタイト部分がカソード，フェライト部分がアノード部となる**局部電池**が形成される。そのため，鉄鋼中の炭素濃度が高いほど，セメンタイトが微細になるほどセメンタイトとフェライトの界面が増加するので，腐食されやすいことになる。また同様に，鉄鋼が他の金属と接していると，そこに電池が形成され，電気化学的に卑なる金属（**イオン化傾向**の大きい金属）がアノード部となり，貴なる金属がカソード部となり，アノード部が腐食されるのである。例えばFe，Sn，Znの貴卑の順をみるとSn，Fe，Znである。そこで，FeにSnをメッキしたブリキと

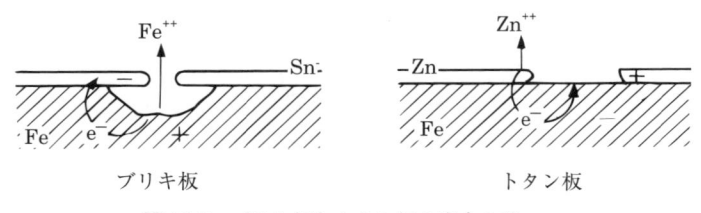

**図10.2 ブリキ板とトタン板の腐食の差**

FeにZnをメッキしたトタン板の腐食の様相は図10.2のようになる。

酸素の供給の多い部分と,少ない部分があると,供給の少ない部分がアノードとなるので,ボルトで締めた部分が先に腐食される。その他,内部応力の高い部分もアノード部となる。

## 10・2 鉄鋼の防食法

### 10・2・1 不働態化による防食

腐食は局部電池生成による電気化学的反応であるので,アノードまたはカソード部の一方の反応を抑制すれば腐食の進行が低下する。図10.3はカソード部で生成される水素原子により金属表面が覆われ,カソード反応が抑制され,腐食の進行が妨げられる様相を示している。また,一方ではアノード部で溶け出した金属イオンがアノード部に堆積して,アノード反応が抑えられることもある。また,鉄鋼表面に酸化物層が生成され,これが基質の**保護皮膜**となる場合もある。

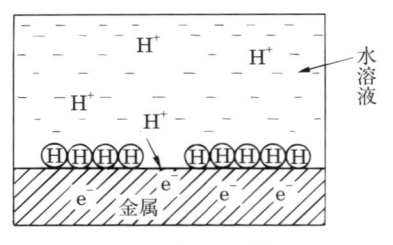

**図10.3** H原子による陰極

酸化物層が形成されて,金属表面が保護されることを**不働態化**という。図10.4はFe-Cr合金の各種酸に対する効果を調べた結果で,Crが12%以上合金されると硝酸には侵されない。これは鋼の表面にCrの酸化膜が生成され,この酸化物皮膜による不働態化のためである。しかし,酸素を溶解していない硫酸や酸素を含まない塩酸溶液では,酸化皮膜が生成されないため,Fe-Cr合金は不働態化しない。

### 10・2・2 合金元素添加による防食

合金元素添加による耐食性の向上については,

① アノードの活動を減少させる効果のある元素には,Ni,Cu,Mo,W,Crがあり,これらの元素は陽極を貴にしたり,陽極の分極性を高める働きがある。

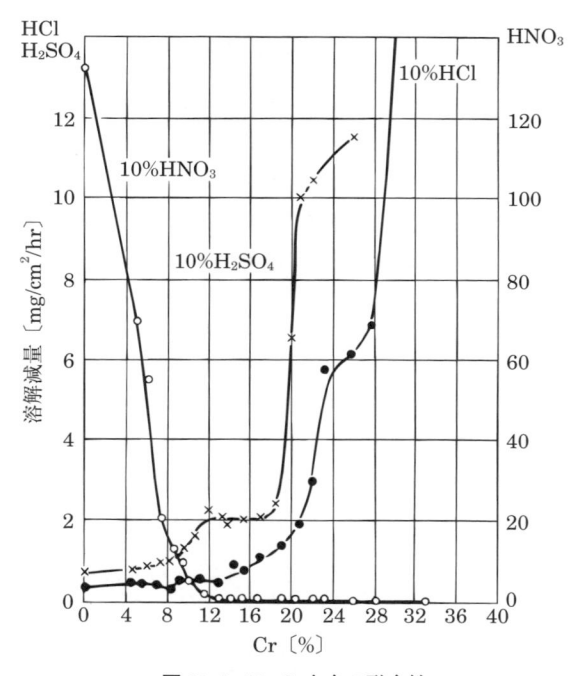

図10.4 Fe-Cr合金の耐食性

② カソードの働きを減少させる元素としてAs，Sbがあり，これは水素をカソードに堆積させる働きがある。

③ 表面に保護皮膜をつくる元素としては，Cu，Cr，Si，Al等がある。

### 10・2・3 その他の防食法

鉄鋼表面に油や塗装をして，水分や湿気を断って錆びが出ないようにすることは広く用いられているが，それ以外の防食法について述べる。

**[1] 金属で鉄鋼表面を覆う方法** **電気メッキ**は，鉄鋼製品を陰極，メッキ用金属を陽極としてメッキ液に鉄鋼製品を浸し，電流を流して被覆層をつくる。Cd，Cr，Au，Ag等が被覆される。

溶融金属に浸して，鉄鋼表面にその金属の膜をつける方法があり，Zn，Sn，Al等が被覆される。Alを被覆した鋼を**アルミナイズド鋼**という。

**セメンテーション法**は，鉄鋼表面に金属粉末を高温で拡散，浸透させ皮膜を形成させる方法で，Znを被覆するものを**シェラダイジング**，Crの場合を**クロマイジング**，Alの場合を**カロライジング**という。

**金属溶射法**は，溶融金属を鉄鋼表面に吹き付ける方法で，**メタリコン**と呼ばれている。なおプラズマを用いて，高融点金属も溶射が可能である。

[2] **化学変化により鉄鋼表面に皮膜を生成する方法**　鉄鋼表面に緻密で安定した化合物の皮膜をつくる操作を**化成**という。**パーカライジング**は，鉄鋼表面にりん酸塩皮膜をつける方法で，重クロム酸塩につけたり，電気化学的に酸化皮膜をつける方法等がある。

[3] **電気的防食法**　地中や海水中にある鉄鋼製品は，塗装や手入れが困難であるので，電池の作用や電流作用を利用して防食する方法がとられている。

防食しようとする構造物をカソード，黒鉛や鋳鉄をアノードとなるように直流電圧をかけると，アノード部が消耗されて構造物が保護される。

鉄鋼よりイオン化傾向の大きいZn等を導線で結んでおくと，Znがアノードとなり，鉄鋼製品を保護する

[4] **表面改質による防食方法**　**表面改質法**とは，従来の材料の表面の性質を変えて，耐食性，耐熱性，態磨耗性を高める技術で，航空宇宙産業，原子炉産業，発電用タービン　その他の化学工業の発展に伴って開発された方法である。

**イオン注入法**は，添加すべき元素をイオン化し，高速で固体表面に衝突させて，その元素を固体内部に注入させ表面または表層の構造を改質する方法である。**物理蒸着法（PVD法）**は，物質を強制的に蒸発・凝固させて固体表面に薄膜を形成させる方法で，**化学蒸着法（CVD法）**は，原料ガスを基板上で化学反応を起こさせ，目的物を合成し，基板上に薄膜を成長させる方法である。

## 10・3　ステンレス鋼

Feに12％以上のCrを合金させると，強い保護皮膜が生成されて不働態化されるが，酸素の酸化作用のある使用環境で錆びを発生しない鋼を**ステンレス鋼**という。

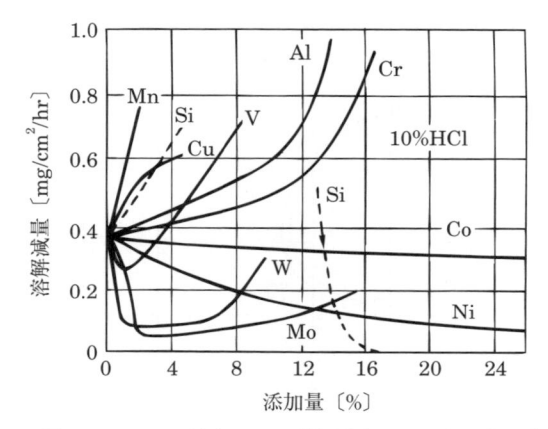

図10.5 HClに対するFeの溶解速度に及ぼす合金元素の影響

　図10.5は，Feに各種の元素を添加した合金の，HClのような非酸化性酸に対する腐食量を調べた結果である．Niの添加やW，Moの少量添加が耐酸性に有効な働きがあることがわかる．

　高Cr鋼にNiを添加すれば，錆びの発生と耐酸性に効果があることがわかる．ステンレス鋼は，本来は錆びが発生しない鋼の意味であるが，これに耐酸性を付与した場合も**ステンレス鋼**という．

　ステンレス鋼は，**Cr系ステンレス鋼**と**Cr-Ni系ステンレス鋼**に大別され，組織上からフェライト系とオーステナイト系に分けられる．また，フェライト系は高温でもフェライトのものと，高温ではオーステナイトとなり，焼入れによりマルテンサイトになるものがある．

## 10・3・1　Cr系ステンレス鋼

　図10.6はFe-Cr合金の状態図で，Crはオーステナイト域を縮小する傾向があり，Cr量が13％になると高温でもオーステナイト化しないことがわかる．オーステナイト組成域から急冷すればマルテンサイト相が得られる．

　焼入れでマルテンサイト相が得られるステンレス鋼を**マルテンサイト系ステンレス鋼**といい，その標準組成は，13Cr-0.1Cである．また，オーステナイト域の外で常にフェライト相となるステンレスを**フェライト系ステンレス鋼**といい，そ

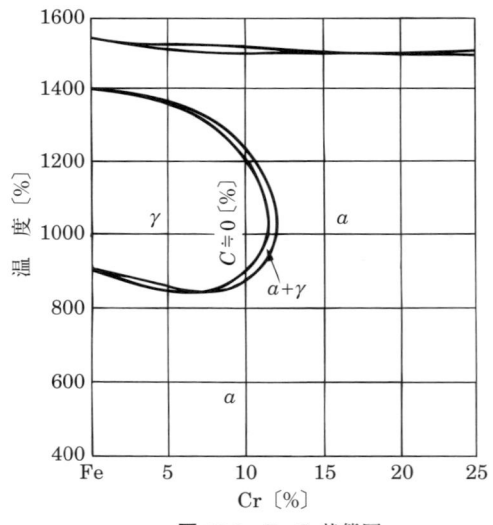

図10.6 Fe-Cr状態図

の標準組成は17Cr-0.1Cである．表10.2に，Cr系ステンレスの規格例を示す．

耐食性からはフェライト単相のほうが望ましいが，強度を向上させるためには耐食性を若干犠性にし，炭素量を高めてマルテンサイト組織として使用する．

フェライト系は，熱処理による強度の改善はできないが，Cr量が増すと耐食性が良くなり，加工性，溶接性も良く，安価であるので広い範囲で使用されている．しかし，高Crの鋼を長時間加熱すると，高Crフェライトと低Crフェライトの二相に分離し，非常にもろくなり，かつ耐食性も劣化する．これを**475℃ぜい性**と呼んでいる．

マルテンサイト系は熱処理により優れた機械的性質が得られるので，タービン羽根のように高温・高圧下の構造材，刃物等に使用される．この鋼を500℃付近で焼戻すと，微細なCrを含む炭化物が析出し，局部電池が生成されて耐食性が劣化する．これは，Crの炭化物生成により，周辺基地が低Crとなりこの部分がアノードとなるからである．

また，高Cr鋼を700～800℃に加熱すると，Fe・Crを基本としたσ相という金属間化合物が析出し材質をもろくする．これを**σぜい性**という．高Cr系ステンレ

表10.2 Cr系ステンレス鋼の規格の例（JIS G 4303）
(a) フェライト系

| 種類の記号 | 化学成分〔%〕 | | |
|---|---|---|---|
| | C | Cr | その他 |
| SUS 405 | <0.08 | 11.5～14.5 | Al 0.1～0.3 |
| SUS 410L | <0.03 | 11～13 | — |
| SUS 430 | <0.12 | 16～18 | — |
| SUS 434 | <0.12 | 16～18 | Mo 0.75～1.25 |

通常はNi<0.6, Si<1.0, Mn<1.0, P<0.04, P<0.03

(b) マルテンサイト系

| 種類の記号 | 化学成分〔%〕 | | |
|---|---|---|---|
| | C | Cr | その他 |
| SUS 403 | <0.15 | 11.5～13 | |
| SUS 410 | <0.15 | 11.5～13.5 | |
| SUS 416 | <0.15 | 12～14 | |
| SUS 420 J1 | 0.16～0.25 | 12～14 | |
| SUS 431 | <0.20 | 15～17 | Ni 1.25～2.5 |
| SUS 440 A | 0.6～0.75 | 16～18 | |
| SUS 440 B | 0.75～0.95 | 16～18 | |
| SUS 440 C | 0.95～1.2 | 16～18 | |

通常はSi<1.0, Mn<1.0, P<0.04, S<0.03, Ni<0.6

スを使用するときは，475℃ぜい性とσぜい性に注意が必要である。

### 10・3・2　Cr-Ni系ステンレス鋼

図10.7は，FeにNiを合金させたとき，Ni量を変えたときの硫酸に対する耐食性を調べたもので，Cr10%以上を含む合金にNiを10%以上合金させると，硫酸に対する耐食性が増加している結果を示している。Cr13%以上を含む合金にNiを10%以上合金させると，酸化性雰囲気における耐食性に，非酸化性雰囲気における耐食性も加えられることになる。

図10.8はFe-Cr-Niの三元合金の組織図で，**シェフラーの組織図**と呼ばれる。縦軸の**Ni当量**とは，オーステナイト化元素の効果をNi量に換算したもので，横軸はCr当量を示している。Cr量が多いほど少ないNi量でオーステナイト組織と

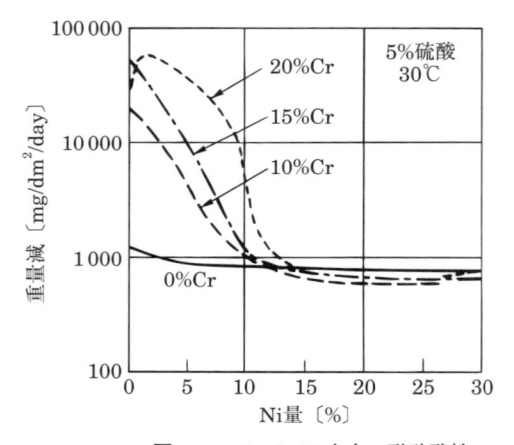

図 10.7　Fe-Cr-Ni合金の耐硫酸性

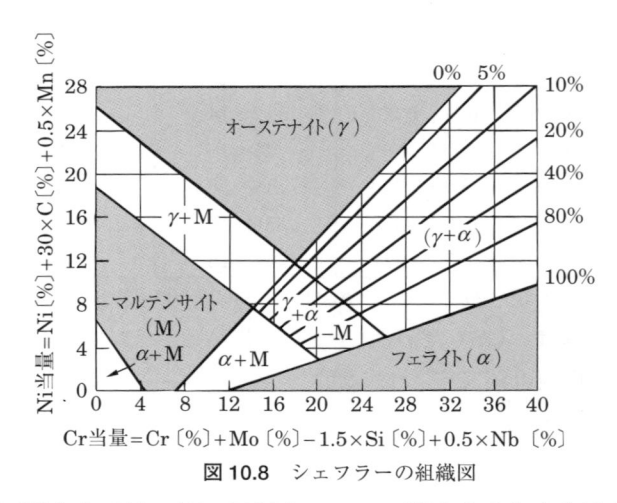

図 10.8　シェフラーの組織図

なる。Fe-Cr-Ni合金では，17〜20％Cr，7〜10％Niを含む合金はオーステナイト単相となり，耐食性の面からも多く使用されている。これが**18-8ステンレス鋼**である。

表10.3に，オーステナイト系ステンレス鋼の規格例を示す。18-8ステンレス鋼は，CrやNi添加のため酸化性酸や非酸化性酸にも強く，組織がオーステナイトであるので，軟質であり，溶接性，機械的性質にも富み，化学工業装置等に広く

表10.3 オーステナイト系ステンレス規格の例（JIS G 4303）

| 種類の記号 | 化学成分〔%〕 | | |
|---|---|---|---|
| | Ni | Cr | その他 |
| SUS 201 | 3.5〜5.5 | 16〜18 | Mn 5.5〜7.5 |
| SUS 202 | 4.0〜6.0 | 17〜19 | Mn 7.5〜10 |
| SUS 301 | 6.0〜8.0 | 16〜18 | |
| SUS 302 | 8.0〜10 | 17〜19 | |
| SUS 303 | 8.0〜10 | 17〜19 | |
| SUS 304 | 8.0〜10.5 | 18〜20 | |
| SUS 305 | 10.5〜13 | 17〜19 | |
| SUS 309S | 12〜15 | 22〜24 | |
| SUS 310S | 19〜22 | 24〜26 | |
| SUS 316 | 10〜14 | 16〜18 | Mo 2〜3 |
| SUS 317 | 11〜15 | 18〜20 | Mo 3〜4 |
| SUS 321 | 9〜13 | 17〜19 | Ti 5×C%以上 |
| SUS 347 | 9〜13 | 17〜19 | Nb 10×C%以上 |
| SUS XM7 | 8.5〜10.5 | 17〜19 | Cu 3〜4 |
| SUS XM15J1 | 11.5〜15 | 15〜20 | |

その他 Si＜1.0, P＜0.04, S＜0.03, C＜0.08, ただしL材は0.03以下。
201, 202材はC＜0.15, N＜0.25。

利用されている。18-8ステンレス鋼では，炭素量はできるだけ低くしてある。炭素はCrとの間に炭化物をつくり，これが結晶粒界に析出するので，炭化物周辺のCrが低濃度となり，粒界に腐食が起こる。さらに腐食が進行すると粒界に割れが起こる。粒界腐食を防止するには，炭素量を可能なかぎり低くするか，またはTi・Nbのような炭化物生成元素を合金させて，TiCやNbCのような安定な炭化物とする。また，1100℃以上に加熱し，炭化物を固溶させたのち，急冷すると効果がある。

### 10・3・3　析出硬化型ステンレス鋼

18-8ステンレス鋼は，前述の組織図で示すように準安定オーステナイト域であるので，加工をすると一部はマルテンサイト変態が起こり，加工硬化を示す。さらに強度を高めるために時効硬化の方法をステンレス鋼に応用した鋼を**析出硬**

化型ステンレス鋼（**PHステンレス鋼**）といい，各種構造物，特に航空機部材に用いられている。

　PHステンレス鋼は，Fe-Cr-Ni合金にAl，Ti，Nb，Cu，P等を添加した合金で,固溶化処理後のオーステナイトを急冷してマルテンサイトに変態させたのち，480～566℃で時効処理を行うと，マルテンサイト中に微細な金属間化合物が析出し強化される。この鋼のNi量は18-8ステンレス鋼よりやや少なくしてマルテンサイト変態を起こりやすくしている。表10.4はPHステンレス鋼の規格である。この鋼種の代表組成は**17-7PHステンレス鋼**で，このほかにCu4％とNbを含む**17-4PHステンレス鋼**等が実用されている。

表 10.4　折出硬化型ステンレス

| 種類の記号 | 化　学　成　分〔％〕 | | | | | | | |
|---|---|---|---|---|---|---|---|---|
| | C | Si, Mn | P | S | Ni | Cr | Cu | その他 |
| SUS 630 | <0.07 | <1.0 | <0.04 | <0.03 | 3～5 | 15～17.5 | 3～5 | Nb 0.15～0.45 |
| SUS 631 | <0.09 | <1.0 | <0.04 | <0.03 | 6.5～7.75 | 16～18 | — | Al 0.75～1.50 |

### 10・3・4　特殊耐食鋼（ステンレス合金）

　ステンレス鋼の耐食性は，不働態皮膜形成によるため，非酸化性酸やその環境では耐食性に限界があり，また応力腐食割れや孔食を生じることもある。このため各種化学工業材料として,孔食や応力腐食割れについての抵抗を高めたものに，**ステンレス合金**がある。この合金には，ステンレス鋼のMo・Cu量を高めたFe-Cr-Ni-Mo系やFe-Cr-Ni-Mo-Cu系等がある。

## 10・4　鋼の高温腐食と耐熱鋼

### 10・4・1　耐熱鋼と耐熱材料

　耐熱鋼と耐熱合金は，高温で使用される材料であり，各種の熱機関・化学工業装置・航空宇宙用材料・原子炉用材として使用されているが，それらの使用環境は単に高温度のみではなく，高温高圧力・高温酸化・高温発生ガスによる腐食等複雑な環境条件で使用されている。このため耐熱合金では，高温度における強度

とじん性，高温に置ける安定性と耐食性等，使用環境における性能の向上改善が要求されている。

現用されている耐熱用金属材料は，Fe，Ni，Coを主成分とし，それに種々の元素を添加して，強度，耐食性を高めた合金である。表10.5は現用耐熱鋼の使用温度範囲である。

表 10.5

| 温度 | 使用される耐熱鋼 |
|---|---|
| R, T | 普 通 鋼 |
| 100 | |
| 200 | |
| 300 | 1Cr-0.5Mo鋼 |
| 400 | 2.25Cr-1Mo鋼 |
| 500 | 3Cr-0.8Mo-0.2V鋼　など |
| 600 | 5Cr-0.5Mo |
|  | 12Cr鋼　　　　　　　など |
| 700 | 18Cr-8Ni-Mo，Tiなどステンレス鋼 |
| 800 | Fe基 ┐ |
|  | Co基 ├ などの超合金 |
| 900 | Ni基 ┘ |

## 10·4·2 高温における腐食

[1] **鉄鋼の高温酸化**　鉄鋼材料を高温に加熱をすると，表面に酸化物皮膜または酸化物層（スケール）が生成される。これは基地表面に，FeO，$Fe_2O_3$，$Fe_3O_4$のような酸化物層が形成されるからである。この酸化物の成長は大気層からの酸素イオンの侵入と，基質からの鉄イオンの拡散，移動によって起こるものである。

鉄鋼の高温における耐酸化性を高めるには，鉄鋼表面に緻密で安定な酸化物による保護皮膜を生成させ，鉄イオンや酸素イオンの拡散侵入を防止すればよい。鋼にAl，Cr，Si等を添加すると，これらの添加元素はFeよりも酸化力が強いため，鉄鋼表面にこれらの添加元素の酸化物，$Al_2O_3$，$Cr_2O_3$，$SiO_2$等が優先的に生成され，鉄の酸化物生成を防ぎ，基質の保護皮膜の働きとなる。

[2] **鉄鋼の高温腐食**　ボイラー管，ジーゼル機関の燃焼室等で重油を燃焼すると，重油燃焼生成物が基質表面に付着し急速に表面酸化が進む。これは灰分に含まれている$V_2O_5$の融点が約680℃と低く，この溶融した灰分が鉄鋼表面に付着して，耐酸化皮膜が腐食されて基質の酸化が進行するためである。この現象を**バナジウム・アタック**といい，これと同じ現象は，$MoO_3$（795℃）や$BiO_3$（817℃）でも起こる。また，航空機用のガスタービンでは，燃料中の硫黄の酸化による$SO_2$が大気中のナトリウム分と結合した$Na_2SO_4$の灰分がタービン翼に付着し，硫化物による腐食が起こる。

これらの高温腐食の防止法として，合金中のCr量の増加や合金表面にカロライジングやクロマイジング等（10・2・3項）の耐食コーティングが行われている。

## 10・4・3　鉄鋼の高温における強化

耐熱鋼の高温強度上の問題点は，耐クリープ性の向上と繰返しの急熱・急冷操作による熱疲労，高温における繰返し荷重による高温疲労等である。

クリープ曲線は第8章（8・1・3項 [2]）で述べたように，せん移・定常・加速の3段階から成り立っているが，せん移クリープは変形の進行につれて転移が増加し，加工硬化が進む段階で，定常クリープは加工硬化と回復が釣り合っている状態の段階である。定常クリープの末期になると，結晶粒界に微少な亀裂（クラック）や空洞が発生し，加速段階でそれが成長して破断するのである。

クリープによる変形の初期は結晶粒内のすべりによるもので，結晶粒界はすべりの障害となるので，結晶粒が小さいほど耐クリープ性は良いことになる。

図10.9は鋼の結晶構造と高温強度を定性的に示したもので，低温ではbcc構造のフェライト系の鋼のほうがfcc構造のオーステナイト系の鋼より強いが，約600℃を境にしてそれ以上の高温になると，オーステナイト系の鋼のほうが一般に強くなる。

クリープに対する抵抗を高めるには，鋼中に高温で安定な炭化物・窒化物・金属間化合物を微細分散析出させることが必要である。しかし，長時間の使用により析出粒子が粗大化すると，強度は低下する。

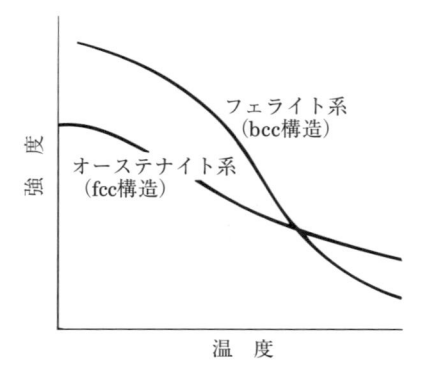

**図10.9**　フェライト系，オーステナイト系の高温における強度（定性図）

## 10・4・4　耐熱鋼

耐熱鋼はフェライト系耐熱鋼とオーステナイト系耐熱鋼に大別される。

[1] **フェライト系耐熱鋼**　400℃以下で使用する機械部品や装置には軟鋼や鋳鉄が用いられている。軟鋼は，この温度では青熱ぜい性を示すが，引張強さは向

上し，またこの温度範囲では酸化の進行速度も遅いので使用されている。

　450～550℃では，Mo鋼，Cr-Mo鋼，Cr-Mo-V鋼のような低合金鋼が安価であり，加工も容易で高温強度・表面の安定性も良いので，熱処理部品・ボイラー用材に使用されている。550℃以上では，表面酸化に対するため5%Cr鋼や12%Cr鋼が使われる。

[2] **オーステナイト系耐熱鋼**　　600℃以上では，Cr-Ni系統のオーステナイト組成の鋼が使用されている。これは600℃以上になるとフェライト系の鋼はクリープ強さが低下し，また析出物も粗大化するので，耐酸化性もあり，安価な18-8系のステンレス鋼が耐熱鋼として使用されている。この場合には，耐食性を阻害するCもTi，Nbを添加して，TiCやNbCとしてクリープ強さを高めている。使

表10.6　現用耐熱鋼の組成の例（JIS G 4311）

| 系 | 種類の記号 | 化学成分〔%〕 | | | | | | 用途例 |
|---|---|---|---|---|---|---|---|---|
| | | C | Si | Mn | Ni | Cr | その他 | |
| オーステナイト系 | SUH 31 | 0.35～0.45 | 1.50～2.50 | <0.6 | 13～15 | 14～16 | W2～3 | 加熱炉構造材 |
| | SUH 309 | <0.2 | <1.0 | <2.0 | 12～15 | 22～24 | | ガス分解装置 |
| | SUH 310 | <0.25 | <1.5 | <2.0 | 19～22 | 24～26 | | ジェットエンジン燃焼筒 |
| | SUH 330 | <0.15 | <1.5 | <2.0 | 33～37 | 14～17 | | 同上排気弁タービン翼 |
| | SUH 661 | 0.08～0.16 | <1.0 | 1.0～2.0 | 19～21 | 20～22.5 | W 2.5, Mo 3, Co 20, N 0.15 Nb 1.0 | 同　上 |
| フェライト系 | SUH 446 | <0.2 | <1.0 | <1.5 | <0.6 | 23～27 | N<0.25 | 加熱炉構造材 |
| マルテンサイト系 | SUH 1 | 0.40～0.50 | 3.0～3.5 | <0.6 | <0.6 | 7.5～9.5 | | 排気弁<750℃ |
| | SUH 3 | 0.35～0.45 | 1.8～2.5 | <0.6 | <0.6 | 10～12 | Mo0.7～1.3 | 吸気弁低級排気弁 |
| | SUH 4 | 0.75～0.85 | 1.75～2.25 | 0.2～0.6 | 1.15～1.65 | 19～20.5 | | 高級排気弁 |
| | SUH 600 | 0.15～0.20 | <0.5 | 0.5～1.0 | <0.6 | 10～13 | Mo 0.3～0.9 V 0.3, N 0.07 Nb 0.4 | タービン翼同上軸 |
| | SUH 616 | 0.20～0.25 | <0.5 | 0.5～1.0 | 0.5～1.0 | 11～13 | Mo 1, W 1 V 0.25 | 同上 |

用温度がさらに高くなると，Cr，Ni量を増した25Cr-20Ni鋼等が使用されている。

表10.6は耐熱鋼の組成の例である。

### 10・4・5　超耐熱合金

**[1] 鉄基超耐熱合金**　700℃以上の高温になると，オーステナイト系耐熱鋼ではクリープ強度が低下するため，オーステナイト系耐熱鋼を基本としてそれに高融点の金属Ni，Cr，Co等の添加量を増加した耐熱合金が開発された。これらの合金ではFeをNiで置換し，それにAl，Ti，Nb等を添加しており，Fe量が50%以下の合金が多い。このような耐熱合金を**Fe基超耐熱合金**という。この合金は$Ni_3$(Al-Ti)を基本とする金属間化合物が析出し，これにより800℃近くまでの高温強度を保持している。この合金は750℃以下の温度でのタービンの翼車やディスクに用いられている。

鉄基の耐熱合金より，耐熱性を高めた合金にNiやCoをベースとした耐熱合金がある。表10.7に，JISで規格化されている耐食耐熱超合金と，図10.10に各種耐熱合金の高温強度の比較を示す。

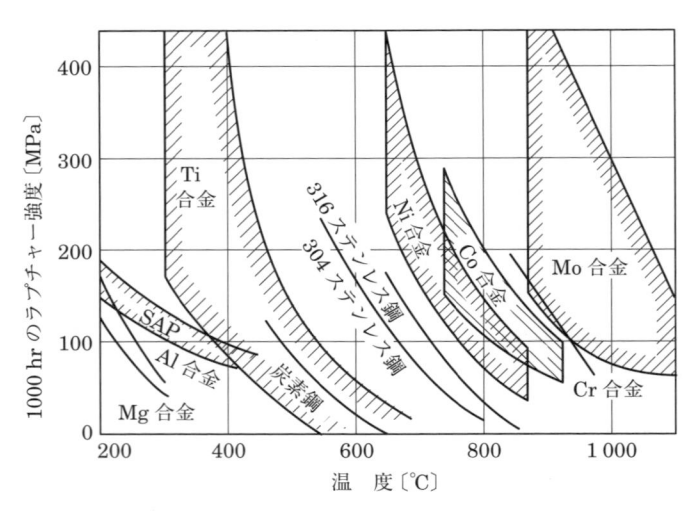

**図10.10　各種合金の1000 hrラプチャー強さ**

10・4　鋼の高温腐食と耐熱鋼

表 10.7　耐食耐熱超合金〔JIS G 4901〕

| 種類の記号 | C | Si | Mn | P | S | Ni | Cr | Fe | Mo | Cu | Al | Ti | Nb+Ta | B | 相当合金 |
|---|---|---|---|---|---|---|---|---|---|---|---|---|---|---|---|
| NCF600 | 0.15 以下 | 0.50 以下 | 1.00 以下 | 0.030 以下 | 0.015 以下 | 72.00 以上 | 14.00～17.00 | 6.00～10.00 | — | 0.50 以下 | — | — | — | — | Inconel 600 |
| NCF601 | 0.10 以下 | 0.50 以下 | 1.00 以下 | 0.030 以下 | 0.015 以下 | 58.00～63.00 | 21.00～25.00 | 残部 | — | 1.00 以下 | 1.00～1.70 | — | — | — | Inconel 601 |
| NCF625 | 0.10 以下 | 0.50 以下 | 0.50 以下 | 0.015 以下 | 0.015 以下 | 58.00 以上 | 20.00～23.00 | 5.00 以下 | 8.00～10.00 | — | 0.40 以下 | 0.40 以下 | 3.15～4.15 | — | |
| NCF690 | 0.05 以下 | 0.50 以下 | 0.50 以下 | 0.030 以下 | 0.015 以下 | 58.00 以上 | 27.00～31.00 | 7.00～11.00 | — | 0.50 以下 | — | — | — | — | |
| NCF718 | 0.08 以下 | 0.35 以下 | 0.35 以下 | 0.015 以下 | 0.015 以下 | 50.00～55.00 | 17.00～21.00 | 残部 | 2.80～3.30 | 0.30 以下 | 0.20～0.80 | 0.65～1.15 | 4.75～5.50 | 0.006 以下 | Inconel X750 |
| NCF750 | 0.08 以下 | 0.50 以下 | 1.00 以下 | 0.030 以下 | 0.015 以下 | 70.00 以上 | 14.00～17.00 | 5.00～9.00 | — | 0.50 以下 | 0.40～1.00 | 2.25～2.75 | 0.70～1.20 | — | Inconel 751 |
| NCF751 | 0.10 以下 | 0.50 以下 | 1.00 以下 | 0.030 以下 | 0.015 以下 | 70.00 以上 | 14.00～17.00 | 5.00～9.00 | — | 0.50 以下 | 0.90～1.50 | 2.00～2.60 | 0.70～1.20 | — | |
| NCF800 | 0.10 以下 | 1.00 以下 | 1.50 以下 | 0.030 以下 | 0.015 以下 | 30.00～35.00 | 19.00～23.00 | 残部 | — | 0.75 以下 | 0.15～0.60 | 0.15～0.60 | — | — | Incoloy 800 |
| NCF800H | 0.05～0.10 | 1.00 以下 | 1.50 以下 | 0.030 以下 | 0.015 以下 | 30.00～35.00 | 19.00～23.00 | 残部 | — | 0.75 以下 | 0.15～0.60 | 0.15～0.60 | — | — | Incoloy 800 |
| NCF825 | 0.05 以下 | 0.50 以下 | 1.00 以下 | 0.030 以下 | 0.015 以下 | 38.00～46.00 | 19.50～23.50 | 残部 | 2.50～3.50 | 1.50～3.00 | 0.20 以下 | 0.60～1.20 | — | — | Incoloy 825 |
| NCF80A | 0.04～0.10 | 1.00 以下 | 1.00 以下 | 0.030 以下 | 0.015 以下 | 残部 | 18.00～21.00 | 1.50 以下 | — | 0.20 以下 | 1.00～1.80 | 1.80～2.70 | — | — | Nimonic 80A |

備考 1. Ni分析値には，Coを含むことができる。ただし，NCF80AのCo分析値は，2.00%以下とする。
　　 2. NCF80Aについては，必要によってBなどを添加することができる。

[2] **ニッケル基超耐熱合金**　Ni-Crをベースにし，それにTi, Al等を添加して，$Ni_3(Al・Ti)$を析出させて強化した合金である。MoやCoの添加により一層高温強度を高め，ジェットエンジンのタービンブレードやガスタービンブレード，原子炉用材等に広く使用されている。

[3] **コバルト基超耐熱合金**　1950年代では中心的な超耐熱合金であったが，Co基の合金より，高温強度にすぐれているNi基の合金が次々に開発されているが，耐食性，溶接性が良いので，ジェットエンジンの静翼材や耐食性を重視した機械の部材として使用されている。

　図10.11は，ジェットエンジン運転時における各種超耐熱合金の高温強度を示したものである。

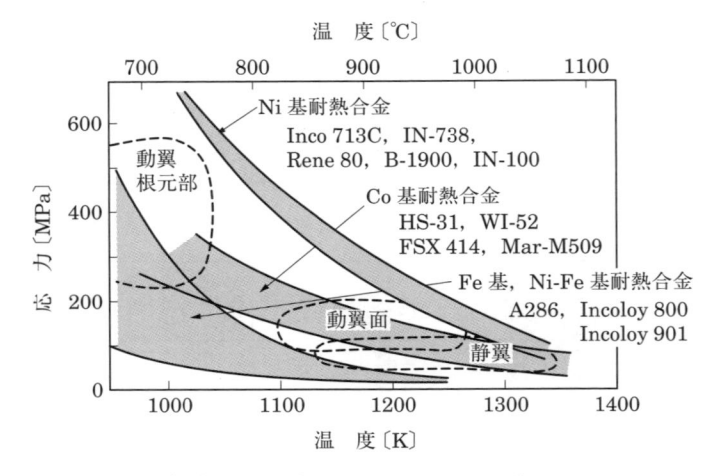

**図 10.11**　各種超耐熱合金の 100 hr ラプチャー強さ
　注：図中の点線はジェットエンジンの動翼・静翼
　　　の運転時の温度と応力の範囲を示す。
　　　(R. W. Fawley："The Superalloys", Ed. by C. T.Sims
　　　and W. C. Hagel, John Wiley and Sons (1972).)

# 第11章 鋳 鉄

## 11・1 鋳物用材と加工用材

　一般に，鉄鋼材料では鋼は主として加工用材，鋳鉄は鋳物用材として多く使用されている。鋼と鋳鉄はともにFe-Cの合金であり，炭素量が2.14％以上のものを**鋳鉄**，2.14％未満のものを**鋼**と呼んでいる。

　加工用に使用される材料は，加工性に富むことが必要であるから，純金属もしくは合金元素量の少ない合金が多く，鋳物用の材料は熔湯の流動性がよく，かつ融点も低いなど鋳物を作りやすくするため，比較的合金量を多くしている。合金量が多いと金属間化合物もできやすく，そのため材質がもろくなる傾向がある。

　鋳鉄は鋼に比べて炭素量が多いので，セメンタイトの非常に多い組織となるので，硬く，もろく，かつ鋳造後の切削加工もきわめてむずかしいので，通常はSiを1～3％添加して炭素を**黒鉛（グラファイト）**の形とするので，被削性は良好な材料である。

　鋼のなかでも鋳物用材として使用される鋳鋼があり，また鋳鉄でも延性に富む種類があり，熱処理も行われるので，鋼を加工用材，鋳鉄を鋳物用材と考えるのは適当ではない。

　鋳鉄は厳密にはFe-C-Siの三元合金であるが，Si量をC量に換算する考えもあるので，ここでは鋳鉄をFe-C合金として扱うことにする。

## 11・2 鋳鉄の組織

### 11・2・1 鋳鉄の状態図と組織

　鋳鉄の破断面を観察すると，破面が白く見えるものと，ねずみ色に見えるものがある。これらの顕微鏡観察を示したものが図11.1である。

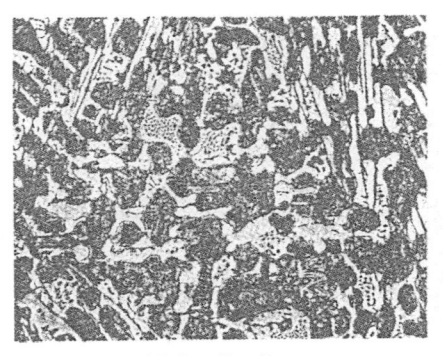

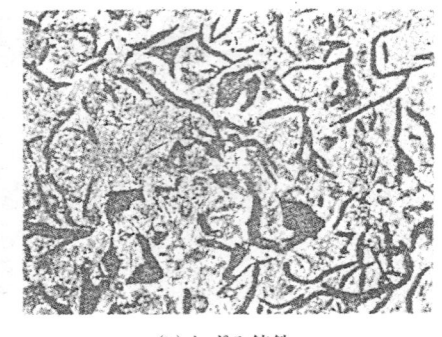

(a) 白 鋳 鉄　　　　　　　　　(b) ねずみ鋳鉄

**図 11.1**　純鉄の顕微鏡組織

図(a)中の黒い部分はパーライト，白い部分はセメンタイトである。図(b)では黒く片状にみえるものが黒鉛，き地はパーライトである。図(a)のようにパーライトとセメンタイトの混合している鋳鉄を**白鋳鉄**，図(b)のような鋳鉄を**ねずみ鋳鉄**という。また，両方が混ざった鋳鉄を**まだら鋳鉄**という。

白鋳鉄の組織を$Fe-Fe_3C$系状態図（図11.2の実線）から考察すると，熔湯中から初晶としてのオーステナイトを晶出し，温度降下に従って熔湯はC点で，

$$溶融相 \rightarrow オーステナイト + セメンタイト$$

の共晶凝固を行って凝固を終了する。この共晶組織を**レデブライト**という。次いでオーステナイトはS点で共析変態により，パーライトとなる。これが白鋳鉄である。

一方，ねずみ鋳鉄の凝固過程で黒鉛部に相当する相は$Fe-Fe_3C$系状態図には存在しない。状態図中の破線部を**Fe-G系状態図**といい，この図からねずみ鋳鉄の共晶凝固は，

$$溶融相 \rightarrow オーステナイト + 黒鉛$$

で，オーステナイトはS点で共析反応により，パーライトを形成する。なお，条件によっては，共析反応でパーライトが生成されずに，

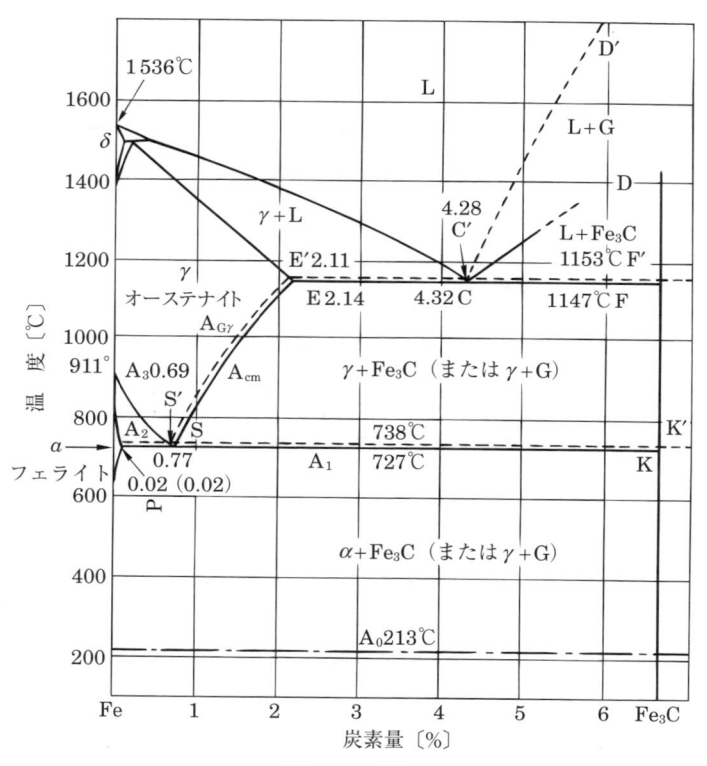

図11.2 鋳鉄の複状態図

$$\text{オーステナイト} \rightarrow \text{フェライト} + \text{黒鉛}$$

の共析反応が起こる場合もある。この場合の組織はフェライト地に黒鉛が存在するものとなる。

鋳鉄では，このように共晶凝固時に炭素がセメンタイトになったり，黒鉛になったりするので，鋳鉄の状態図では$Fe\text{-}Fe_3C$系と$Fe\text{-}G$系を併記してある。この状態図を**複状態図**といい，$Fe\text{-}Fe_3C$系を準安定形，$Fe\text{-}G$系を安定形という。

## 11・2・2 鋳鉄の組織図

鋳鉄では組成が同じでも，炭素の形態や基地の組織に違いが起こる場合がある。炭素が黒鉛として晶出するか，セメンタイトとして晶出するかは，組成，特にC

```
C・Si量  少 ←――――――――――――→ 多
肉 厚    薄 ←――――――――――――→ 厚
冷却速度  大 ←――――――――――――→ 小
```

| パーライト Fe₃C | パーライト 黒鉛 Fe₃C | パーライト 黒鉛 | パーライト フェライト 黒鉛 | フェライト 黒鉛 |

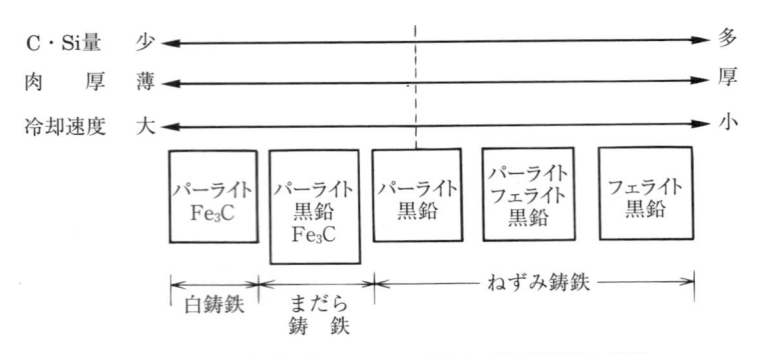

白鋳鉄 | まだら鋳鉄 | ←―― ねずみ鋳鉄 ――→

**図 11.3** 鋳鉄組織へのC, Si量および冷却速度の影響

量とSi量および熔湯の冷却速度に大きく依存をする。図11.3は鋳鉄の組織に対するC量, Si量および冷却速度の影響を示したものである。肉厚の大小は鋳物の大きさであり, 冷却速度と関連するものである。

鋳鉄の組織はCとSiの相互関係および冷却条件（鋳物の肉厚）で支配されるので, これらの関係を示したものが組織図である。組織図には様々なものが提案されているが, 図11.4は**マウラーの組織図**と呼ばれているもので, これは冷却条件を一定にしたときの, 組織に及ぼすCとSi量の影響を調べた結果である。

図中のⅠは白鋳鉄, Ⅱはパーライト地のねずみ鋳鉄, Ⅲはフェライト地のねずみ鋳鉄, Ⅱ$_a$はまだら鋳鉄, Ⅱ$_b$はフェライトとパーライト混合地のねずみ鋳鉄の

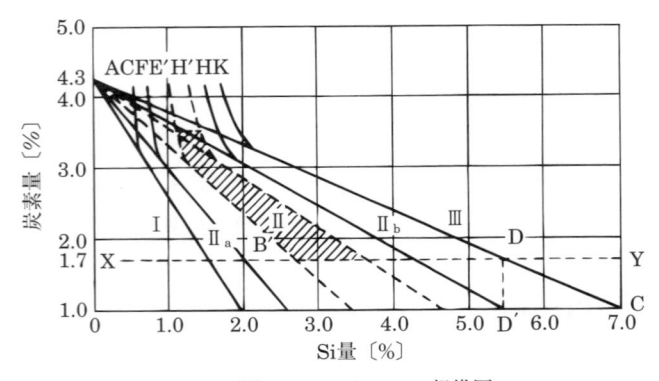

**図 11.4** マウラーの組織図

生成予想域である。斜線部分は基地がパーライトになるねずみ鋳鉄の成分範囲で，実際と良く合うので実用化されている。その他，肉厚とC+Si量との関係，共晶度（後述）とC+Si量の関係等の組織図等がある。

### 11・2・3 鋳鉄の黒鉛と基地組織

鋳鉄中の黒鉛は凝固のさいの共晶反応により生成されるが，鋳物の冷却速度が速いと，Fe-G系の共晶温度以下に過冷されて，準安定形の共晶温度で共晶反応が起こる。この場合に白鋳鉄となる。凝固終了後に738～727℃に達するとオーステナイトが共析反応により，フェライト＋黒鉛か，フェライト＋セメンタイトかのいずれかの組織となるが，その両者の反応が起こる場合もある。

黒鉛の強度はきわめて小さいので，黒鉛部分は鋳鉄中の切欠きと考えられ，外力を受けると，黒鉛部分に応力が集中して破壊にいたる。この応力集中の程度は黒鉛の形状（傷の形状ともいえる）に支配されるので，鋳鉄の強度は黒鉛の形状分布により変化し，また，き地の組織もパーライト組織より，フェライトが増加すると引張強さ，硬さは減少する。

**[1] 黒鉛組織**　図11.5は黒鉛を形態的に分類したもので，図(a)の形状を**片状黒鉛**，図(d)を**球状黒鉛**，図(b)は球状化が不十分の**擬片状黒鉛**（いもむし状黒鉛），図(c)は**塊状黒鉛**という。

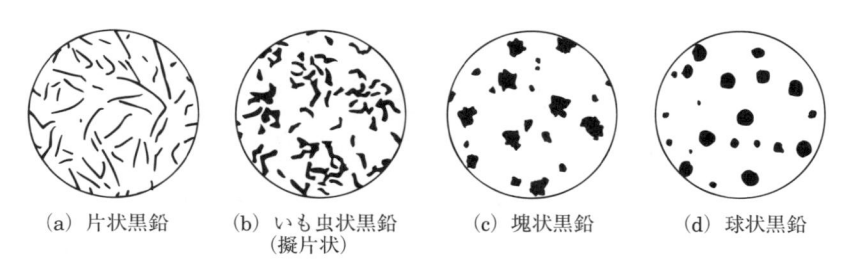

(a) 片状黒鉛　(b) いも虫状黒鉛（擬片状）　(c) 塊状黒鉛　(d) 球状黒鉛

**図11.5　黒鉛の形態**

図11.6は片状黒鉛の分布を分類したもので，図(a)は無秩序で均一に分布した一般的な黒鉛形状の普通の鋳鉄で**A型黒鉛**という。図(b)は**バラ状黒鉛**または**B型黒鉛**といい，ミクロ的の偏析が起こっている。図(c)は粗大な片状黒鉛がみられ，**キッシュ黒鉛**または**C型黒鉛**という。図(d)はオーステナイトの樹枝状が認

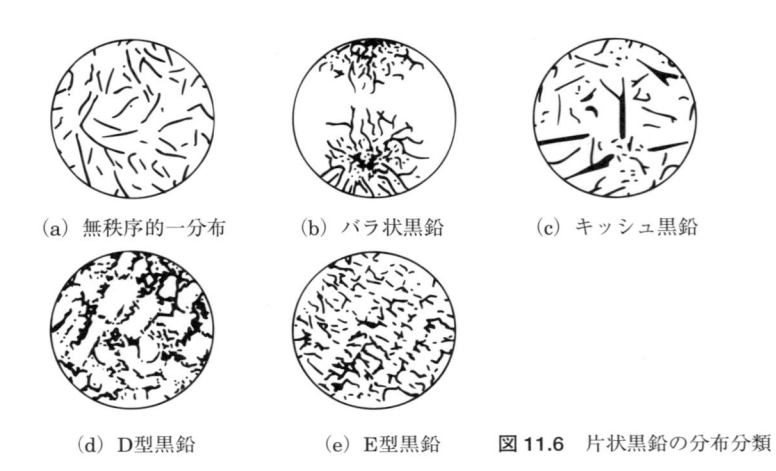

(a) 無秩序的—分布　(b) バラ状黒鉛　(c) キッシュ黒鉛

(d) D型黒鉛　(e) E型黒鉛　**図11.6**　片状黒鉛の分布分類

められる黒鉛で，**D型黒鉛**という．図(e)は共晶状の黒鉛で**E型黒鉛**という．

**[2] 鋳鉄組織の生成過程**　　図11.7はFe-C複状態図の凝固に関係する部分を取り出したもので，融液が破線で示す温度で共晶凝固をするとねずみ鋳鉄となり，融液が実線部分まで過冷されると白鋳鉄となる．

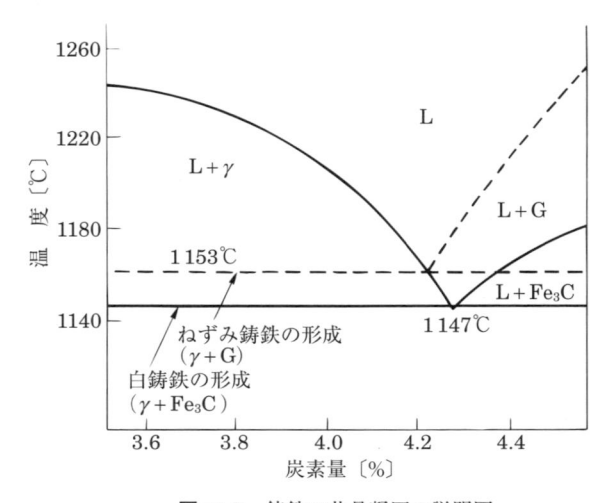

**図11.7**　鋳鉄の共晶凝固の説明図

[3] **添加元素の影響**　鋳鉄の主要元素はFe，C，Siのほかに，Mn，P，S等が含まれているが，これらの元素は白鋳鉄化を促進させる元素とねずみ鋳鉄化を促進させる元素がある。白鋳鉄化の促進元素はS, Cr, V, Mo, Mn等で，これらは一般的に炭化物生成傾向の強い元素であり，炭化物をつくらない元素Si, Al, Ni, Cuなどはフェライトに固溶する元素で，ねずみ鋳鉄化を促進する働きがある。

[4] **黒鉛形状の改良**　鋳鉄の黒鉛は弱く強度上では一種のクラックともいえる存在なので，黒鉛の形状は鋳鉄の強度に大きな影響を与える。応力集中をさけるためにはA型の黒鉛形状が望ましく，さらに片状の黒鉛形状より球状化した黒鉛形状の鋳鉄のほうが強度が高い。

　黒鉛形状の改良に**接種**と呼ばれる操作がある。これは，熔湯中にフェロシリコン（Fe-Si）やカルシュウムシリサイト（Ca-Si）等を添加すると，**菊目組織**と呼ばれるパーライト地に均一小片状の黒鉛が分布した鋳鉄が得られる。また熔湯中にMg, Ceを鋳込の直前に添加すると，球状の黒鉛を持つ鋳鉄が得られる。

[5] **セメンタイトの黒鉛化**　白鋳鉄を長時間一定温度で加熱をすると，セメンタイトが分解して黒鉛が生成される。この黒鉛の形状は塊状で，**テンパーカーボン**と呼ばれている。

## 11・3　実用鋳鉄の諸性質

### 11・3・1　ねずみ鋳鉄の材質の評価

　最も広く使用されている片状黒鉛鋳鉄には，強さ，硬さ，不純物の量などを指定しない普通の鋳鉄と，機械部品として強力で磨耗に耐え得る高級の鋳鉄がある。

　普通の鋳鉄はC量は3.2～3.8%，Si 1.4～2.5%，Mn 0.4～1.0%，P 0.3～1.5%，S 0.06～1.3%程度の組成が多い。高級鋳鉄は基地はパーライトで，黒鉛の形状は小片状の菊目組織となるように，肉厚に応じてC, Si量の調整と接種処理を行っている。表11.1は規格化されているねずみ鋳鉄品の機械的性質である。

[1] **炭素飽和度（共晶度）**　Fe-C系の共晶点の炭素量は4.28%であるが，添加元素により共晶炭素量は影響を受け移動をする。Si, P, Sは低炭素側にMnは

表 11.1　ねずみ鋳鉄品の機械的性質（JIS G 5501）

| 記号 | 供試材の鋳放し直径〔mm〕 | 引張強さ〔MPa〕 | 抗折性 最大荷重〔N〕 | 抗折性 たわみ〔mm〕 | ブリネル硬さ HB |
|---|---|---|---|---|---|
| FC 100 | 30 | 100 以上 | 7000 以上 | 3.5 以上 | 201 以下 |
| FC 150 | 30 | 150 以上 | 8000 以上 | 4.0 以上 | 212 以下 |
| FC 200 | 30 | 200 以上 | 9000 以上 | 4.5 以上 | 223 以下 |
| FC 250 | 30 | 250 以上 | 10000 以上 | 5.0 以上 | 241 以下 |
| FC 300 | 30 | 300 以上 | 11000 以上 | 5.5 以上 | 262 以下 |
| FC 350 | 30 | 350 以上 | 12000 以上 | 5.5 以上 | 277 以下 |

高炭素側に移動させる働きがある．そこで，ねずみ鋳鉄の性質に最も影響するSi，Pの量を炭素量に換算した値を**炭素当量**$C_E$といい，ねずみ鋳鉄の性質を予測する値として使用されている．

$$炭素当量\ C_E = 全炭素量(\%) + 0.3(\mathrm{Si}\%) + 0.3(\mathrm{P}\%)$$

また，Si，Pの量を考慮した共晶点の炭素量である**共晶炭素量**$C_e$については次式が提唱されている．

$$C_e = 4.28 - \frac{\mathrm{Si}\% + \mathrm{P}\%}{3}$$

そこで，その鋳鉄の炭素量とその共晶炭素量の比を**炭素飽和度**$S_c$または**共晶度**と

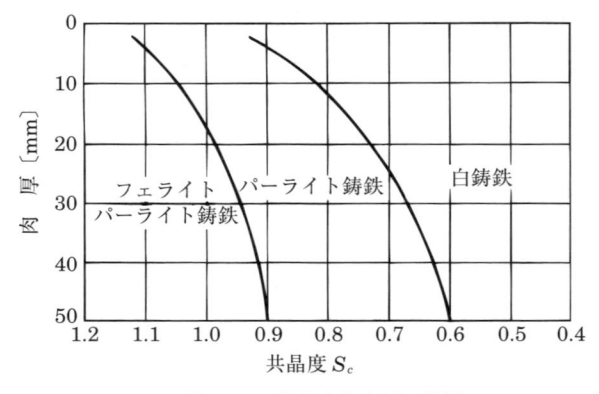

図 11.8　共晶度と肉厚の影響

いい，鋳鉄の材質の判断に用いている。

$$S_c = \frac{C}{C_e} = \frac{C}{4.28 - \frac{Si\% + P\%}{3}}$$

判断すべき鋳鉄の炭素飽和度の値が$S_c=1$なら共晶組成，$S_c < 1$なら亜共晶組成，$S_c > 1$なら過共晶組成の鋳鉄であることを示す．図11.8は鋳鉄の共晶度と肉厚が鋳鉄組織に与える影響を調べた組織図である．

[2] **成熟度**　片状黒鉛鋳鉄の引張強さ，ブリネル硬さと$S_c$との間には標準的に次式の関係があることが知られている．

引張強さ$\sigma_B = 9.8 (102 - 82.5 S_c)$

ブリネル硬さ$HB = 100 + 0.44 \sigma_B$

そこで，実際に鋳込まれた鋳鉄の引張強さと，上記の標準の引張強さとの比をその鋳鉄の**成熟度**$RG$という．

$$RG = \frac{100 \sigma_B}{9.8 (102 - 82.5 S_c)}$$

$RG$の値が100以上であればすぐれた材質であると判断している．

[3] **比較硬度**　鋳込まれた鋳鉄の実際の硬さと上記の標準の硬さとの比を**比較硬度**$RH$という．

$$RH = \frac{\text{ブリネル硬さの実測値}}{100 + 0.44 \sigma_B}$$

鋳鉄では引張強さが同じなら，硬さが低いほど材質は良いといえる．そこで，$RH$の値が$RH < 1$の鋳鉄は標準より軟質であるが，機械加工性も良くすぐれた材質の鋳鉄と考えてよい．$RH > 1$では硬すぎて組織的に不良な鋳鉄である．

### 11・3・2　球状黒鉛鋳鉄

表11.2は球状黒鉛鋳鉄の規格を示す．球状黒鉛鋳鉄は鋳放しで引張強さは普通鋳鉄の2倍以上であり，伸びも大きく鋼に匹敵する性質を持つので，**ダクタイル鋳鉄**と呼んでいる．ダクタイル鋳鉄は，片状黒鉛鋳鉄のように，黒鉛の形状により強度が異なることはない．これは黒鉛が球状であり，応力集中の割合は黒鉛の大きさによってあまり変わらないからである．このため強度の改善は，き地組織

表 11.2　球状黒鉛鋳鉄の種類及び機械的性質（JIS G 5502）

| 記号 | 引張強さ〔MPa〕 | 耐力〔MPa〕 | 伸び〔%〕 | 硬さ(参考)HB | き地の組織(参考) |
|---|---|---|---|---|---|
| FCD 350 | 350 以上 | 220 以上 | 22 以上 | 150 以下 | フェライト |
| FCD 400 | 400 以上 | 250 以上 | 12 以上 | 130～180 | フェライト |
| FCD 450 | 450 以上 | 280 以上 | 10 以上 | 143～217 | フェライト |
| FCD 500 | 500 以上 | 320 以上 | 7 以上 | 170～241 | フェライト＋パーライト |
| FCD 600 | 600 以上 | 370 以上 | 3 以上 | 192～269 | パーライト |
| FCD 700 | 700 以上 | 420 以上 | 2 以上 | 229～302 | パーライト |
| FCD 800 | 800 以上 | 480 以上 | 2 以上 | 248～352 | ソルバイト |

化学成分参考表〔%〕

| 種類 | C | Si | Mn | P | S |
|---|---|---|---|---|---|
| 0 種 | 2.5 以上 | 2.5 以下 | 0.4 以下 | 0.08 以下 | 0.02 以下 |
| 1～6 種 | 2.5 以上 | − | − | − | 0.02 以下 |

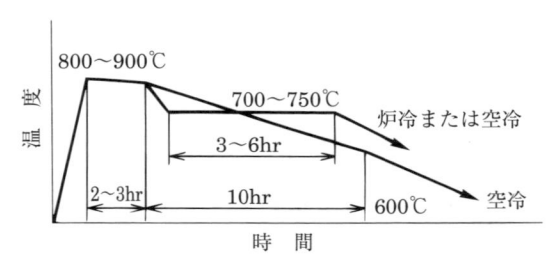

図 11.9　球状黒鉛鋳鉄の黒鉛化焼なまし

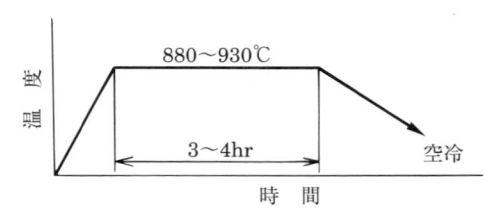

図 11.10　球状黒鉛鋳鉄の焼ならし

の調整によって行われる。軟質で伸びの要求のある場合は，図11.9のような黒鉛化焼なましを行って，き地をフェライトとし，強度が必要な図11.10のような焼ならしにより，パーライト地とする。また，焼入れ焼戻しにより，組織を調整することも可能である。図11.11は焼なまし時間を変えた場合の基地組織の変動と，その機械的性質を示す。

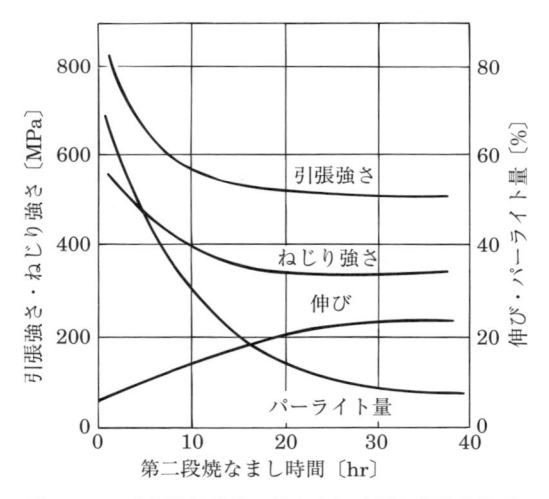

**図11.11** 球状黒鉛鋳鉄の焼なまし時間と機械的性質

## 11・3・3 可鍛鋳鉄

ダクタイル鋳鉄が開発される以前は，白鋳鉄を熱処理によりセメンタイトを黒鉛化したり，また脱炭のための焼なまし処理により，可鍛性のある鋳鉄を製造していた。前者を**黒心可鍛鋳鉄**，後者を**白心可鍛鋳鉄**という。

[1] **黒心可鍛鋳鉄**　黒心可鍛鋳鉄は**マレアブル鋳鉄**と呼ばれ，その製造法は片状黒鉛が生成されないC量が2.2～3.0%，Si量0.8～1.3%程度の低C・低Siの白鋳鉄鋳物を造り，これを図11.12のような黒鉛化焼なまし処理を行うとセメンタイトは分解して塊状の黒鉛が生成される。

熱処理はレデブライト中の共晶セメンタイトを黒鉛化する。その後，共析変態で生成されパーライト中のセメンタイトを黒鉛化する。前者の黒鉛化処理を**第一**

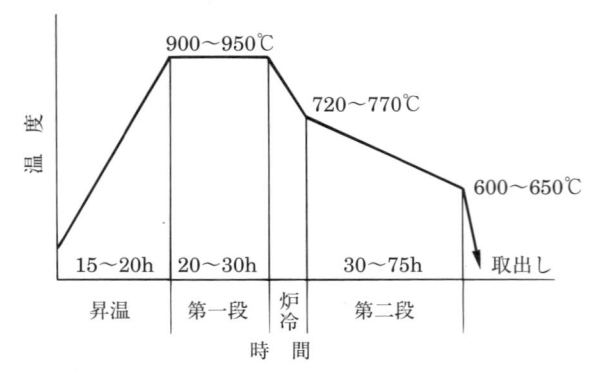

図 11.12　白鋳鉄の黒鉛化のための熱サイクルの例

段黒鉛化焼きなまし，後者の処理を**第二段黒鉛化焼なまし**という。

　第二段黒鉛化焼なましを省略すると，パーライト基地に塊状の黒鉛（テンパーカーボン）の分散した鋳鉄となり，これを**パーライト可鍛鋳鉄**という。また第二段黒鉛化焼なましを行った可鍛鋳鉄を**黒心可鍛鋳鉄**といい，基地組織はフェライ

表 11.3　黒心可鍛鋳鉄品の種類と機械的性質（JIS G 5702）

| 種類 | 記号 | 引張強さ〔MPa〕 | 耐力〔MPa〕 | 伸び〔%〕 |
|---|---|---|---|---|
| 1 種 | FCMB 270 | 270 以上 | 165 以上 | 5 以上 |
| 2 種 | FCMB 310 | 310 以上 | 185 以上 | 8 以上 |
| 3 種 | FCMB 340 | 340 以上 | 205 以上 | 10 以上 |
| 4 種 | FCMB 360 | 360 以上 | 215 以上 | 14 以上 |

表 11.4　パーライト可鍛鋳鉄品の種類と機械的性質（JIS G 5705）

| 種類 | 記号 | 引張強さ〔MPa〕 | 耐力〔MPa〕 | 伸び〔%〕 | 硬さ(参考)HB |
|---|---|---|---|---|---|
| 1 種 | FCMP 440 | 440 以上 | 265 以上 | 6 以上 | 149～207 |
| 2 種 | FCMP 490 | 490 以上 | 305 以上 | 4 以上 | 167～229 |
| 3 種 | FCMP 540 | 540 以上 | 345 以上 | 3 以上 | 183～241 |
| 4 種 | FCMP 590 | 590 以上 | 390 以上 | 3 以上 | 207～269 |
| 5 種 | FCMP 690 | 690 以上 | 510 以上 | 2 以上 | 229～285 |

トとなっている。表11.3, 表11.4に可鍛鋳鉄の規格とその機械的性質を示す。

**[2] 白心可鍛鋳鉄**　白心可鍛鋳鉄は，白鋳鉄鋳物を酸化鉄とともに容器中で約950℃に加熱，保持し，表面層から炭素を脱炭させ，鋼に近い組成としたものである。その反応は

$$Fe_3C + CO_2 = 3Fe + 2CO$$

で表される。実際に内部まで脱炭されることは少なく，周辺はフェライト，内部はパーライトとテンパーカーボンとなることが多い。あまり肉厚の大きい鋳物には不適当である。

### 11・3・4　CV鋳鉄

球状黒鉛鋳鉄の製造過程で，球状化のための添加元素が不足したり，また阻害化の元素が作用すると，いも虫状の黒鉛が生成される。この黒鉛は片状から球状へと変化する途中の中間形態で，この鋳鉄を**コンパクト**あるいは**バーミキュラー鋳鉄**，日本では**CV鋳鉄**という。引張強さは約400MPa，伸びも数％で鋳造性熱伝導性も良好であり，自動車部品等に使用されている。

### 11・3・5　合金鋳鉄

鋳鉄に特殊元素を添加して，機械的性質を改善したり，耐食性・耐熱性・耐磁性を付与したものを**合金鋳鉄**という。添加元素は原則として基地組織に対する効果であるから，添加元素の効果は合金鋼のそれに準じるものと考えてよい。

**[1] 機械構造用低合金鋳鉄**　機械鋳物用としNiを添加して強度を高めたNi鋳鉄，さらにCrを加え強度を増したCr-Ni鋳鉄，Niの代わりにCuを添加したCu-Cr鋳鉄等がある。

**[2] 耐摩耗性鋳鉄**　鋳鉄の黒鉛部は摩擦を受ける場合には潤滑剤としての機能もあり，また油の溜まり場ともなるので，耐摩耗性材料としも使用される。鋳物の凝固時にその表面に冷やし金を当ててその部分のみを急冷（**チル**する）すると，部分的に白鋳鉄（チル部という）が生成される。このようにチル化した鋳物を**チルド鋳物**といい，耐摩耗性の高い鋳鉄である。これにNi，Crを添加したものを**ニハード鋳鉄**という。

[3] **耐食鋳鉄**　水や海水に対する耐食性にすぐれている。またアルカリに対しても強い耐食性がある。耐食性の向上のためにNi，Cuを合金させた**ニレジスト鋳鉄，モネル鋳鉄**がある。

[4] **耐熱性鋳鉄**　鋳鉄は，500℃までは強度の低下は少ないが，高温になると，クリープがはなはだしい。また鋳鉄を$A_1$変態点の上下を繰り返し過熱・冷却をすると，しだいに変形して割れを生じる。この現象を**鋳鉄の成長**という。成長の原因については黒鉛化のための膨張，$A_1$変態に伴う膨張・収縮による割れ目の発生，Siの酸化による膨張等がいわれている。膨張を防止するためには，Cr，Mn等を添加し，Si量を減らすのであるが，表面の耐酸化性を高めて耐熱性を向上させるには，Al，Cr，Si等を多く添加した耐熱鋳鉄がある。

## 11・4　鋳鋼

　鋳鉄は鋳物を作りやすいが，もろいという欠点があり，また強度の面でも鋼には及ばない。そこでより強じんな鋳物を必要とする部材には鋼鋳物が用いられている。鋼鋳物には炭素高鋳鋼，低合金鋳鋼および高合金鋳鋼がある。

### 11・4・1　炭素高鋳鋼

　炭素高鋳鋼は炭素量により，0.3%以下の**低炭素鋳鋼**，0.25～0.5%の**中炭素鋳鋼**，0.5%以上の**高炭素鋳鋼**の三種類に大別される。表11.5は，炭素高鋳鋼のJIS規格で，SC360，SC410は低炭素鋳鋼，SC450，SC480は中炭素鋳鋼である。化学成分はP，Sを0.040%以下としている。なお，高炭素鋳鋼については，高張力炭素鋼鋳鋼品SCC3およびSCC5が規定されている。

表11.5　炭素鋼鋳鋼品の化学成分と機械的性質（JIS G 5101）

| 種類の記号 | 化学成分〔%〕 | | | 降伏点または耐力〔MPa〕 | 引張強さ〔MPa〕 | 伸び〔%〕 | 絞り〔%〕 |
|---|---|---|---|---|---|---|---|
| | C | P | S | | | | |
| SC 360 | 0.20 以下 | 0.040 以下 | 0.040 以下 | 175 以上 | 360 以上 | 23 以上 | 35 以上 |
| SC 410 | 0.30 以下 | 0.040 以下 | 0.040 以下 | 205 以上 | 410 以上 | 21 以上 | 35 以上 |
| SC 450 | 0.35 以下 | 0.040 以下 | 0.040 以下 | 225 以上 | 450 以上 | 19 以上 | 30 以上 |
| SC 480 | 0.40 以下 | 0.040 以下 | 0.040 以下 | 245 以上 | 480 以上 | 17 以上 | 25 以上 |

一般に，鋳鋼では鋼の組織とは異なり，フェライトが網状になったり結晶面に沿って針状に析出したりする。この組織を**ウィドマンステッテン組織**と呼び，伸び絞り，衝撃値が小さく，もろく，かつ偏析もあり，材質的には不均質である。この均質化のために，$A_3$点以上に加熱後急冷すると組織が微細化し，じん性が向上し，材質も均一化される。また，中・高炭素鋳鋼品は表面焼入れ，焼戻し処理を行い，土木機械，鍛造機械等に使用されている。

### 11・4・2　合金鋼鋳鋼

炭素鋼鋳鋼より高い強度とじん性をもたせ，さらに耐摩耗性・耐熱性・耐食性・耐圧性を向上させるために，種々の合金元素を添加した鋳鋼品を**合金鋼鋳鋼**という。Mn，Cr，Ni，Mo，Al，Cu，V等を約2%以下で合金させたものを**低合金鋳鋼**という。高合金鋳鋼には耐食性をもたせたステンレス鋼鋳鋼や耐熱鋼鋳鋼，耐摩耗性の高い高マンガン鋼鋳鋼があり，規格化されている。

# 第3編　非鉄材料

# 第12章　銅（Cu）とその合金

## 12・1　純銅の性質

### 12・1・1　純銅の種類

　銅は，人類が初めて日常生活に利用した金属であり，比重が8.93と実用されている金属では大きく，構造用材料としてはやや不向きであるが，耐食性や電気，熱の伝導性が良く，また加工性が良いことなどから，鉄鋼材料とともに広く使用されている材料である。また，銅は合金としても広く使用されているが，純金属のままでも使用されている数少ない金属である。

　純銅は導電材料としての用途が最大であるが，Cu中に不純物が固溶すると導電率を著しく低下させる。図12.1はCuの導電率に対する不純物の影響を示したものである。また精錬の過程でCu中には酸素が残留するが，Cu中に微量の酸素が存在するとCu中の不純物元素が酸化物となり，固溶不純物量が減少し，導電率の減少が少なくなる。しかし，Cuを水素中や水分を含んだ雰囲気で加熱をすると，水素が侵入して粒界にある酸化物を還元させ，発生した水蒸気によって割れが生じる。この現象を**水素ぜい化**といい，溶接などのときに問題となる。

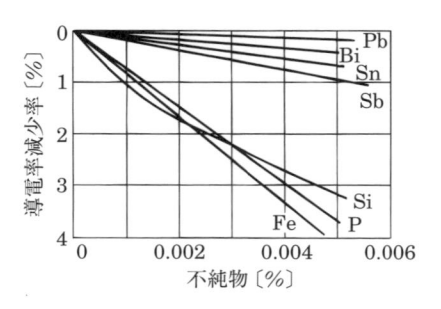

**図12.1**　無酸素銅中の不純物と導電率

　このようにCu中の溶解酸素は影響が大きいので，純銅は含有酸素量によって大きく三種類に分けられている。

[1] **タフピッチ銅**　精錬工程で若干の酸素（0.03%）を残留させ，固溶不純物を酸化物の形として導電性を高めたものである。そのためタフピッチ銅中には$Cu_2O$の酸化物が存在し，水素ぜい化が起こる。

[2] **りん脱酸銅**　水素ぜい化の防止のため，Pを脱酸剤として加えたもので，酸素量は0.02%以下である。

[3] **無酸素銅**　高純度の電気銅を真空中で溶解鋳造すると，酸素量は0.001%以下となり，水素ぜい化は起こらない。この銅を無酸素銅（OFHC銅）という。

### 12・1・2　純銅の性質

電気，熱の伝導性が銀に次いで高いので，導線，伝熱材料，電気機器に使用されている。大気中，海水，淡水での耐食性が良く，船舶部品，給排水管，化学装置等に使用されている。Cuを長期間大気中に放置しておくと，**緑青**（塩基性炭酸塩）を生じる。

Cuの機械的性質は，不純物量，加工状態，熱処理等により異なるが，焼なまし状態で，引張強さ250MPa，伸びが50～60%程度である。Cuの加工硬化率は他の面心立方金属のなかでも高い。

一方，一般に金属は加熱をすれば，強度が低下し，伸び，絞り値は高くなる性質があるが，純銅と一部のCu合金（Cu-Zn）は，図12.2に示すように，温度上昇につれて伸び，絞りが低下し，ある温度以上になると再び上昇する現象が起こる。これを**中間温度ぜい性**という。

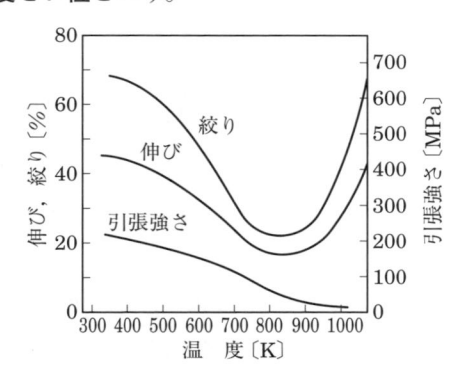

図12.2　電気銅の高温機械的性質

## 12・2　銅の合金

### 12・2・1　実用Cu合金の状態図とその諸性質

Cuは融点のほか，Feにみられるような変態点をもたない。図12.3は，主要な合金の状態図と機械的性質の関連を示す。Cu合金はα固溶体域の広いものが多いので，実用合金はこのα組成域が多く用いられている。特にCu-Zn系，Cu-Al系では，固溶量が増加すると引張強さとともに伸びも増加し，常温での加工性は純銅よりすぐれている。

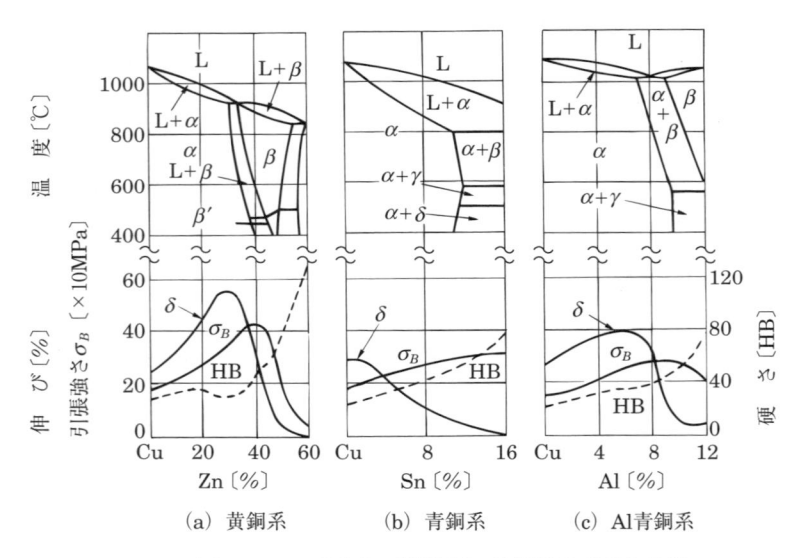

(a) 黄銅系　　(b) 青銅系　　(c) Al青銅系

**図12.3**　Cu系合金の状態図（α相付近）と機械的性質

### 12・2・2　黄銅系合金

黄銅系合金は図12.4で示されるCu-Zn合金と，それに多少の他元素を添加したもので，**黄銅**または**しんちゅう**と呼ばれている。実用的な組成はZn45％以下のα相とα+β（α+β'）相の合金である。468℃付近のβ'相は，原子配列が不規則なものが規則的配列になる**規則-不規則変態**と呼ばれるものである。この合金はZn30％程度で最大の伸びを示し，加工性はきわめて良い。α+β'相に入ると，

## 12・2 銅の合金

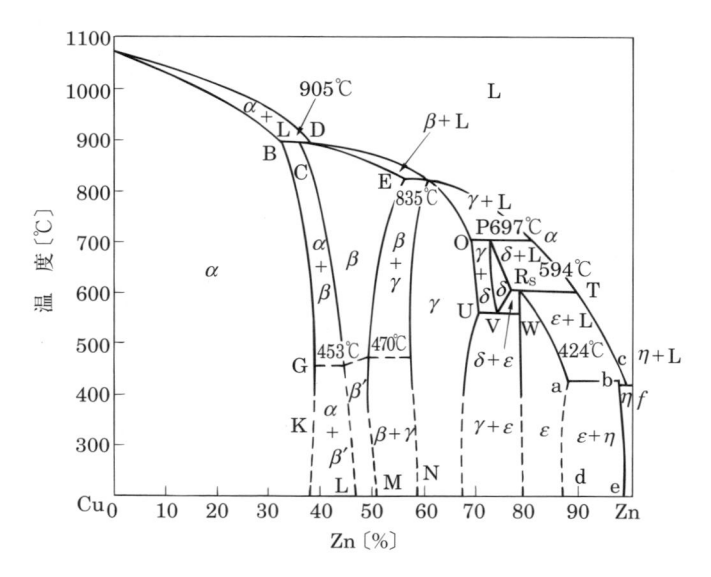

**図 12.4** Cu-Zn状態図

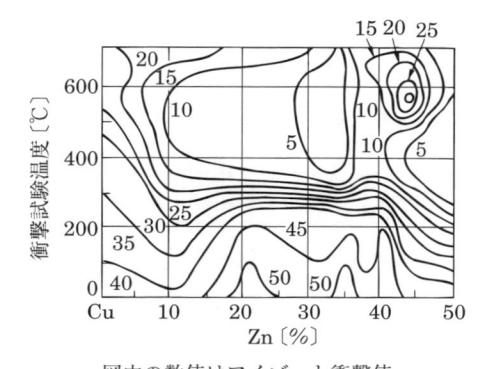

図中の数値はアイゾット衝撃値

**図 12.5** Cu-Zn合金の熱間の衝撃値

40％Znで引張強さは最大値を示すが，伸びが小さくなり，加工性が悪くなる。しかし，この合金の熱間における衝撃値を調べてみると，図12.5に示すように，30％Zn域では熱間の衝撃値は小さく，40％Znでは大きくなっている。すなわち，熱間加工性は，40％Zn合金のほうが30％Zn合金よりすぐれている。このため，

**7/3黄銅**（Zn30％合金）は主として冷間加工のプレス成形に，**6/4黄銅**（Zn40％合金）は熱間加工または鋳造用に用いられている。

冷間加工を行った黄銅の管棒等が，使用中や貯蔵中に割れを発生することがある。これは，大気中のアンモニアやその塩類により，粒界が腐食を受け割れを起こす。この現象を**置割れ**という。この防止には加工による内部応力を除くため低温焼なましをするか，メッキ等を行って表面を保護するのがよい。

黄銅は酸やアルカリには弱く，酸や塩の水溶液中では，Znのみが溶け出し，表面にCuが残る**脱亜鉛現象**を起こす。Snを少量添加すると，脱亜鉛現象を防止できる。

黄銅の性質を改良する目的で合金元素を添加する場合があるが，通常はこれらの元素は$\alpha$相や$\beta$相に固溶するので，これらの元素を添加しても組織的には変化がなく，ただ$\alpha$相や$\beta$相の量の割合が異なるのみで，見掛け上は，Znの量を増減したのと同じ結果となる。合金元素を1％加えたことが，Znを$\chi$〔％〕加えたと同じ効果をもつとき，この$\chi$をその元素の**亜鉛当量**と呼んでいる。表12.1は，合金元素のZn当量の値を示す。

表12.1 Zn当量

| 元素 | Si | Al | Sn | Mg | Pb | Cd | Fe | Mn | Ni |
|---|---|---|---|---|---|---|---|---|---|
| Zn当量 | 10.0 | 6.0 | 2.0 | 2.0 | 1.0 | 1.0 | 0.9 | 0.5 | −1.3 |

**[1] 黄銅の種類** Cu-（5〜20％）Zn合金は**丹銅**と呼ばれ，建築用・装身用・家具用に使われる。

Cu-（25〜35％）Zn合金は**7/3黄銅**と呼ばれ，延伸性が良く，強度もあるので複雑な加工品等，一般に深絞り用に最適である。

Cu-（35〜45％）Zn合金は**6/4黄銅**と呼ばれ，ほとんど熱間加工を行う。6/4黄銅は安価であり，強度も強いので，板金加工，機械部品にも多く使用されている。

**[2] 特殊黄銅** 普通の黄銅に，Mn，Sn，Pb，Ni，Al等を添加させ，耐食性，耐磨耗性を改良したものである。

**快削黄銅**（Cu-Zn-Pb）：黄銅にPbを1.5～3.7%添加したもので，切削性を改良したものである。量産用のボルト・ねじ・歯車等に使用される。

**スズ入り黄銅**（Cu-Zn-Sn）：**ネーバル黄銅**ともいい，6/4黄銅にSnを0.5～1.5%加えた合金である。また，7/3黄銅に1%前後のSnを加えたものを**アドミラルティ黄銅**という。いずれも脱亜鉛を防ぎ，耐海水性にすぐれているので，復水器・船舶用部品等に使用される。

**高力黄銅**（Cu-Sn-Mn）：高力黄銅は，6/4黄銅に0.3～3%のMn，1%以下のAl，Fe，Ni，Snなどを加えて強度を高め，耐食性を改善した合金である。**マンガン青銅**はこの合金の俗称で，Mn，Feは結晶粒を微細にし，強さ・硬さを高め，AlはSnとともに耐食性・耐摩耗性の向上，Niも強度・耐食性を向上させている。

### 12・2・3　青銅系合金

Cuと他の金属を合金させて，強く・硬く・錆びないという性質をもつCu合金を広く**青銅**と呼んでいる。代表的な合金はCu-Sn系なので，Cu-Sn合金を通常は青銅と呼んでいる。青銅は鋳物を作りやすく，耐食性もすぐれているので，機械器具部品・軸受等のほか，武具・装身具・貨幣・像・鐘等に広い用途をもっている。

**[1] 青銅**　　図12.6は，Cu-Sn状態図を示している。Sn量により$\alpha$，$\beta$，$\gamma$などの固溶体と，$\delta$，$\eta$，$\varepsilon$などの化合物が存在する。また$\beta \to \alpha+\gamma$，$\gamma \to \alpha+\delta$，$\delta \to \alpha+\varepsilon$の共析変態があるが，$\delta \to \alpha+\varepsilon$の変態は通常の冷却では起こらないと考えてよい。実用合金は，$\alpha$単一領域と$\alpha+\delta$の二相域で使用されている。$\delta$は硬くてもろいので，実用合金のSn量は4～12%の範囲である。

青銅の機械的性質は，図12.3で示したように，$\alpha$相の間はSn量とともに強さ・硬さが増すが，$\delta$相が現れると急激に硬く，もろくなる。

青銅の加工性は，$\alpha$相域では加工が容易で，Sn量10%以下は加工用に供されるが，$\delta$相の析出とともに加工性が悪くなり，Sn量が多いものは鋳造用に用いている。鋳造用合金では，貨幣や賞牌には，Sn3～7%にZn1～3%を添加した合金を使用する。Sn8～12%を含む合金を**砲金**といい，また，Sn10%，Zn2%の合金を**アドミラルティ砲金**という。いずれも強力で耐食性に富むので，機械工業に広く

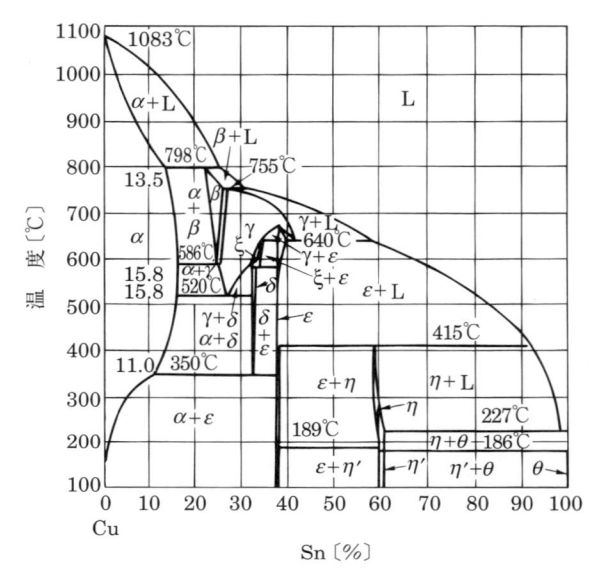

**図12.6** Cu-Sn状態図

使用されている。

　Sn13〜18%合金は，柔らかいα相の周辺を硬いδ相が埋めている組織で，油のまわりが良く，軸受合金（15・2・2項参照）として使用される。また，Pbを添加した**軸受用鉛青銅**がある。

　青銅にPを添加した合金を**リン青銅**という。Pは通常脱酸剤として添加されるが，この合金は脱酸の目的以上のPを添加した合金で，Pを添加すると冷間加工性が向上し，ばね性が良くなるので，ばね材として使用される。

**[2] アルミニウム青銅**　　Al 12%以下を含むCu-Al合金を**アルミニウム青銅**という。図12.7はこの合金の状態図を示す。Al 9.8%までは均一なα相で加工が容易であるが，$\alpha+\gamma_2$領域になると加工が困難である。β相は共析変態により，β → $\alpha+\gamma_2$となるが，急冷するとこの変態は阻止され，鋼のマルテンサイトに相当する針状のβ'相とα相の混合組織になる。図12.8は，焼入れにより機械的性質が改良されることを示している。

　大型の鋳物のように徐冷されると，共析変態が起こり，鋳物をもろく・弱くす

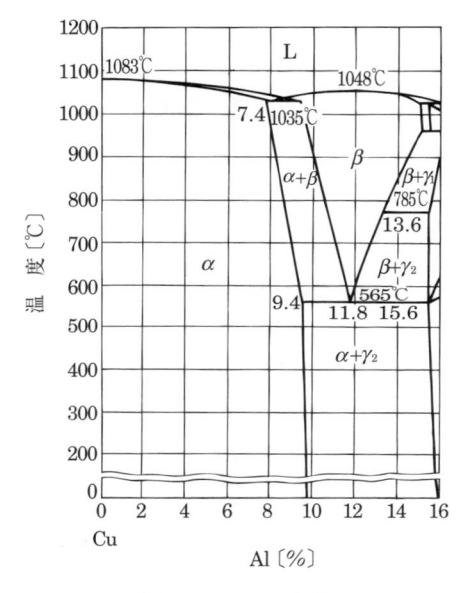

**図 12.7** Cu-Al状態図

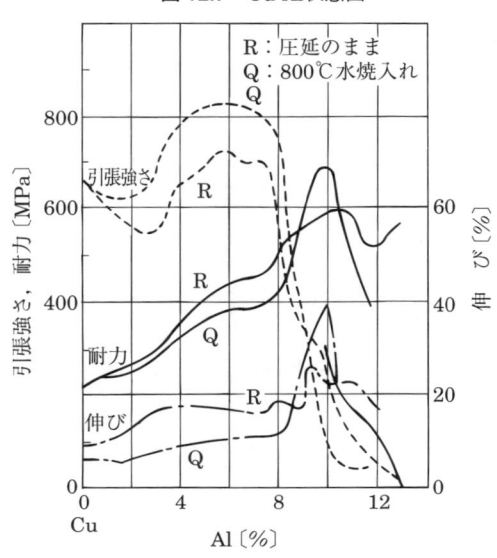

**図 12.8** Al青銅の機械的性質

る。この現象を**自己焼なまし**という。この防止のために，凝固後，急冷をしたり，Fe，Mn，Ni等を加えて，$\beta$相の分解をおさえる。この処理を行った合金に，**ハイヤルブロンズ（HB合金）**，**アームズブロンズ（AMB合金）**と呼ばれる合金がある。

[3] **ニッケル青銅**　Cu-Niは全率固溶体を形成する合金であるが，これにAl，Zn，Mn，Si等を添加させた合金があり，これらを総称して**ニッケル青銅**という。Cu-Ni合金で，Ni50％付近は電気抵抗の最大値と温度係数の最小値があり，標準抵抗線として使用されている。**コンスタンタン，アドバンス**等の商品名はよく知られている。20％Ni合金を**白銅**といい，復水管，貨幣等に，またNi60％の合金をモネルメタルといい，耐食材料として使用されている。

## 12・2・4　析出硬化型銅合金

銅合金にも時効硬化（5・2・4項参照）処理により強度を高めることのできる合金がある。これらの析出硬化型銅合金は，時効処理により導電率は増加するので，電気・熱の伝導性を要求される材料として使用されている。

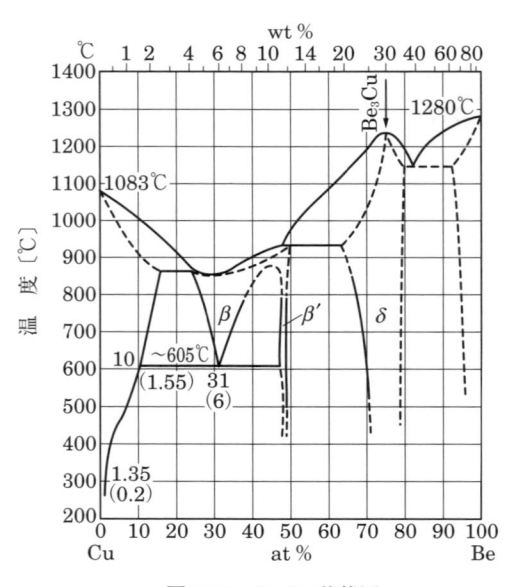

**図12.9　Cu-Be 状態図**

[1] **ベリリウム青銅**　　図12.9はCu-Be合金の状態図である。Cu-(2.0〜2.5%)Beに0.2〜0.3%のCoを添加した合金を**ベリリウム青銅**という。この合金を800℃より急冷後，315±15℃で2〜3hrの人工時効を行うと，1400MPaの強度に達し，ばね性も高く導電性もすぐれているので，高級なばね材，精密機械部品に用いられている。

[2] **その他の時効硬化型銅合金**　　Cu-Ti，Cu-Cr，Cu-Ni-Al，Cu-Ni-Mn，Cu-Ni-Si等の合金があるが，Cu-Ni-Si合金は古くからコルソン合金として電気部品材に使用されている。この合金はCu-Ni$_2$Siの二元系による時効硬化現象である。

# 第13章 アルミニウム（Al）と その合金

## 13・1 アルミニウム（Al）とその合金の特徴

### 13・1・1 純Alの性質

　Alは比重2.7，実用合金ではMg，Beについで軽く，FeやCuの約1/3，電気伝導度はCuの約60％以上あり，電気材料として適している。熱伝導度，光，熱の反射率も良いので，エンジン部品，熱交換器，反射鏡，断熱壁や化学工業部材としても使用されている。

　Alは活性な金属で酸化しやすく，常温の空気中でも表面に酸化層が形成されるが，この酸化層はち密なためAl内部を保護する役目をもつので，耐食性の良い金属である。ただ，Fe，Cu，Ni等の添加元素は耐食性を阻害する元素である。Mg，Mnは添加してもほとんど耐食性には影響しない。Alは濃硝酸，有機酸には強いが，非酸化性酸である塩酸や硫酸，アルカリにはきわめて弱い。

　Alは展延性，絞り性が良く，加工がしやすい金属である。機械的性質は，純Alで引張強さ約39〜49MPa，加工硬化後でも98MPa程度である。

### 13・1・2 Al合金の分類

　Al合金は展伸用（加工用）と鋳物用とに大別されている。両系の合金とも，非熱処理型と，時効処理により強度の向上が可能な熱処理型の合金があり，また用途的に高力合金，耐食合金，そして耐熱合金系統のものがある。表13.1に，Al合金の添加元素による分類例を示す。

### 13・1・3 Alおよび合金の規格

　Al展伸材（加工用材）は，**AA規格**（アルミニウム協会）の記号に準じ，Aと4けたの数字で示している。

　第1位は，AlおよびAl合金を示すAである。

　第2位〜第5位の4けたの数字は，AA規格の記号である。

表 13.1　Al合金の分類

| 加工用合金 | 非熱処理型合金 | 純Al | （1000番台） |
|---|---|---|---|
| | | Al-Mn系 | （3000番台） |
| | | Al-Si系 | （4000番台） |
| | | Al-Mg系 | （5000番台） |
| | 熱処理型合金 | Al-Cu系 | （2000番台） |
| | | Al-Mg-Si系 | （6000番台） |
| | | Al-Zn系 | （7000番台） |
| 鋳物用合金 | 非熱処理型合金 | Al-Si系 | （シルミン） |
| | | Al-Mg系 | （ヒドロナリウム） |
| | 熱処理型合金 | Al-Cu系 | （ラウタル） |
| | | Al-Si-Mg系 | （シルミン，ローエックス） |

第2位は，Alについては数字1，Al合金については主要添加元素により2から9までの数字を次の区分により用いる

第3位は，数字0〜9を用い，0は基本合金を表し，1から9までは合金の改良形によって用いる。

第4位，第5位は，純Alについてはアルミの純度を小数点以下2けたで示し，合金については旧アルコア（アルコア社の規格）の記号を原則としてつける。

番号のあとに板（P），棒（B），線（W），管（T）のような形状を示すローマ字の記号をつける。

展伸材および鋳物材としての質別記号として，（F）製造のまま，（O）焼なまし，（H）加工硬化処理，（T）熱処理の記号をつける。

## 13・1・4　Al合金の熱処理

Al合金の状態図は，一般に図13.1に示すように，Alでは簡単な共晶型を示すものが多い。合金元素を固溶した$\alpha$相は，高温では広く低温では狭いものが多いが，このことがAl合金の性質の改善に利用される。図のPで示される組成合金を加熱し，均一な$\alpha$相としたのちに急冷し，これに時効硬化処理（5・2・4項参照）を施すと，著しく硬化する。表13.1の分類中の熱処理型合金とは，この時効硬化

処理により強度を向上し得る合金のことである。一方，時効硬化性の少ない合金では，熱間加工または冷間加工と焼なましを適当に組み合わせて，性質の改良を行うが，これらが非熱処理型合金である。

5・2・4項［1］で述べたように，時効の過程はGP → 中間相 → 安定相であるが，硬化に寄与するのはGP → 中間相の領域である。時効硬化を利用するAl合

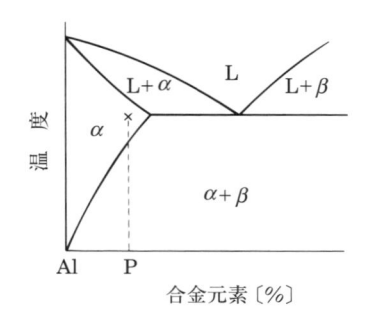

**図 13.1** Al合金のAl側の形状

金では，固溶量変化の大きい合金元素，Cu，Zn，Mg，Si等を一つまたは数個組み合わせて合金させ，$CuAl_2$，$Mg_2Si$，$MgZn_2$や$Al_5Cu_2Mg_5$，$Al_2Mg_3Zn$等の化合物の安定相析出過程での，GP帯や中間相による時効硬化現象（5・2・4項［2］参照）が利用されるのである。

### 13・1・5　Al合金の耐食性

一般の金属と同様に，合金になると純Alより耐食性は低下する。特に，Cuを含むとこの傾向は著しいから，耐食性を重視する用途には，ジュラルミン系（Al-Cu-Mg系合金）は適さない。Mn，Mgは加えてもほとんど害がないので，耐食性のAl合金としては，Al-Mn系，Al-Mg系合金を用いる。なお，Al-Mg系にSiを合金させると，MgとSiは$Mg_2Si$の安定化合物となり，さらにこの$Mg_2Si$はAl中に固溶し，この溶解度変化を利用して，時効硬化処理が可能となる。耐食性のある合金で熱処理性のあるのはこの系統の合金である。

## 13・2　実用Al合金

### 13・2・1　鋳造用Al合金

Alは凝固収縮が大きく，また溶解時にはガス吸収が多いので，鋳物をつくりにくい金属であるが，Siを合金させると，凝固収縮が小さくなるので，鋳物用に適している。鋳物用Al合金は合金量を多くし，融点の低い組成が選ばれている。実用合金としては，Al-Cu系，Al-Si系，Al-Mg系に分けられ，さらにこれらに

13・2 実用Al合金

表13.2 現用Al合金鋳物（JIS H 5202）1999

| 合金系 | JIS記号 | 相当合金 | 成　　分 | 備　考 |
|---|---|---|---|---|
| Al-Cu-Mg-Ti | AC1B | AA 295 | Cu 4 Mg Ti | |
| Al-Cu-Si | AC2A | ラウタル | Cu 4-Si 4.5 | Al-Cu系 |
| Al-Cu-Si | AC2B | ラウタル | Cu 3-Si 6 | |
| Al-Cu-Ni-Mg | AC5A | Y合金 | Cu 4-Ni2-Mg 1.5 | |
| Al-Si | AC3A | シルミン | Si 12 | |
| Al-Si-Mg | AC4A | ガンマーシルミン | Si 9-Mg 0.5 | |
| Al-Si-Mg | AC4C | AA 356 | Si 7-Mg 0.3 | |
| Al-Si-Mg-Cu | AC4D | AA 355 | Si 5-Mg 0.5-Cu 1 | |
| Al-Si-Cu | AC4B | 含銅シルミン | Si 8-Cu 3 | Al-Si系 |
| Al-Si-Cu-Ni-Mg | AC8A | ローエックス | Si 12-Cu 1-Ni 2-Mg 1 | |
| Al-Si-Cu-Ni-Mg | AC8B | ローエックス | Si 9-Cu 3-Ni 1-Mg 1 | |
| Al-Si-Cu-Mg | AC8C | AAF 332 | Si 9-Cu 3-Mg 1 | |
| Al-Si | AC9A | 過共晶シルミン | Si 23-Mg 1-Ni 1 | |
| | AC9B | 過共晶シルミン | Si 19-Mg 1-Ni 1 | |
| Al-Mg | AC7A | ヒドロナリウム | Mg 4 | Al-Mg系 |

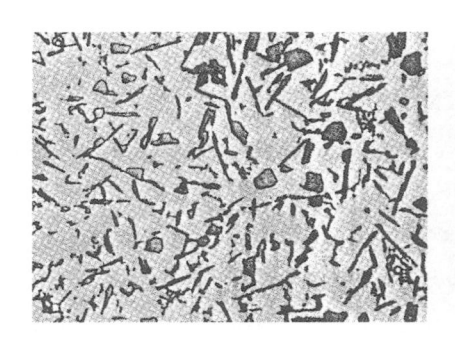

図13.2　Al-Si合金，砂型　　　　図13.3　Al-Si合金，砂型(改良処理)
金属組織写真集，非鉄材料編(金属学会)より

Si，Mg，Ni，Cu等を添加している。

　表13.2は，現在用いられているAl合金鋳物の種類である。

　鋳造用Al合金で最も用途の多いのは，Al-Si系合金であるが，この合金を徐冷

すると，図13.2に示すように，非常にあらい共晶組織となり，機械的性質が劣化する。そこで，溶湯に微量のNa（NaFとNaClの混合塩）を添加すると，図13.3のように，共晶組織は微細になる。この処理を**改良処理**と呼んでいる。この場合のNaの作用は接種（11・2・3項［4］参照）ではなく，共晶の過冷現象による組織の微細化，あるいは結晶成長の阻止ともいわれている。

表13.2に示すように，鋳物用Al合金はその合金系統から，Al-Cu系，Al-Si系，Al-Mg系に分類されるが，いずれも加工用合金と比較すれば，合金量が多くなっている。また，結晶粒微細化のためにほとんどの合金にTiを添加している。

Al合金鋳物は，大型で形状複雑なものは砂型が多いが，小型の量産品には金型が利用される。機械部品にはAl合金ダイカストも多く用いられている。

[1] **Al-Cu合金**　　JIS規格のAC1Bは，Cu 4～5%の合金で，機械的性質は良いが，鋳造性は良くない。架線用部品，自動車部品，航空機用油圧部品等に使用されている。

[2] **Al-Cu-Si合金**　　Al-Cu合金の鋳造性を良くするためSiを添加してあり，マニホールド，シリンダーヘッド，自動車用足回り部品等に使用されている。時効硬化性がある。この合金は**ラウタル**と呼ばれ，JIS AC2A，AC2B合金に相当する。

[3] **Al-Cu-Ni-Mg合金**　　Al-Cu合金にNi 2%，Mg 1.5%を添加した合金で，高温強度，伝熱性が良く熱膨張係数が小さいので，シリンダーヘッド，ディーゼル機関，ピストン等に使用されている。JIS AC5Aに相当する。**Y合金**ともいう。

[4] **Al-Si合金**　　図13.4は，Al-Si合金の状態図で，鋳物用としては共晶点付近の10～13%Si合金を使用し，これを**シルミン**と呼んでいる。JIS AC3Aが相当合金である。この合金は湯流れが良く，凝固収縮も小で，鋳肌が美しく，代表的なAl鋳物合金である。共晶組織を微細にする目的で前述の改良処理を行っている。Siの$\alpha$相への固溶量が少ないので，時効硬化処理はできない。シルミンはケースカバーなど薄肉鋳物に使用されている。

最近はSiを17～25%添加した**過共晶のシルミン**（AC9A，AC9B）が，高温強さ，熱膨張係数が小さいので，シリンダー，ピストン等に使用されている。この

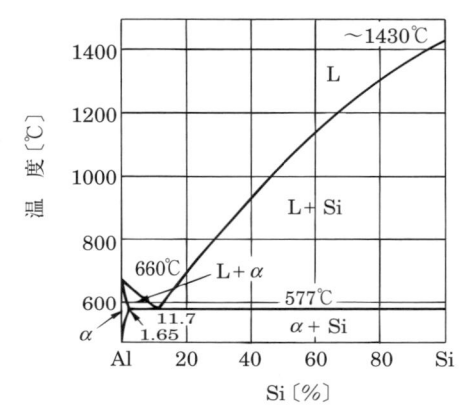

**図 13.4** Al-Si合金の状態図

過共晶シルミンは，初晶Siが粗大となるが，Pを添加すると初晶が微細化される。

**[5] Al-Si-MgおよびAl-Si-Mg-Cu合金**　Al-SiのSi量を減らし，少量のMgを添加した合金を**ガンマーシルミン**といい，AC4Aが相当合金である。時効硬化性がある。AC4C，AC4Dは，ガンマーシルミンと同傾向の合金で，4DはCuとMgの両方を添加してある。これらは硬さも，高温強さも高く，溶接もできるのでエンジン部品やシリンダーヘッドなどに用いている。

**[6] Al-Si-CuおよびAl-Si-Cu-Ni-Mg合金**　シルミンの改良としてSiを減らし，Cuを約3％加えた合金を**含銅シルミン**といい，用途はガンマーシルミンと同様で，AC4Bが相当合金である。AC4D合金にさらにNiを添加した合金を**ローエックス**といい，AC8A，AC8Bが相当合金である。膨張係数が少なく，高温強度が大きいので内燃機関のピストン，シリンダーヘッドなどに使用されている。

**[7] Al-Mg合金**　この合金は耐食性が良く，**ヒドロナリウム**と呼ばれている。この合金のMg量は5％で，AC7Aが相当合金である。

## 13・2・2　加工用Al合金（Al合金展伸材）

AlおよびAl合金は，その特性の面から次の三種類の系統に分類されている。

① 耐食用合金：1000番台（純Al），3000番台（Al-Mn系），5000番台(Al-

Mg系），6000番台（Al-Mg-Si系）
② 高力用合金：2000番台（Al-Cu-Mg系），7000番台（Al-Zn-Mg-Cu系）
③ 耐熱用合金：2000番台（Al-Cu），4000番台（Al-Si-Cu-Mg）

表13.3は，これらの代表的な合金の合金番号と組成を示したものである．

## [1] 耐食用Al合金

(1) 工業用純Al（1000番台）

1000番台で，純度が高いほうが強度は低いが，耐食性は高い．純度の低い1100，1200のAlは電気器具，家庭用品，日用品に用いられ，1060，1070は電線としても使用されている．

**表13.3 代表的なアルミニウム合金展伸材の標準化学組成**

| | 合金番号 | 組　成 [mass %] |
|---|---|---|
| 1000系<br>アルミニウム | 1080 | Al＞99.80 |
| | 1060 | Al＞99.60 |
| | 1050 | Al＞99.50 |
| | 1100 | Al＞99.00，Cu 0.1 |
| | 1200 | Al＞99.00，Cu＜0.5 |
| 2000系<br>Al-Cu-Mg 合金 | 2014 | Cu 4.4，Mg 0.5，Mn 0.8，Si 0.8 |
| | 2017 | Cu 4.0，Mg 0.6，Mn 0.7，Si 0.5 |
| | 2219 | Cu 6.0，Mn 0.3，V 0.1，Zr 0.2，Si 0.5 |
| | 2024 | Cu 4.4，Mg 1.5，Mn 0.6 |
| 3000系<br>Al-Mn 合金 | 3003 | Mn 1.2，Cu 0.1 |
| | 3004 | Mn 1.2，Mg 1.0 |
| 4000系<br>Al-Si 合金 | 4032 | Si 12.0，Cu 0.9，Mg 1.0，Ni 0.9 |
| | 4043 | Si 5.0 |
| 5000系<br>Al-Mg 合金 | 5005 | Mg 0.8 |
| | 5052 | Mg 2.5，Cr 0.25 |
| | 5083 | Mg 4.5，Mn 0.7，Cr 0.1 |
| | 5086 | Mg 4.0，Mn 0.5，Cr 0.1 |
| 6000系<br>Al-Mg-Si 合金 | 6061 | Mg 1.0，Si 0.6，Cu 0.25，Cr 0.25 |
| | 6082 | Mg 0.7，Si 0.4 |
| 7000系<br>Al-Zn-Mg-Cu 合金 | 7075 | Zn 5.6，Mg 2.5，Cu 1.6，Cr 0.25 |
| | 7N01 | Zn 4.5，Mg 1.5，Mn 0.5 |

(2) Al-Mn系合金

3000番台の合金で，実用合金としてはMn 1.2%を添加した3003合金があり，耐食・成型性は純Alと変わらないが，強度は10%ほど高い。ちゅう房機器やパネル等に使用される。

(3) Al-Mg系合金

5000番台の合金で，5005のようにMg量の少ない合金は装飾用材に，Mgが2～5%程度の合金は構造用材に使用されている。代表的合金としては，5052，5056，5083等がある。いずれも非熱処理型合金であり，Mgの高い合金は応力腐食防止のため，Mn，Crが添加されている。

(4) Al-Mg-Si系合金

6000番台の合金で，Al-Mg系にSiを添加することにより時効硬化処理が可能になる。耐食性，強度ともすぐれている。代表合金としては6061と6063があり，前者は構造物，後者は建築サッシ等に使用されている。

[2] **高力用Al合金** 一般にCuを含み，時効処理と加工により非常に高い強度をもたせた合金で，航空機・車両の構造部品，機械部品等に使用される強力な合金である。Cuを含むので耐食性は良くない。高力合金の基礎はAl-Cu合金で，CuはCuAl$_2$の化合物の形でAl側固溶体と平衡する。この合金に少量のMgを添加したものがジュラルミンである。表13.4に，高力Al合金の代表的な組成例を示す。

(1) Al-Cu系合金

2000番台の合金で，一般にジュラルミン，超ジュラルミンとして有名である（表13.4参照）。2014合金は，2017合金に比べるとSi量が多い。Si添加により，

表13.4 高力Al合金

| 合金系 | JIS 記号 | 成分（Al以外） | 名称 | 析出相 |
|---|---|---|---|---|
| Al-Cu-Mg-Si | A 2014 | Cu 4.4  Mg 0.5  Si 0.8 | ジュラルミン | CuAl$_2$Mg$_2$Si |
| | A 2017 | Cu 4.0  Mg 0.5  Si 0.3 | ジュラルミン | CuAl$_2$, Mg$_2$Si |
| | A 2024 | Cu 4.3  Mg 1.5  Si 0.2 | 超ジュラルミン | CuAl$_2$<br>Al$_5$Cu$_2$Mg$_2$(S) |
| Al-Zn-Mg系 | A 7075 | Zn 5.5  Mg 2.5  Cu 1.5 | 超々ジュラルミン | MgZn$_2$ |

焼入れ・焼戻し処理により，2017合金より強度は向上する。2017合金の系統で，Cu，Mg量を減らした2117合金は軟質であり，リベット材等に使用される。2024合金はMg量を増加し，$CuAl_2$および$Al_5Cu_2Mg_2$（S化合物）による硬化で，常温時効性は最もすぐれている。

MgとSiは，$Mg_2Si$（Mg 63.4%，Si 36.6%）を形成し，合金に時効硬化性を与える。これらの合金には，Mnが添加してあるが，Mnは結晶粒の微細化，固溶強化，耐食性の改善の目的で使用される。

ジュラルミン系合金は耐食性が劣るので，純AlやAl-Mn，Al-Mg系の合金板を接着し，合わせ板（クラッド材）として使用している。（18・3節参照）

Al-Cu-Mg-Ni系合金（2018合金）は，Al-Cu-Mg系に2%程度のNiを添加し，耐熱性をもたせている。

(2) Al-Zn-Mg系合金

7000番台の合金で，代表的な合金に7075合金がある。7075合金はAl合金中最高の強度をもち，**超々ジュラルミン**と呼ばれているが，耐食性は低いのでCr，Znを添加し応力腐食割れを防止している。

(3) Al-Li合金

比強度，比剛性の向上を目的とした構造用合金としてAl-Li系合金の開発が進んでいる。Liは比重が0.53で金属元素中最も軽い元素であり，また弾性率を高める効果ももっている。この合金には，Al-Cu-Li，Al-Mg-Li，Al-Cu-Li-Mg等の合金があり，強度は400〜500MPaでジュラルミン系と変わらないが，比剛性率は20%以上向上する。

# 第14章 マグネシウム（Mg）とその合金

## 14・1 Mgの性質

Mgは，比重1.74で，構造用金属としては最も軽量であり，軽量化を必要とする部材としては将来とも有望な材料である。Mgは結晶構造が最密六方構造（hcp）なので，冷間加工性は，他の面心立方構造のCu，Alより劣り，そのためMg合金は冷間加工には向かない。250℃以上になると様々の方法で加工が可能になる。Mgの機械的性質は鋳造材で引張強さ82MPa，圧延材で185～254MPaである。

Mgは構造用金属の中で最も活性に富む金属で，空気，水によっても腐食される。Mgの耐食性は地金の純度により異なり，特にFe，Niの影響は大きく，Mnの添加は耐食性の改善に有効である。実用Mg製品には，保護被膜等の表面処理を施して使用する。

## 14・2 Mg合金

Mg合金は大部分が鋳造用合金であり，常温で使用されるものには，Al，Mn，Zn，Zrなどが主要添加元素であり，耐熱性をもたないものにはAg，Si，RE（希土類元素）およびThなどが添加されている。表14.1は鋳造用Mg合金の種類と規格である。表中の相当合金とは，ASTM（アメリカ材料試験協会）の合金記号で，アルファベットは成分を示し，数字はその含有量の目安を示す。

Mg-Al系：耐食性は劣るが一般的な合金で，時効硬化性の合金である。

Mg-Al-Zn系：強じんで耐食性も良く，時効硬化性の合金である。

Mg-Zn-Zr系：Zrは鋳造組織の微細化の目的で添加されている。

Mg-RE系：希土類元素（主としてCe）の添加により，クリープ特性が向上する。

展伸用Mg合金はわずかであり，冷間加工性は悪く，熱間加工（300～400℃）

で押出，圧延を行っている。表14.2はMg押出形材の規格と強さを示す。

表14.1 Mg合金鋳物の組成（JIS H 5203）2000

| 種　　類 | 記　号 | ASTM相当合金 | 主　な　組　成 | 用　　途　　例 |
|---|---|---|---|---|
| Mg合金鋳物2種C | MC 2C | AZ 91 C | Al 9-Zn 0.7-Mn 0.3 | 一般用鋳物<br>クランクケース，トランスミッション<br>ギヤーボックス，工具用ジグ |
| Mg合金鋳物5種 | MC 5 | AM 100 A | Al 10-Zn 0.3-Mn 0.8 | 一般用鋳物<br>エンジン用部品 |
| Mg合金鋳物6種 | MC 6 | ZK 51 A | Zn 4.5-Zr 0.8 | 高力鋳物<br>レーサー用車輪<br>酸素ボンベブラケット |
| Mg合金鋳物7種 | MC 7 | ZK 61 A | Zn 6.0-Zr 0.8 | 高力鋳物<br>インレットハウジング |
| Mg合金鋳物8種 | MC 8 | EZ 33 A | Zn 2.5-RE 3.0 -Zr 0.8 | 耐熱用鋳物<br>エンジン用部品，ギヤーケース<br>コンプレッサーケース |
| Mg合金鋳物9種 | MC 9 | QE 22 A | Ag 3-RE 2-Zr | 耐熱用，耐圧用ギヤーボックス |
| Mg合金鋳物10種 | MC 10 | ZE 41 A | Zn 4-RE 1.5-Zr 0.7 | 耐圧用，耐熱用ギヤーボックス |
| Mg合金鋳物11種 | MC 11 | ZC 63 A | Zn 6-Mn 0.5 | シリンダーブロック |
| Mg合金鋳物12種 | MC 12 | WE 43 A | Zn 0.2-Zr 0.7-RE 3-Y 4 | 航空宇宙用部品 |
| Mg合金鋳物13種 | MC 13 | WE 54 A | Zn -Zr -RE -Y 5 | Mg合金中，最も高温強度大 |
| Mg合金鋳物14種 | MC 14 | EQ 21 A | Zn -Zr -RE -Ag | |

表14.2 マグネシウム合金押出形材 (JIS H 4204)

| 種類 | 記号 | 主な組成 | ASTM | 引張強さ〔MPa〕 | 伸び〔%〕 |
|---|---|---|---|---|---|
| 1種B | MS 1B | Mg-Al 3-Zn 1-Mn | AZ 31 B | 245 | 10 |
| 2種 | MS 2 | Mg-Al 6-Zn 1-Mn | AZ 61 A | 275 | 10 |
| 3種 | MS 3 | Mg-Al 8-Zn | AZ 80 A | 294 | 9 |
| 4種 | MS 4 | Mg-Zn 1-Zr | —— | 260 | 8 |
| 5種 | MS 5 | Mg-Zn 3-Zr | —— | 300 | 8 |
| 6種 | MS 6 | Mg-Zn 6-Zr | ZK 60 A | 275 | 5 |

## 14・3　MgおよびMg合金の用途

　Mgは構造用金属材料中最も軽く，その合金は時効硬化性があるので，軽量化を必要とする分野での構造用材として利用価値が高い。表14.3はMg合金の特性と用途を示す。

表14.3　Mg合金の主要な用途

| 主な適用産業 | 主な製品 | 特性 |
|---|---|---|
| 航空宇宙産業 | 航空機部品<br>ジェットエンジン用部品等 | 軽量性 |
| 自動車産業 | シリンダーブロック<br>車輪等 | 高比強度<br>高比剛性 |
| 電子産業 | コンピュータ周辺機器<br>電子機器部品等 | 耐食性 |

# 第15章 亜鉛と鉛・スズ・アンチモンなどの低融点金属

## 15・1 亜鉛（Zn）とその合金

Znは，非鉄金属ではAl，Cuに次いで生産量が多く，安価で，わが国でも多量に生産されている。ZnはMgと同じhcp構造であるが，加工性や鋳造性が良いので，ダイカスト合金として広く使用されている。

### 15・1・1 Zn-Al，Zn-Al-Cu系合金

Zn合金は主としてダイカスト用で，Zn-4%Al-3%Cu-0.04%Mg合金と，Zn-4%Al-0.04%Mg合金が主な合金で，**ザマック**の名称で広く使用されている。AlとCuは強度向上の目的で添加している。図15.1はZn-Al合金の状態図である。$\beta_1$相は283℃で偏析反応を（4・3・5項参照）起こすが，ダイカストのような急冷をすると，冷却途上の組織変化が阻止され，その結果，合金は常温で放置中に内部組織が変わる時効現象を起こす。特に体積収縮を起こす。この現象は22%Al

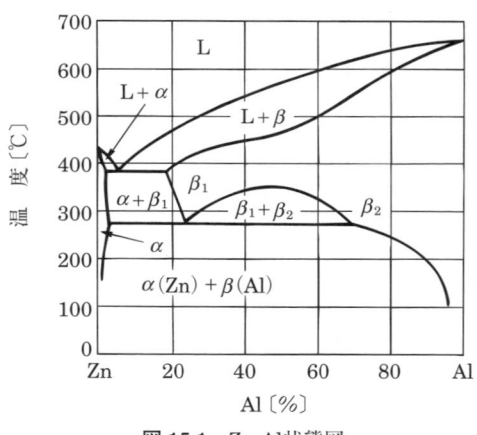

図 15.1 Zn-Al状態図

添加合金に著しい。Mgを少量添加することにより，この現象が防止できるので，ザマック合金には少量のMgを添加している。

### 15・1・2　ダイカスト

ダイカスト法は金型に溶融金属をある圧力で押しつけて鋳造する方法で，ほとんど機械仕上げのいらない状態の鋳物がつくれる。金属は高温度の溶湯を鋳込むときには圧力を加えなくてもよいが，低温または半溶融の状態のものを鋳込むときは大きな圧力を必要とする。

ダイカストに適する合金としては，Zn合金，Al合金，Mg合金，Cu合金があり，そのうちZn，Alの両合金が最も多く使用されている。JISでは，亜鉛合金ダイカスト（JIS H 5301），アルミニウム合金ダイカスト（JIS H 5302）マグネシウム合金ダイカスト（JIS H 5303）が規定されている。

ダイカスト用Zn合金は，Pb，Sn，Cdなどは微量でも粒間腐食を起こすので，高純度のZnを使う。少量のMgを添加することは粒間腐食防止のためである。

ダイカスト用Al合金は，シルミン系のAl-12%Si合金，ラウタル系のAl-8.5%Si-3%Cu合金および含銅シルミン系のAl-11%Si-2%Cu合金等が使用されている。またAl-Mg合金，Al-Mg-Si合金もダイカスト用に使用される。

ダイカスト用Mg合金はダイカストのうちでも最も軽く，機械加工性，強さがすぐれているが，酸化しやすいので，特殊の溶解装置が必要である。また鋳物も防食処理の必要がある。

ダイカスト用Cu合金はJIS規格はないが，6/4黄銅が最も多く使用されている。

## 15・2　鉛(Pb)，スズ(Sn)，アンチモン(Sb)とその合金

加工硬化現象は，その金属の融点を絶対温度で示した場合その1/2以下の温度で加工をしたときに起こる。Pb（融点327.4℃），Sn（融点231.9℃），Sb（融点630℃）などの低融点金属は，加工硬化が起こりにくく，また，クリープも起こりやすいので，強度を必要とする部材には適さない。これらの合金は，軸受，活字，はんだ，ヒューズなど特殊な用途に用いられている。

## 15·2·1　Pb, Sn, Sb

　Pbはfcc構造の金属で，軟らかく，展延性がきわめて大きい特長がある。常温で再結晶し，クリープしやすい。密度が高く，放射線のしゃへい力にすぐれ，耐食性も大きいなどの利点があり，耐酸容器，化学設備，水道管に使用される。

　Snは13.2℃に変態点がある。この温度の高温側，低温側をそれぞれ$\alpha$-Sn，$\beta$-Snといい，$\alpha$-Snを灰スズ，$\beta$-Snを白スズという。$\beta$-Snが$\alpha$-Snに変態し始めると灰色の粉末になる。しかし，この変態は過冷しやすく，−50℃程度で変態が起こる。Snは大部分は合金材料である。Sbは銀白色の金属で，非常にもろい。反応性に富んで，他の金属と合金をつくりやすい。

## 15·2·2　ホワイトメタル

　Sn-Sb合金，Sn-Sb-Pb合金はホワイトメタルと呼ばれ，軸受用合金として利用されている。JISでは，11種のホワイトメタルを規定しているが（JIS H 5401），組成的にはSn基とPb基合金で，Sn基はSnにSb（5〜13%），Cu（3〜8.5%），Pb（0〜15%）が添加され，Pb基にはPbにSn（5〜46%），Sb（9〜18%），Cu（0〜3%）が添加されている。高荷重用にはSn基合金が，低荷重用にはPb基合金が使用されている。Sn-Sb-Cu系合金は，特に**バビットメタル**と呼ばれている。図15.2にSn基のバビットメタルの組織を示す。

　軸受合金は軸になじみ，衝撃に耐え，軸を磨耗させない軟質の基地組織の中に，回転軸の荷重をささえる硬質の化合物が分散している組織をもつ合金が適当である。

　図15.2では，黒い部分がSn基の共晶部で油留となり，白色部が$Cu_3Sn$の結晶で荷重をささえる役割をもっている。

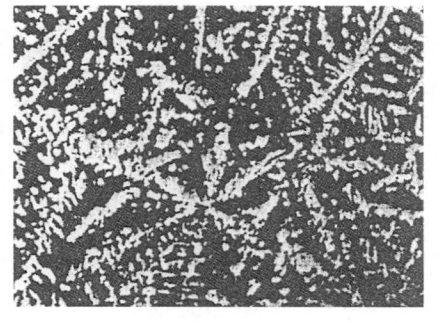

**図 15.2**　Sn基のバビットメタルの組織

[1] **軸受用合金**　軸受合金には，上述のホワイトメタルのほかにCuを基本とする合金も使用されている。CuとPbの合金は**ケルメット**と呼ばれるが，Pbは

Cu中に細かく分散した状態となり，高速，大荷重用の軸受に使われる。

**[2] 易融合金**　　易融合金というのは，融けやすいことに最も重点をおいた合金で，純Snより低融点の合金をいう。これらの合金はSn，Pb，Cd，Biなどの多元系共晶合金である。Sn 12.5%，Pb 25.0%，Cd 12.5%，Bi 50.0%の共晶合金を**ウッド合金**といい，その融点は60.5℃である。これらの合金の主な用途は，熱的装置の安全装置に利用されている。

**[3] ろう合金**　　ろう合金も低融点であるほどろう接が容易であるが，ろう接には，ろう合金と相手金属が固溶体を形成することが望ましい。また強度の要求が高いときはSn，Pbを主体とする合金より，Cu，Ag，Auまたは黄銅を主体とする合金が使われる。前者を**軟ろう**，後者を**硬ろう**という。軟ろうの代表であるハンダはPb-Sn合金の通称である。

# 第16章　チタン（Ti）と高融点金属

## 16・1　チタン（Ti）とその合金

### 16・1・1　Tiとその性質

　Tiは，比重4.51であり，他の構造用金属と比較すると，Mg（1.74）＜Al（2.70）＜Ti（4.51）＜Fe（7.86）＜Cu（8.96）で，Feの約60％であり，構造材料としては軽量である。Tiの融点は1668℃で上記の材料のうちでは一番高い。Tiは常温では最密六方構造（α相）であるが，885℃に同素変態をして体心立方構造（β相）となる。電気および熱伝導度は低く，熱・電気を伝えにくい金属である。Tiの強度はその密度により大きく異なり，JISでは強度により1種～4種に分類している。特に固溶酸素量により大きく影響される。表16.1は工業用純Tiの機械的性質であるが，いずれも純鉄（平均200MPa）より強く，軟鋼に匹敵する。比強度（引張強さ/比重）もMg, Al, Fe, Cuより高く，そのままで通常の構造材料

表16.1　工業用Tiの組成と強度（JIS H 4600）

| | 化学成分〔%〕 | | | | | | 機械的性質 | | |
|---|---|---|---|---|---|---|---|---|---|
| | C | H | O | N | Fe | Ti | 引張強さ〔MPa〕 | 耐　力〔MPa〕 | 伸び〔%〕 |
| JIS 1種 | — | 0.015 | 0.15 | 0.05 | 0.20 | 残 | 270～410 | ≧165 | ≧27 |
| JIS 2種 | — | 0.015 | 0.20 | 0.05 | 0.25 | 残 | 340～510 | ≧215 | ≧23 |
| JIS 3種 | — | 0.015 | 0.30 | 0.07 | 0.30 | 残 | 480～620 | ≧345 | ≧18 |
| JIS 4種 | — | 0.015 | 0.40 | 0.07 | 0.50 | 残 | 550～750 | ≧485 | ≧15 |

として使用できる十分な強さである。

　Tiの耐食性は非常に良く，多くの環境でステンレス鋼よりすぐれた耐食性を示している。Tiの耐食性は表面に強固な酸化物の被膜が生成され，これが不働態皮膜（10・2・1項参照）として働くのであり，ほとんどの天然環境に対しては，完全な耐食性を示すので，石油精製プラント，一般化学プラントなどには工業用Tiが使われている。Tiの保護皮膜としての表面酸化物は室温では非常に安定であるが，600℃を超えると内部に酸化が進行し，900℃以上では急速に酸化が進むので，空気中での使用温度は550℃が限界である。

　Tiの加工は885℃以上のbccの領域で行うと$O_2$や$N_2$が吸収されて材質が劣化するため，700～850℃で行う。図16.1はO，N，H等の侵入型の不純物による機械的性質の変化で，材質を硬く，もろくすることがわかる。

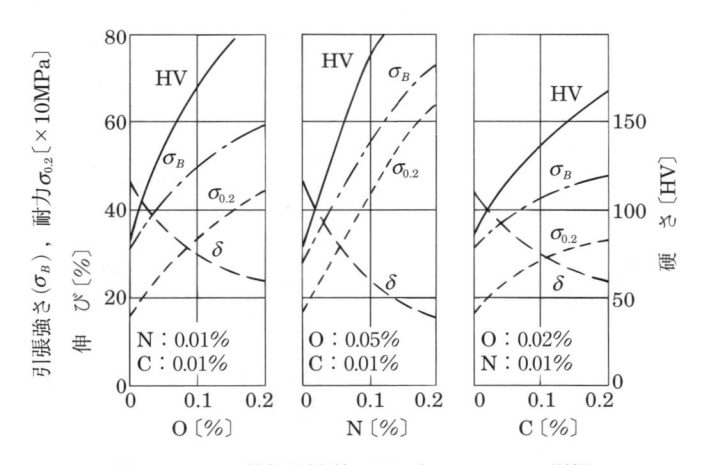

**図16.1** Tiの機械的性質に及ぼすO，N，Cの影響

## 16・1・2　Ti合金

　Fe合金では，合金元素が$\alpha$相域を開放させるか，$\gamma$相領を拡大させるか，またはFe-Cのように共析型をとるかで，Fe合金の状態図を分類した（6・5節参照）。これは添加元素が変態点（$A_3$・$A_4$点）にどう影響するかによる分類であるが，Ti合金の場合も$\alpha$・$\beta$の変態点に与える影響により，$\alpha$安定型，$\beta$安定型，共析型のように分類できる。Tiに合金元素を添加するねらいは，

① Tiの室温における強度の改善
② Tiの高温強度・耐クリープ性の向上

の2点に集約され，そのためα相，β相，α+β混合相など各相の特徴を生かした合金元素の選択が行われ，チタン合金が開発されている．図16.2はチタン合金の状態図の型と，主要添加元素を，表16.2に代表的チタン合金の組成と強度を示す．

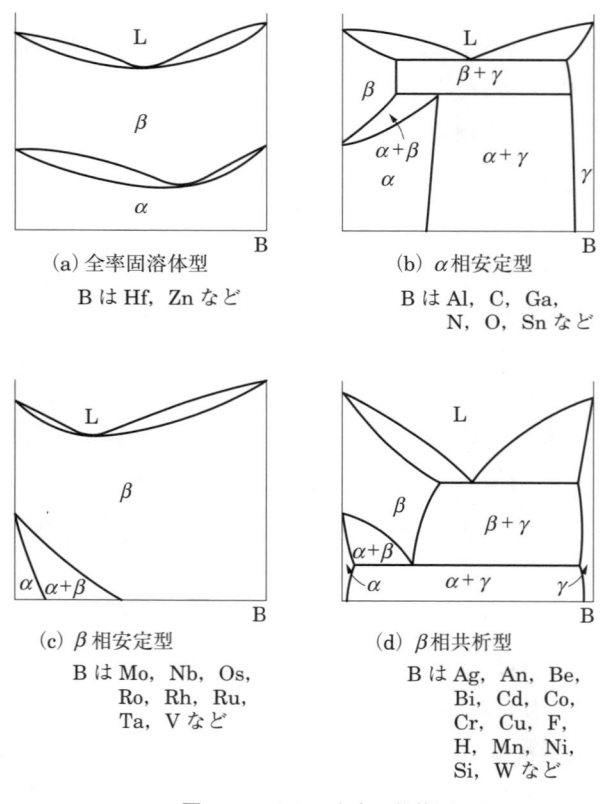

(a) 全率固溶体型
　BはHf, Znなど

(b) α相安定型
　BはAl, C, Ga, N, O, Snなど

(c) β相安定型
　BはMo, Nb, Os, Ro, Rh, Ru, Ta, Vなど

(d) β相共析型
　BはAg, An, Be, Bi, Cd, Co, Cr, Cu, F, H, Mn, Ni, Si, Wなど

**図 16.2　チタン合金の状態図**

16・1 チタン (Ti) とその合金

表16.2 実用チタン合金と機械的性質の例

| 種別 | 組成 | 引張強さ〔MPa〕 |
|---|---|---|
| α型 | 5 Al-2.5 Sn | 862 |
|  | 8 Al-1 Mo-1 V | 1000 |
| α+β型 | 3 Al-2.5 V | 686 |
|  | 6 Al-4 V | 990 |
|  | 6 Al-6 V-2 Sn | 1058 |
| β型 | 13 V-11 Cr-3 Al | 1235 |
|  | 8 Mo-8 V-2 Fe-3 Al | 1303 |

[1] **α型合金** α型合金は，Tiにα相の安定化元素添加により固溶強化されたα単相の合金で，添加元素としてはAlが使用されている。Alは高温強度や耐クリープ性も高いので，ほとんどのTi合金に添加されているが，添加量が増すと$Ti_3Al$相が生成されるので，Al量の限界は7%である。代表的合金はTi-5%Al-2.5Snである。

[2] **β型合金** β相安定型の合金元素を添加（例えばMoやV），または共析型の元素（例えばCr）等を添加し，高温のβ相を室温に残留させたβ単相合金である。熱処理（析出硬化）によって高い強度が得られる。Ti-8Mo-8V-2Fe-3Al合金やTi-13V-11Cr-3Alが代表合金である。

[3] **α+β型合金** α安定化元素とβ安定化元素の複合添加により，常温でα，βの二相組織とした合金である。最も多く使用されている合金は，Ti-6Al-4Vである。α+β合金でβ相が10%以下のものをNearα合金，一方α相の少い合金をNearβ合金といい，前者にはTi-8Al-1Mo-1V合金，後者はTi-10V-2Fe-3Al合金などがある。

## 16・1・3 Ti合金の熱処理

α型合金は熱処理による強化はできないが，βとα+β型合金は状態図からも熱処理の期待はあるが，これらの合金の焼入による（マルテンサイト変態）組織はそれほど硬くない。焼入組織を焼戻す（時効処理）とβ相中にα相の微細組織が分散した混合組織となり実用に供されている。

## 16・2　高融点金属

### 16・2・1　高融点金属とは

Feよりも高融点である。Cr, Mo, W, Ta, Nb, V等は、従来は粉末冶金による成型加工が行われたが、近年では電子ビームなどで容易に溶解が可能になったので、これらの金属のインゴットが得られた。これを用いた熱間・冷間加工により、各種形状の素材が得られるようになった。これらの金属は、一般に機械的性質がすぐれており、また耐熱性、耐食性が良いので、航空宇宙用材料・化学工業用材料・原子炉用材料等に広く使用されている。

### 16・2・2　ジルコニウム（Zr）

ZrはTiと似た性質をもっている。融点は1842℃、活性に富む金属で、水冷銅ルツボ中で真空溶解により製造される。865℃に変態点があり、高温ではbcc、低温ではhcp構造である。耐食性はTiよりまさり、濃硫酸、塩酸、強アルカリにも良好な性質を保つ。熱中性子吸収断面積が小さく、高温水や液体金属にも腐食されないので原子炉構造材として重要である。主要なZr合金には**ジルカロイ**がある。ジルカロイの組成は1.5%Sn-0.1%Fe-0.05%Ni-0.1%Cr-残Zrである。

### 16・2・3　クロム（Cr）

Crは融点1875℃、bcc構造で、C, N等の浸入型固溶元素が存在すると、非常にもろくなる。きわめて良い対酸化性を示すので、耐熱材料として用いられる。

### 16・2・4　モリブデン（Mo）

Moは融点2622℃、高融点であるので粉末冶金で製造されているが、最近は電子ビームにより製造が容易になった。低温ではあまり酸化されないが、高温では激しく酸化するのが難点である。Mo合金は再結晶温度が高いので、将来とも有望な超高温用耐熱材料である。

### 16・2・5　タングステン（W）

Wは、融点が金属中最高の3410℃である。酸化物を$H_2$で還元して得られ、粉末の焼結体を冷間線引し、電球のフィラメントに使用されて以来古くから使用されている超耐熱材料で、Moと同様に電子ビーム溶解により鋳塊を得ている。

# 第17章　粉末焼結合金

## 17・1　焼結合金

　粉末冶金では，金属粉末，非金属粉末，金属間化合物粉末等を原料として，これらの原料粉末を型に充填し，加圧成形し，材料の融点以下の温度で熱すると，粉末が凝集し，強固な固形物となる。この現象を**焼結**という。粉末成形合金は，溶解，鋳造などの工程を必要とせず，焼結によりいっきょに製品を仕上げるので，金属と非金属の複合材や溶解の困難な高融点金属の製品，超硬合金などの製造に適している。また焼結合金は，不純物の混入，偏析などをさけ得ること，多孔質の材料をつくれること，製品の精度が高いのでその後の加工工程を必要としないこと等いくつかの特徴がある。

　表17.1は，焼結合金の種類とその使用分野の例を示している。

表17.1　粉末成形材料の種類

| 種別 | 主な用途例 | 材料の例 |
|---|---|---|
| 機械部品 | ギヤー，カム等 | Fe，Fe-C，Cu-Zn |
| 多孔質合金 | 軸受，フィルター | Fe-C，Cu-Sn，Sn-Pb |
| 機械・構造用材 | 機械部品，構造材料 | Al合金（2000系，7000系），ステンレス鋼，Ti合金 |
| 高融点金属 | 電子関係製品 | W，Mo，Nb，Ta |
| 超硬合金 | 切削工具 | WC-Co，WC-TiC-Co |
| サーメット | 切削工具，耐熱材料 | TiC-Mo-Ni，$Al_2O_3$-Cr |
| SAP | 耐熱材料 | Al-$Al_2O_3$，Ni-$ThO_2$，W-$ThO_2$ |
| 超微粉 | 磁性材料 | Fe，Co |

## 17・2　焼結機械材料

　焼結機械部品には，強度を主体とする歯車やカムなどの機械部品，軸受性能を主体とする焼結軸受部品，ろ過性・透過性を主体とする焼結フィルタなどがある。

　一般的に用いられている焼結合金は通常6〜15％の多孔質であり，加圧力・焼結温度，加工工程により密度が変わる。密度は大きいほうが引張強さは高いが，伸び・衝撃値は低い。また多孔の場合は騒音の吸収性や摩擦部の油の潤滑が良いなどの特性がある。

　実用焼結合金としては，Fe系ではFe粉のみの**焼結鉄**があるが，焼結鉄では密度をあげても343MPa程度が限界であるので，強度を必要とする部品には，**焼結炭素鋼・焼結合金鋼**が，従来の鋳造品・鍛造品の分野にも使用されている。また，Cu合金系ではCu-10％Sn合金，Al合金系ではAl-2〜5％Cu合金等が用いられている。

　多孔質になるように焼結した合金では，10〜30％の油を含浸できるので，軸受として自己給油状態で使用できる。このような軸受を**焼結含油軸受**という。焼結含油軸受では，低荷重高速度用としてCu系，高荷重低速度用としてFe系の焼結合金が用いられている。

　Cu粉とSn粉に黒鉛粉末を加え，加圧・焼結した軸受合金を**オイルレスベアリング**といい，20〜30％の油を吸収することができる。また，ブレーキなどに使用される焼結摩擦材料には，鉛青銅軸受合金に黒鉛を添加したものに，$SiO_2$，$Al_2O_3$などが配合されている。

## 17・3　焼結工具材料

### 17・3・1　超硬合金

　9・1・3項で述べた高速度鋼は，マルテンサイトのき地の中に，W，Mo，V等の特殊炭化物を分散させ，切削性を高めたものであるが，さらに高速切削に耐えるには，ほとんど炭化物のみからなる工具とすれば，一層切削能力は向上するはず

である。このためには，WCなどの炭化物粉末に結合剤としてCoを添加し，圧縮成型・焼結すれば，優秀な工具材料となるわけで，このようにして作られた焼結工具材料を，**超硬合金**と呼んでいる。

超硬合金には，WC-Co系合金とWCの一部をTiCで置換したWC-TiC-Co，さらにWC-TiC-Co系にTaCを配合したものがある。

超硬合金の製造方法は，W粉末とカーボンブラックを炉中で加熱すると，W粉末は850℃程度からCを吸収し，約1400℃でWCとなる。WCの粉末に約3〜10%のCoを加え，ボールミルで混合し，原材料を型に入れて加圧したのち，約900℃で加熱し，さらに1300〜1700℃で二次焼結する。

図17.1はWC-Co焼結合金の顕微鏡組織で，角形のものがWC，白く見えるのがCoである。また表17.2は超硬合金の使用例である。

最近では，工具寿命を長持ちさせるために，表面にTiC，TiN，$Al_2O_3$，ダイヤモンドなどの硬質の皮膜で覆う処理が行われている。これらの表面処理には，化学気相蒸着法（CVD）や物理気相蒸

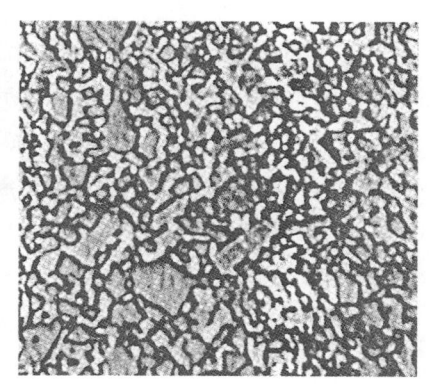

図17.1 WC-Coの超硬合金（顕微鏡組織）

表17.2 超硬合金の使用例

| 工 具 分 類 | 工 具 名 称 | 超 硬 合 金 |
|---|---|---|
| 切削工具 | 各種のバイト　各種のフライス　リーマ　　　　　ドリル | WC-Co，WC-TiC-Co，WC-TiC-TaC-Co |
| 変形工具（型） | 引抜きダイス　押し型　打ち抜き型　　鋳造型 | WC-Co |
| 耐磨工具 | ゲージ　　　　メーター類 | WC-Co |
| 鉱山工具 | オーガ　カッタ　ロックビット　石材工具 | WC-Co |
| その他 | 化学用（弁，ノズル）クラッシャーボール等 | WC-Co |

着法(PVD)等も用いられている。

### 17・3・2 セラミック切削工具

$Al_2O_3$ 99%以上の粉末に，酸化物・炭化物を配合し，焼結した工具を**セラミック工具**という。セラミック工具は，1000℃以上でも硬さを維持できるので，切削速度を超硬合金の数倍にすることができる。反面，超硬合金よりもろく，熱衝撃抵抗が低いことが欠点である。$Al_2O_3$-TiC系セラミックは，この点を改良したものである。

## 17・4 焼結耐熱材料

10・4節で述べた耐熱材料は，き地中に高温で安定な第二相を微細析出させて高温での強度を維持させたものであるが，析出相の主体である炭化物や金属間化合物は，900℃以上になると例外なく成長粗大化する。粉末冶金で作られる耐熱材料に，**サーメット**と**分散強化型耐熱合金**がある。これらは，金属に酸化物，炭化物，ほう化物のような非金属を混合した複合焼結合金である。

### 17・4・1 サーメット

サーメットは，耐火物（セラミックス）と金属（メタル）を組み合わせた用語で，これは炭化物，酸化物，ほう化物，けい化物などのセラミック相を，Mo，Cr，Ni等の金属相で結合した複合焼結合金である。前項の超硬合金もサーメットの一種である。

サーメットには，WC系，TiC系，$Cr_3C_2$系，$B_4C$系，ZrC系サーメットがあり，その用途は，ジェットやロケットのエンジンノズル，切削用工具，ホットプレス工具，化学用高温高圧容器など多様にわたる。

### 17・4・2 分散強化型合金

分散強化型合金は，金属を母相とし，セラミック粒子を微細均一に分散させた複合焼結合金で，高温における機械的性質が良く，特にクリープに対する抵抗が大きい。サーメットに比べて，熱衝撃にも強いが，母相金属の融点以上には耐えられない。SAPは，Alき地中に$Al_2O_3$粒子を分散させたもので，500℃程度までは強度を保持できる。Niき地中にトリア（$ThO_2$）を分散させたものを**TDニッ**

ケルといい，1000℃以上の高温にさらされる部品に使用される。

## 17・5 超微粉

　粉末合金に使用される金属粉の粒径は，50～100μm程度であるが，最近，粒径が1μm以下あるいは0.1～0.01μm程度の金属の**超微粒**の粉体の製造技術が開発された。一般に，粒径が0.1μm以下の超微粒子を**超微粉**という。このような金属の超微粉は，金属の性質のほかに固まりとしての金属にはみられないいくつかの性質がでてくるので，金属固有の性質に微粒化の性質を重ね合わせた，特殊な機能をもつ材料である。

　超微粉を製造するには，プラズマなどを熱源として金属の蒸気を発生させ，その蒸気を冷却させる方法が一般的である。図17.2は超微粉の大きさを概念的に示したものである。超微粉は，固体金属や通常の粉体と比べればその比表面積が著しく大きくなるので，熱媒やセンサーとしての効果がきわめて有効である。

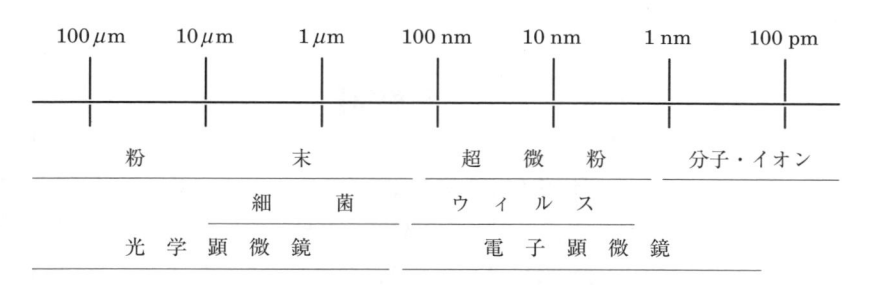

| 100μm | 10μm | 1μm | 100 nm | 10 nm | 1 nm | 100 pm |
|---|---|---|---|---|---|---|
| 粉 | 末 | | 超　微　粉 | | 分子・イオン | |
| | 細　菌 | | ウィルス | | | |
| 光　学　顕　微　鏡 | | | 電　子　顕　微　鏡 | | | |

**図 17.2**　超微の大きさ（定性図）

　FeやCoの超微粉では個々の粒子が磁石となるので，磁気的性質，特に保磁力が向上するので，メタルテープ，磁気ディスク，高性能マグネットにも有効である。超微粉はきわめて活性に富み，大気中ではすぐ燃焼するので，表面の安定化処理が必要である。

# 第18章 複合材料

## 18・1 複合材料

　複合材料は，異なった材料を組み合わせて作られた材料の総称のことで，1942年，ガラス繊維強化ポリエステル（GFRP）がアメリカで開発されてから急速に発展した材料である。

　構造上の特徴から次の三つの型に分類できる。

[1] **繊維強化型複合材料**　特定の繊維を，母材と合体させたものである。強化すべき母材の種類により

① 繊維強化プラスチック（FRP）
② 繊維強化金属（FRM）
③ 繊維強化セラミックス（FRC）

がある。補強材としての繊維としては，炭素繊維・ほう素繊維・炭化けい素・アルミナ・ガラス・金属繊維などがある。鉄筋コンクリートは，母材にコンクリート，強化材として鉄筋を合体させた繊維強化複合材料の例である。

[2] **積層強化複合材料**　合板やアルミクラッド材（次節参照）などにみられる，板やシート・膜などを重ねてはり合わせ，強化したり，耐食性を向上させたものである。

[3] **粒子分散強化複合材料**　焼結合金であるSAPはAlの母材で，$Al_2O_3$を分散させ，強化させている。このように，金属・非金属の母材に，同じく金属や非金属の粒子を分散させたものを分散強化複合材料という（17・4・2項参照）。

## 18・2 繊維強化型複合材料

繊維強化複合材には，母材にプラスチックを用いた繊維強化プラスチック（FRP）と，母材に金属を用いた繊維強化金属（FRM）がある。

### 18・2・1 複合材料の強さ

複合材料の強さ$\sigma_c$は，複合される素材の性質とその体積比率により次式で近似される。この関係を**複合則**という。

$$\sigma_c = \sigma_m \cdot V_m + \sigma_f \cdot V_f$$

ここに，$\sigma_m$：母材の強さ，$V_m$：母材の占める体積割合，$\sigma_f$：繊維の強さ，$V_f$：繊維の占める体積割合

従って，繊維と母材を選択し組み合わせると，繊維と母材の任意の強さの材料を得ることができる。この場合，繊維が荷重を負担し，母材が繊維と繊維の複合材として，荷重を繊維に伝える役割をもつ。そのため，繊維と母材の界面の結合状態が複合材料の性質を支配するのである。

### 18・2・2 繊維強化金属

複合材料は，1942年に母材にプラスチックを用い，ガラス繊維で強化したガラス繊維ポリエステル（GFRP）が開発されてから，1960年代に繊維にボロンを用いたボロン/エポキシ複合材（BFRP），1970年代にはカーボン/エポキシ複合材（CERP）と改良されてきている。

その後，1980年代になると，高温用構造材料として母材に金属を用いた繊維強化金属が開発されたが，構造材としての使用目的の場合には，母材金属としてAl，Mgの合金が，高温強度・耐クリープ性の要求を主とする場合には，Fe，Ni，Crベースの耐熱合金が用いられている。強化繊維にはカーボン，ボロンのほか，$Al_2O_3$やSiCのウィスカーが，耐熱母材にはW繊維のような金属繊維が用いられている。複合材料の繊維は，比強度・比弾性が大きいことが要求され，表18.1は，FRP繊維強化プラスチックとFRM繊維強化金属に使用されている繊維を示している。

表 18.1　複合材料の強化用繊維

| 名　称 | 直径〔$\mu$〕 | 比重 | 引張強さ〔GPa〕 | 弾性率〔GPa〕 |
|---|---|---|---|---|
| ガラス | 10 | 2.50 | 3.4 | 86.2 |
| カーボン | 8 | 1.74 | 2.7 | 235.2 |
| SiC | 100 | 3.4 | 3.2 | 480.2 |
| ボロン | 100〜150 | 2.63 | 3.4 | 411.6 |
| アルミナ | 250 | 4.0 | 2.5 | 382.2 |
| W | 10 | 19.24 | 4.0 | 404.7 |
| Mo | 25 | 10.28 | 2.2 | 352.8 |
| $Al_2O_3$ウィスカー | 3〜10 | 3.96 | 20.1 | 425.3 |
| SiC　ウィスカー | 1〜3 | 3.18 | 20.1 | 480.2 |

## 18·3　積層強化複合材料（クラッド材）

二種類以上の異種材料を重ね合わせ一体とした材料を**クラッド材**という。強力Al合金と純Alまたは耐食Al合金を接合させ，ジュラルミンの耐食性を高めたアルクラッド材や，Tiを純鉄に接合したチタンクラッド材などがある。接合の方法には，圧接圧延法や爆発圧着法 などが用いられている。

# 第19章　機能性材料

　地球上には100余の元素が知られており，その約80%が金属であるが，そのすべての物性が解明されているわけではない。しかし，最近の研究によってこれらの未知物質の物性が明らかになるにつれて，これらの有効な利用技術が求められ，これにより電子工業，航空宇宙産業等が急速に発展したのである。本章ではこれらの開発され，または開発途上の特殊な機能をもつ材料のいくつかを紹介する。

## 19・1　金属間化合物

　成分金属が簡単な原子数の割合で結合し，成分金属とは異なる結晶構造異なる性質を示す合金を**金属間化合物**と呼んでいる。例えばAl-Cu合金中の$CuAl_2$や，鋼中の$Fe_3C$等も金属間化合物である。また，固溶体型合金では，溶質原子の位置は不特定（2・2・3項参照）であるが，場合によっては構成原子が特定の位置に配置された規則格子を形成する場合もある（12・2・2項参照）。このような固溶体も金属間化合物の一種である。2・2・2項で述べた二元合金の凝固過程中に生成される金属間化合物$A_mB_n$（4・3・6項［3］参照）には，高温で均一な固溶体が冷却途中で，特定の温度と組成の場合に生成されるものや，生成した化合物が成分元素を固溶しある組成幅をもったり，特定の組成のみで金属間化合物を形成する場合など多様なものがあり，三成分以上になると，さらに無数に存在する。

　各種合金の構造の各章で述べたように，合金中には金属間化合物が生成され，混在している場合が多いが，それらの化合物の存在は，合金の強度を高め，耐熱性を向上させたりするが，その一方で著しく硬く，もろく，加工しにくくなるという性質もある。これは成分原子の結合がセラミックスに似た性質（イオン結合，共有結合）であるからである。このため物理的な性質も金属としての特徴が薄れてくる。無数にある金属間化合物の中からすぐれた性質をもつものを抽出し，それを有効に利用すれば，従来の合金では得られない新しい機能をもつ材料が得ら

**表19.1** 金属間化合物の特異な性質を利用する新材料

| 新材料への応用, 用途<br>金属間化合物の実例<br>利用する金属間化合物に特有な性質 | 構造材料 | | | 機能材料 | | | | | |
|---|---|---|---|---|---|---|---|---|---|
| | 耐熱材料 | 耐食耐酸化材料 | 耐照射材料 | 高硬度材料 | 形状記憶材料 | 超電導材料 | 磁性材料 | 水素吸蔵材料 | 半導体材料 |
| | $Ni_3Al$<br>$TiAl$<br>$MoSi_2$ | $MoSi_2$<br>$NiAl$ | $Zr_3Al$ | $TiC$<br>$BN$<br>$WC$ | $TiNi$<br>$CuAlZn$<br>$Fe_3Pt$ | $Nb_3Ge$<br>$V_3Ga$<br>$V_2(Hf, Nb)$ | $Fe_3(Al, Si)$<br>$FeCo$<br>$MnAl$ | $FeTi$<br>$CaNi_5$<br>$Mg_2Ni$ | $FeSi_2$<br>$PbS$<br>$InSb$ |
| 化学的・熱的に安定である | ○ | | | | | | | | |
| 原子が変位や拡散しにくい | ○ | ○ | | | | | | | |
| 塑性変形しにくい | | | | ○ | | | | | |
| 弾性異方性が大きい | | | | | ○ | | | | |
| 結晶格子がひずみやすい | | | | | ○ | ○ | | | |
| 高温ほど変化しにくい | ○ | | | | | | | | |
| 原子間の特殊な相互作用 | | | | | | ○ | ○ | | ○ |
| 室温付近でもろい | | | | | | | | ○ | |
| 化学量論組成とずれると多量の格子欠陥ができる | | | | | | | | ○ | ○ |

(金属材料技術研究所, 研究紹介パネル集1986)

れることになる。例えばAl化合物（$Ni_3Al$, TiAl等）やSi化合物（$MoSi_2$, SiC）等は，金属とセラミックスの中間の性質をもつ金属間化合物ともいえるもので，軽量で耐熱性のある高強度材料や，特異な電気的・磁気的性質をもつ材料として開発，研究がされている。表19.1に，すでに実用化され，また期待されている金属間化合物の主な用途と応用例を示す。

## 19・2 超伝導材料

　金属には電気抵抗があるため，電流を流せば電力の消費が起こる。金属は温度を下げれば電気抵抗は小さくなるが，絶対零度に近い温度でもその金属の固有の電気抵抗は残る。ところがある種の合金や金属間化合物では，温度を下げると電気抵抗が零になる状態が起こる。この状態を**超伝導（超電導）状態**といい，超伝導を示す物質が**超伝導材料**である。超伝導状態の電線を使用すれば，電力の消費なしに大電流を輸送したり，強い磁界を発生させたりできるので，省エネルギーに著しく役立つことになり，産業形態に革命的変化が起きるといわれている。

　超伝導材料は，温度，磁界，電流密度のそれぞれがある臨界値を超えると，超伝導性を失う。この超伝導を失う臨界値をそれぞれ，臨界温度（$T_c$），臨界磁界（$H_c$），臨界電流（$J_c$）という。これらの三つの臨界値が高い材料を開発し，それの線材化や薄膜化して使用することが重要である。

　図19.1は，代表的な超伝導物質の発見年とその臨界温度（$T_c$）である。1911年に，Hgについての超伝導現象が発見されてから，1950年代にNb-Ti合金，$Nb_3Sn$, $V_3Ga$などが実用化され，以後$Nb_3Al$, $Nb_3Ge$, NbN, $PbMo_6S_8$などが，また2001年に日本で臨界温度39Kの金属系超伝導体$MgB_2$が発見された。

　1986年に，IBM研究所でLa-Ba-Cu-Oの酸化物の超伝導現象が発見されてから酸化物系超伝導物質の開発が進み，Y-Ba-Cu-O系，Bi-Sr-Ca-Cu-O系，Tl-Ba-Ca-Cu-O系と現在では$T_c$は120K（−153℃）に達している。

　超伝導材料は，リニアモーターカー，医療用磁気共鳴診断装置（MRI），核融合実験装置など，多くの分野で使われている。

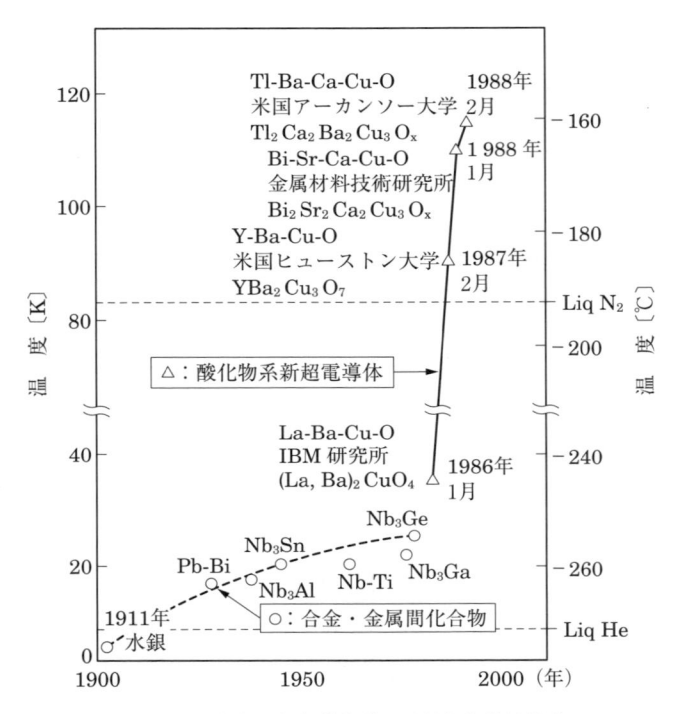

**図19.1** 代表的超伝導物質の発見年と臨界温度
（金属材料技術研究所資料より）

## 19・3 水素貯蔵合金

　大部分の金属は水素を固溶したり，水素化物が形成したりするが，その量はごく少量である．しかし，ある種の合金は固体の状態で多量の水素を吸収したり放出したりすることができる．このような性質をもつ合金を水素貯蔵（吸収）合金という．

### 19・3・1 水素貯蔵の原理

　特定の金属（合金）に$H_2$ガスを流すと，$H_2$ガスは原子状Hに解離し，金属表面から侵入し固溶体を形成する．一定温度でガス圧を上げればHの侵入拡散は増加し，固溶体が金属水素化物となり水素を貯蔵していく．この反応を式で示せば，

$$\text{合金} + \text{H}_2 \underset{\text{水素放出}}{\overset{\text{水素吸蔵}}{\rightleftarrows}} \text{金属水素化物（固体）} \quad \mp \Delta H \text{（反応熱）}$$

（水素吸蔵 → 発熱、水素放出 → 吸熱）

水素を吸蔵するときは，合金とHが発熱的に反応して（反応熱$\Delta H$が$-$）金属水素化物が形成される。また，金属水素化物に熱を加えると，吸熱が起こり，吸蔵したHを放出し，金属水素化物はもとの固溶体 → 合金に分解される。図19.2は合金の水素貯蔵特性を表す曲線で，縦軸は平衡水素圧〔MPa〕，横軸は水素濃度（$H/M$は金属原子1個当り吸蔵される水素原子数）で，水素圧力 - 組成等温曲線（PCT曲線）である。

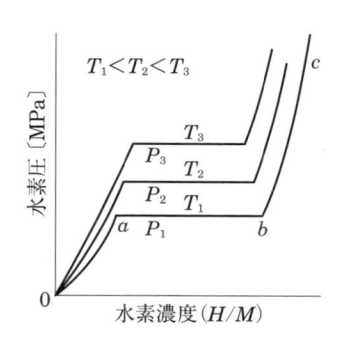

**図 19.2** 水素吸蔵合金の水素圧力 - 組成 - 等温曲線

温度$T_i$を一定にして水素を導入し，圧力を増加すると固溶体が形成され，その水素濃度は$0 \rightarrow a$と変化し，$a$が固溶体としての最大固溶度である。$a$をすぎると金属水素化物が形成され，$b$で化合物形成は終了する。$a \rightarrow b$間は固溶体と化合物の二相域で圧力が一定で水素濃度のみ増加している。この一定圧の領域を**プラトー域**，そのときの水素圧を**プラトー圧**と呼んでいる。$b$以上では圧力増加につれて，再び水素濃度が増加していく。$c$で水素圧を減少させると，逆の過程で水素を放出することになる。

以上のことから，水素の圧力を高くするか，温度を下げるかにより水素が貯蔵され，温度を上げるか，水素の圧力を下げるかすれば水素を放出することができる。

### 19・3・2 水素貯蔵合金とその応用

代表的な水素貯蔵合金としてはLa-Ni合金（$LaNi_5$），Fe-Ti合金（FeNi）のほか，Mg系として，MgNi，$Mg_2Al_3$合金や$CaNi_5$等も研究されている。

水素貯蔵合金の水素貯蔵能力は，液体水素以上，圧縮水素ガスの10倍以上の

能力があるので，液体水素のように低温保持の必要もなく，またガスボンベの重量と比較すれば，より軽量であるので定置式の保存に向いている。水素化物をガソリンの代わりに使用した水素燃料自動車への活用，水素吸蔵合金が水素化物になるときに発生する熱，また水素化物が分解するときに吸収する熱を利用した暖冷房システムへの活用，その他ヒートポンプ，蓄熱器などに利用されている。

## 19·4　形状記憶合金

### 19·4·1　超弾性と形状記憶効果

　通常の金属材料は，弾性限度以上に応力を加えると，応力を取り除いても永久変形が残る。しかし，合金によっては，降伏点を超える大きな変形を与え，見かけ上の塑性変形をしても荷重を除くと，図19.3 (a) に示すように，変形が消失しても元にもどる場合がある。この現象を**超弾性**という。

　また，図 (b) では，降伏点を超えて変形させ，見かけ上の塑性変形を行っても，これに熱を加えると変形前の形状にもどってしまう。この現象を**形状記憶効果**という。形状記憶効果がみられる合金を**形状記憶合金**といい，すでに20を超える合金が開発されているが，実用域にあるものはTi-Ni合金とCu-Zn-Al系の合金である。

　現在では，この形状記憶効果は，マルテンサイト変態の一現象であることが理

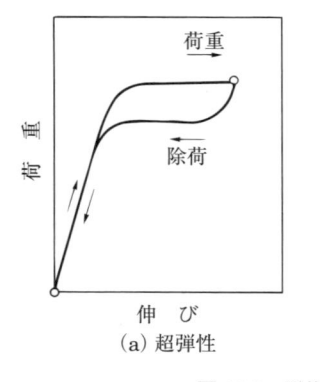

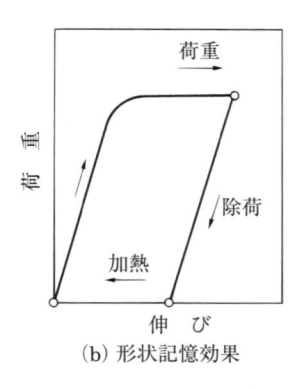

図 19.3　形状記憶効果と超弾性

解されている。また超弾性は，一般に形状記憶合金を$A_f$点（逆変態終了温度）以上の温度で応力をかけたときにみられる現象である。

## 19・4・2 形状記憶効果の原理と用途

図19.4は，形状記憶効果の様相を模式的に示したものである。この種の合金を高温で適当な形に成形したのち，冷却して室温にする。さらに，室温で試料に大きな変形を与える。次に，この合金を加熱すると，高温で成形された形状にもどってしまう。すなわち，この合金は高温で形成されている形状を記憶していて，室温で変形させても加熱すると，元の形状にもどるという性質を示すのである。

高温で成形 → 急冷する → 室温で変形 → 加熱する

**図19.4** 形状記憶の起こり方

このような形状記憶効果が起こる理由は，高温度で加工したある種の合金をマルテンサイト変態を起こさせ，変態後に再び加工すると，この加工は見かけ上の塑性変形となる。これは原子のすべりによる変形ではないので，加工後再加熱をすると逆変態が起こり，高温状態の形状に再びもどるのである。

図19.5は，形状記憶効果の原子間の動きを模式化したものである。

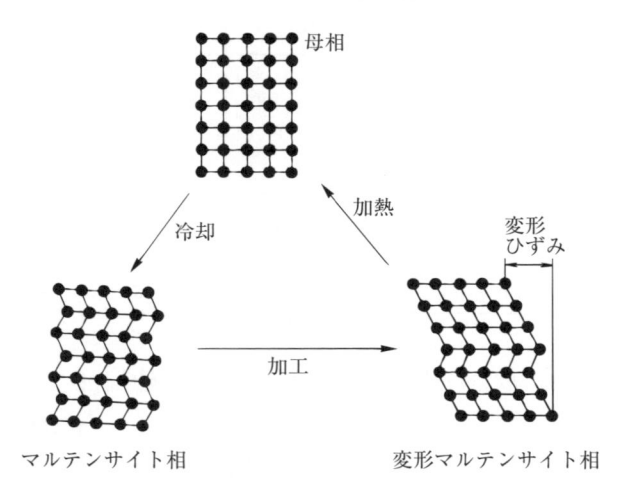

**図19.5** 形状記憶効果の機構（模式図）

形状記憶合金は開発されて間もないが，このユニークな性質を，どのような面に利用することができるか，今後の課題が多い。しかし現在，使用の可能性のある分野としては，人工心臓・骨接続部品・歯列矯正用のワイヤー等の医療面・集積回路の配線・サーモスタット・人工衛星用アンテナ・パイプ継手・コネクタ・クランプ・固体エンジン等があり，一部はすでに実用化されている。

## 19・5 超塑性合金

合金が小さな応力下で，あめやもちのように伸びる現象を**超塑性**（super plasticity）と呼んでいる。この現象は，高温・高速で作動しているガスタービンの羽根車が，急に大きな変形を生じて破壊したりすることにより，古くから知られている。

超塑性現象を利用すると，小さな力で複雑な形状の加工ができる利点があり，将来は超塑性を利用した加工技術が発展するものと思われる。

超塑性を示す合金の例を，表19.2に示す。

**表 19.2 超塑性合金の例**

| 組　成 | 温　度〔℃〕 | 伸　び〔％〕 |
|---|---|---|
| Zn-0.4Al | 20 | 550 |
| Zn-22Al | 200～300 | 500～1500 |
| Zn-22Al-4Cu | 250 | 1000 |
| Al-17Cu | 400 | 600 |
| Al-33Cu | 440～520 | 500 |
| Al-6Cu-0.5Zr | 350～475 | 1000 |
| Ti-6Al-2.5Sn | 900～1100 | 450 |
| Ti-6Al-4V | 800～1000 | 1000 |

超塑性は，微細結晶粒超塑性，変態超塑性，変態誘起塑性に分類されている。

**[1] 微細結晶粒超塑性**　合金の結晶粒を非常に細かく（粒径$5\mu m$以下）し，その合金の融点を1/2以下の高温で，最適のひずみ速度で引張ると大きな変形を生じる。

**[2] 変態超塑性**　変態超塑性は変態のある合金を，一定の荷重を加えてその変態点を上下する熱サイクルを与えると，大きな変形が生じる。この場合には微細結晶である必要はない。

**[3] 変態誘起塑性**　オーステナイトを急冷すると，マルテンサイト変態が起こるが，Ms点以上の温度でも応力を加えると変態が生じる。この現象を**加工誘起変態**といい，この変態が起こり始める限界の温度をMd点と呼ぶ。

　Md点以下で変態を誘発させながら加工すると，異常な塑性を示し，加工性が向上することがある。この現象を**変態誘起塑性**，略して**TRIP現象**という。TRIP現象を利用して鋼を強じん化することができる。

## 19・6　アモルファス金属

　通常，金属は溶融状態から冷却すると，凝固点で結晶構造をもつ固体となるが，冷却温度をきわめて大きくすると，凝固点をすぎても液体状態を保ち，ついには過冷却体の状態で固体となってしまう。この固体を**アモルファス**と呼んでいる。

　アモルファス金属をを製造する方法で現在，量産装置として使用されている方法に**単ロール法**がある。図19.6はその原理である。高速回転をしているロールの外周面上に溶融金属を薄く付着させて急冷凝固させる方法で，現在10ｃm幅，0.05〜0.1cm幅の薄帯を，高速（数1000m/min）で製造することができる。

　アモルファス金属は，高い強度と硬さと，高いじん性と延性があり，また，耐食性も高く，透磁性にすぐれるなど，多くの特徴があるため，一部は実用化されている。ただし急冷凝固のため，大型材料を生産するには難点があり，加熱すると結晶化するので，高温材料としての用途には不向きである。

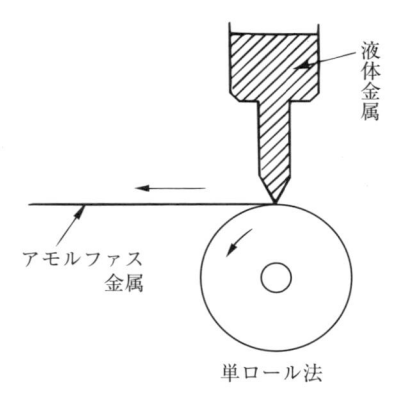

**図 19.6**　液体急冷法によるアモルファス金属製造装置の概要

# 練習問題

# 第1編　機械材料の基礎

(1) 体心立方，面心立方，最密六方構造の各単位格子を図示し，各結晶構造に属する金属原子を三つずつあげよ。
(2) 6ページ図2.2の構造を単純立方格子というが，この構造の原子の充填率はいくらか。
(3) 面心立方格子の（100），（110），（111）の各面と［100］，［110］，［111］の各方向を図示してみよ。
(4) 純鉄（$\alpha$鉄）の格子定数を0.286nmとする。このときの純鉄の原子半径はいくらか。
(5) 置換型固溶体と侵入型固溶体の違いとその特徴を説明せよ。
(6) 問題図1は，鋼の応力-ひずみ線図である。図中のA，B，C，D，E，Fの各点は何を示すか。

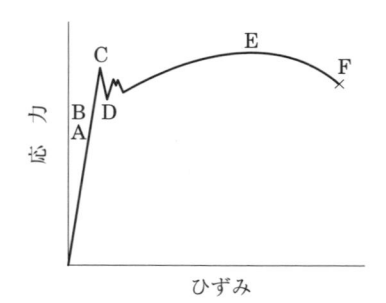

**問題図1**

(7) 平行部の直径が14mm，標点間の距離が50mmの長さの丸棒試験片を用いて引張試験を行った結果，下記の数値を得た。この材料の引張強さ，降伏点，伸び，絞りをそれぞれ求めよ。

| 降伏点荷重 | 46 980N |
|---|---|
| 最大荷重 | 69 970N |
| 破断後の標点間の距離 | 66.4mm |
| 破断部の最小直径 | 9.6mm |

(8) 通常，金属材料の硬さ測定に使用されている硬さ試験の種類を四つあげ，硬さ値の定め方を説明せよ。

(9) 材料のじん性を測定するのに用いられている試験方法を説明せよ。

(10) 金属材料を熱間加工をしても加工硬化の現象が見られないのはなぜか。

(11) 冷間加工により硬化した材料を加熱をすると，どのような変化がみられるか。

(12) 32ページ表3.2のすべりの計算値と実測値に大きな差が見られるのはなぜか。

(13) 転位の移動と塑性変形の関係を簡単に説明せよ。

(14) 45ページ図4.10の$\alpha$相と$\beta$相の違いを説明せよ。

(15) 問題図2は，Pb-Sn二元合金の状態図である。いま，6kgのPbと2kgのSnとで合金をつくるため，完全に熔融後，ゆっくり冷却をした。このときの諸変化について，下記の問いに答えよ。

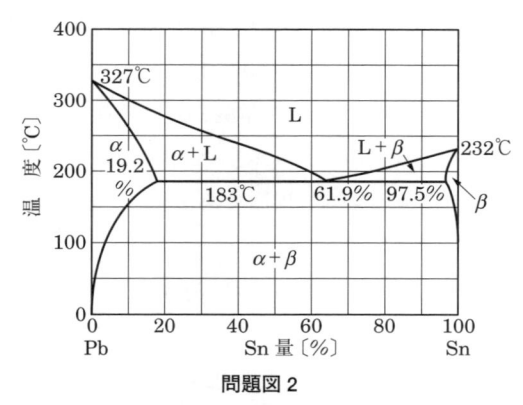

**問題図2**

ア この合金の凝固開始温度と凝固終了温度を推定せよ。

イ 183℃ではどのような変化が起こるか。

ウ　184℃（183℃の直前）に存在する相とその量を計算せよ。
エ　182℃ではどのような状態となっているか。
オ　室温での，この合金の相の状態を説明せよ。

(16) 合金が凝固するとき，または凝固途上で起こる次の反応について説明せよ。
　　ア　$L \rightarrow \alpha + \beta$　　イ　$\gamma \rightarrow \alpha + \beta$　　ウ　$L + \alpha \rightarrow \beta$　　エ　$\alpha + \beta \rightarrow \gamma$
　　ただし，Lは液相，$\alpha$，$\beta$，$\gamma$は固溶体を示す。

(17) 問題図3の三つの状態図で誤りがあれば，指摘して訂正せよ。

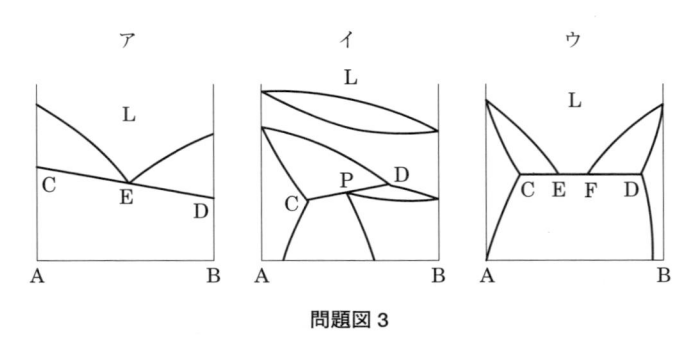

**問題図3**

(18) 次の文で示される状態図の概形を描け。
　「A-B二元合金で，純金属Aは1000℃，純金属Bは400℃で融解する。この合金には600℃では，融液Lと固相$\alpha$と$\beta$の三相が共存し，
$$\alpha(20\%B) + L(80\%B) \rightleftharpoons \beta(50\%B)$$
の反応がある。また，A-20%B合金の常温における相は，$\alpha$相（5%B）と$\beta$相（55%B）の2相組織である」

(19) 次の語句は，時効の過程を示す用語である。この語を時効過程の順に並べ替えてみよ。
　　ア　中間相　　イ　GPゾーン　　ウ　溶体化処理　　エ　安定相
　　オ　過飽和固溶体

(20) 次のAの語群はいずれも金属材料を強化することに関係のある用語である。この用語と関係のある強化方法をBの語群より選び，その関係を簡単に説明しなさい。

| ［A群］ | 粒度番号 | ［B群］ | 固溶強化 |
| | コットレル効果 | | 分散強化 |
| | SAP | | 粒の微細化による強化 |
| | GPゾーン | | 析出強化 |

# 第2編　鉄鋼材料

(1) 純鉄の変態とその結晶構造について説明せよ。
(2) $Fe$-$Fe_3C$系の状態図の概形を描け。
(3) 亜共析鋼，共析鋼，過共析鋼の標準組織の略図を描け。
(4) 炭素鋼にCrを添加した場合と，Niを添加した場合の状態図上の相違を考察せよ。
(5) 鋼の主要な熱処理を四つあげよ。
(6) 次の鋼の熱処理後の組織を説明せよ。
　ア　0.2%C鋼を熔融状態から徐冷したときの組織。
　イ　1.2%C鋼を780℃まで加熱し，その温度から水冷したときの組織。
　ウ　イの鋼を約400℃と600℃まで再加熱したときの組織。
　エ　0.77%C鋼を850℃から400℃の塩浴中に投入，一定時間保持後に油冷をしたときの組織。
(7) 0.3%炭素鋼を700℃および900℃から水中に急冷したときの鋼材の表面に残留する応力は，引張か圧縮かを比較せよ。
(8) 次の諸元素を焼入性を高める効果の大きいものから小さいものに並べ替えてみよ。
　　　Si,　Mo,　Cr,　Mn,　Ni
(9) 鋼の焼入性に関する次の諸問に答えよ。
　ア　臨界直径とは何か。
　イ　理想臨界直径とは何か。

ウ 臨界冷却速度の大きい鋼は理想臨界直径は大きいか，小さいか説明せよ。
(10) 問題図4は，A鋼とB鋼のジョミニー曲線である。これを見て次の問いに答えよ。

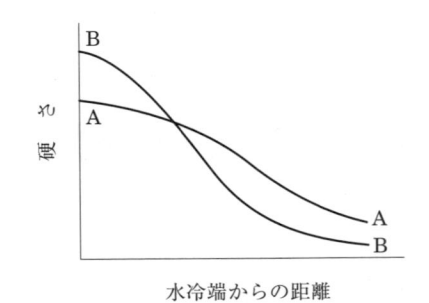

**問題図 4**

ア　A鋼とB鋼ではどちらの鋼が焼入性が良いか。
イ　炭素量はどちらの鋼が高いか。また炭素以外の合金元素はどちらの鋼が多いか。
ウ　両鋼のマルテンサイトの硬さを比較せよ。
(11) 合金元素の添加により，一般に焼戻し軟化抵抗が増す理由を説明せよ。
(12) 二次硬化現象とは何か。また，二次硬化を示す添加元素をあげよ。
(13) 焼戻し温度で注意すべき温度を述べよ。
(14) 浸炭法による表面硬化と窒化法による表面硬化の硬化の違いを説明せよ。
(15) 非調質高張力鋼と調質型高張力鋼の添加元素の主たる違いを述べよ。
(16) 鋼に快削性を与える元素を三つあげ，それが快削性を与える理由を述べよ。
(17) 超強力鋼とはどのような鋼か。その強化の機構を説明せよ。
(18) 切削工具用鋼と熱間金型用鋼はどのように異なるか。
(19) 146ページ図10.1に基づいて，金属が腐食する理由を説明せよ。
(20) 炭素はステンレス鋼には本来は好ましくない元素といわれるのはなぜか。炭素の害を除くための添加元素をあげよ。
(21) PHステンレス鋼について述べよ。
(22) 鋼の高温酸化と高温腐食を説明せよ。

(23) クリープ強度を高める方法を述べよ。
(24) 超耐熱合金を三種類あげよ。
(25) 鋳鉄の黒鉛形状と強度の関係を説明せよ。
(26) 鋳鉄にはなぜ複状態図があるのか。
(27) 球状黒鉛と塊状の黒鉛の生成上の違いを考えよ。

# 第3編　非鉄材料

(1) 7/3黄銅と6/4黄銅の加工性を比較せよ。
(2) 黄銅の脱亜鉛現象とその防止方法を述べよ。
(3) アルミニウム青銅の欠陥とその改良方法について説明せよ。
(4) 銅合金のなかで軸受材料として使用されているものをあげ，それが軸受として適している理由を説明せよ。
(5) 時効硬化性銅合金を二つあげ，その硬化因子について説明せよ。
(6) Al合金の強化方法について説明せよ。
(7) Al合金の耐食性について述べよ。
(8) Al合金を熱処理型と非熱処理型合金に分類せよ。
(9) シルミンの改良処理について説明せよ。
(10) 耐熱性Al合金について説明せよ。
(11) ジュラルミンには二系統の種類があるが，それを分類し説明せよ。
(12) Mg合金がAl合金に比べて，使用量が少ない理由はなぜか。
(13) ザマック合金に起こる時効現象とその防止方法を述べよ。
(14) ダイカストに適する合金を列記せよ。
(15) 軸受用合金として必要な条件を説明せよ。
(16) Ti合金とAl合金，Cu合金を比較してその優劣を述べよ。
(17) Ti合金の$\alpha$型合金と$\beta$型合金を状態図で示せ。
(18) 超硬工具と工具鋼の組織上の違いを考察せよ。

(19) セラミック工具と超硬工具を比較し，その得失を考察せよ。
(20) 超微紛の大きさの概念を他の金属粉末と比較せよ。
(21) 超微紛の予想される用途を述べよ。
(22) 複合材料の種類を構造上から三つに分類せよ。
(23) 複合材料の強さを簡単に説明せよ。
(24) 金属間化合物の予想される用途を述べよ。
(25) 形状記憶とはどのような現象か。現在，開発されている形状記憶合金をあげよ。
(26) 超伝導合金とはなにか。
(27) 水素貯蔵合金の水素貯蔵の原理を簡単に説明せよ。
(28) $M_d$点とは何か。
(29) アモルファス合金は高温材料として使用できないのはなぜか。

# 練習問題の略解

## 第1編 機械材料の基礎

(1) 2・1・1項の単位格子を参照。

(2) 単純立方格子の単位格子に属する原子数は1個,原子の半径を$r$と格子定数$a$の関係は

$$a = 2r$$

よって

$$\frac{\frac{4}{3}\pi r^3}{a^3} = \frac{\frac{4}{3}\pi\left(\frac{a}{2}\right)^3}{a^3} = \frac{\pi}{6} = 0.523(52.3\%)$$

(3) 解図1参照。

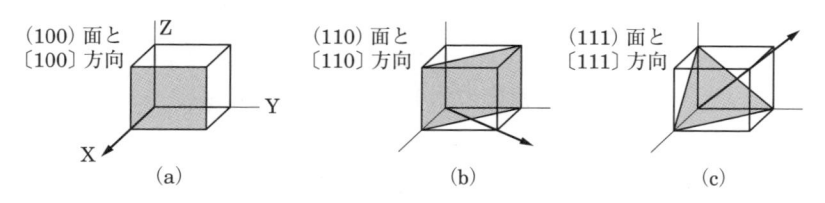

(100)面と〔100〕方向  (110)面と〔110〕方向  (111)面と〔111〕方向

(a)　(b)　(c)

解図1

(4) $\alpha$鉄はbcc構造であるから,

$$r = \frac{\sqrt{3}}{4} \times 0.286 = 0.124 \text{〔nm〕}$$

(5) 溶媒原子の侵入位置と溶媒原子の原子サイズの違いによる固溶体の特徴を述べる。2・2・3項参照。

(6) 18ページの応力-ひずみ線図を参照。弾性限度と比例限度の区分は困難である。

(7) 引張強さ……$\dfrac{69970}{\frac{1}{4}\times 3.14\times 14^2} \fallingdotseq 455$〔MPa〕

　　　降伏点……$\dfrac{46980}{\frac{1}{4}\times 3.14\times 14^2} \fallingdotseq 305$〔MPa〕

　　　伸　　び……$(66.4-50.0)/50.0 \to 32.8$〔％〕

　　　絞　　り……$(14^2-9.6^2)/14^2 \to 53.0$〔％〕

(8) 20ページ参照。押込硬さと反発硬さに分類して説明。

(9) 衝撃試験について述べる。

(10) 加工硬化しても再結晶によりすぐ軟化する。

(11) 再結晶による軟化の過程を述べる。3・7・2項参照。

(12) 計算値は転位の存在しない完全結晶体としての値である。

(13) 変形は結晶のすべりで，すべりは転位の移動であることを要約する。3・8・2項参照。

(14) 溶媒がAで溶質がBであるか，溶媒がBで溶質がAであるか，である。

(15) この合金は，（54ページ図4.21の$P_3$組成の例）Pb－25％Sn合金である。

　ア　約265℃と183℃。

　イ　残っている融液が共晶反応により凝固が完了する。

　ウ　184℃は初晶$\alpha$（19.2％Sn）と融液（61.9％Sn）が共存。

　　　$\alpha$量は全量$8\text{kg}\times\{(61.9-25)/(61.9-19.2)\} \fallingdotseq 6.91 \to$約6.9〔kg〕

　　　融液量は$8\text{kg}\times\{(25-19.2)/(61.9-19.2)\} \fallingdotseq 1.09 \to$約1.1〔kg〕

　エ　凝固が完了している。初晶$\alpha$と共晶（$\alpha+\beta$）の混合組織

　オ　$\alpha$相も$\beta$相も溶解度は0であるから，初晶Pbと共晶（Pb＋Sn）の混合組織である。

(16) アは共晶反応　　イは共析反応　　ウは包晶反応　　エは包析反応

(17) ア　図の共晶線CEDは温度が一定であるので水平線である。

　　　イ　図の包析線CPDは水平線である。

　　　ウ　図の共晶点がEとFにあるが，相律からも四相共存はありえず，EとFは一致する。

(18) $\alpha + L \rightarrow \beta$ の反応は包晶反応である。解図2のような包晶型の状態図となる。

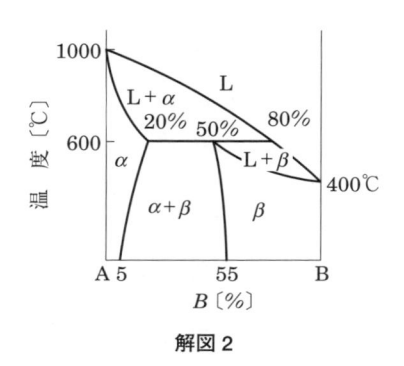

**解図2**

(19) ウ，オ，イ，ア，エの順。5·2·4項参照。

(20) 粒度番号と粒の微細化，コットレル効果と固溶強化，SAPと分散強化，GPゾーンと析出強化

# 第2編　鉄鋼材料

(1) 69ページ参照。
(2) 略（鋼の領域の状態図は記憶することが望ましい）。6·3節参照。
(3) 亜共析鋼は初析フェライトとパーライト（図6.12），共析鋼はパーライト（図6.9），過共析鋼は初析セメンタイトとパーライト（図6.14）の概形を図示する。
(4) Crは$\alpha$域を拡大し，Niは$\gamma$域を拡大する。6·5節参照。
(5) 焼ならし，焼なまし，焼入れ，焼戻し。7·1·3項参照。
(6) ア　初析フェライトとパーライト　　イ　マルテンサイトとセメンタイト
　　ウ　トルースタイト，ソルバイト　　エ　ベイナイト
(7) 加熱温度が$A_1$の上か下かにより異なる。$A_1$の下ではマルテンサイト変態による膨張変化が起こらないこと（温度降下による収縮のみ）を考える。98ページ参照。

(8) 102ページ図7.24から考察する。

(9) ア，イ，ウは103ページ参照。

(10) ア　A：焼入れの深さで判断　　イ　B：マルテンサイトの硬さは炭素量に依存する　　A：合金元素量の多いほうが焼入れ深さが大きい。
　　ウ　A鋼＜B鋼

(11) 111ページ参照。炭化物傾向の強い元素の鋼中における挙動を考える。

(12) 111ページ参照。Mo，V

(13) 110ページ参照。低温焼戻しぜい性と高温焼戻しぜい性の温度と原因の考察。

(14) 115～118ページ参照。

(15) 126～128ページ参照。炭素量の違い，添加元素によるき地の強化，熱処理効果を考察。

(16) 133ページ参照。P，Pb，Caの添加による効果を考察。

(17) 123ページ参照。マルテンサイト鋼，二次硬化鋼，マルエージング鋼の強化の特徴を考察。

(18) 137ページ参照。耐磨耗性，切削性と使用温度について考察。

(19) 腐食の電気化学的反応を説明。

(20) 152，155ページ参照。炭素はCr炭化物を生成し，耐食性に有効なき地中のCr量を低下する。

(21) 155ページ参照。析出硬化によるステンレス鋼の強化について説明。

(22) 157ページ参照。基鉄自身の酸化物層，特殊元素の酸化物生成による腐食。

(23) 158ページ参照。耐クリープ性を高める方法の考察。

(24) Fe基，Ni基，Co基

(25) 鋳鉄中の黒鉛は強度上は傷と考えてよい。傷の大きさ，形状を考察。

(26) 熔湯中の炭素は凝固時の条件で，セメンタイトか黒鉛のいずれかを晶出する。

(27) 球状黒鉛は凝固時に晶出する。塊状黒鉛はセメンタイトの熱処理による分解により生成。

# 第3編　非鉄材料

(1) 180ページ参照。冷間加工と熱間加工上の特徴を考察。
(3) 182ページ参照。Snの添加。
(3) 184ページ参照。自己焼なましの原因とその防止策。
(4) 184ページ参照。軸受用鉛青銅，その組織上の特徴（軸受け機能は問題15参照）。
(5) 186ページ参照。Cu-Be系，Cu-Ni-Si系合金。
(6) 189ページ参照。加工硬化により強化する合金と時効硬化により強化する合金を述べる。
(7) 190ページ参照。
(8) 189ページ表13.1参照。
(9) 192ページ参照。共晶組織の微細化の目的。
(10) 192ページ参照。
(11) Al-Cu系とAl-Zn系
(12) 197ページ参照。強度・加工性・耐食性の比較。
(13) 200ページ参照。内部組織変化による体積収縮，防止のための添加元素。
(14) 201ページ参照。Zn合金，Al合金，Mg合金，Cu合金。
(15) 202ページ参照。
(16) 強度（比強度），耐食性，耐熱性，加工性等の総合的に検討。
(17) 206ページ状態図参照。
(18) 136, 210ページ参照。
(19) 211～212ページ参照。
(20) 213ページ図17.2参照。
(21) 213ページ参照。
(22) 214ページ参照。繊維強化型，積層強化型，粒子分散強化型。

（23） 215ページ参照。母材と繊維の役割の考察。
（24） 218ページ表19.1参照。
（25） 223ページ参照。マルテンサイト変態とその逆変態現象から考察。
（26） 219ページ参照。
（27） 220ページ参照。
（28） 225，114ページ参照。$M_s$点と比較せよ。
（29） 225ページ参照。結晶化によりアモルファスとしての機能を失う。

# 索　引

## ● 英数字 ●

18-8ステンレス鋼
（18-8 stainless steel）……………154
475℃ぜい性（475℃ brittleness）………152
6/4黄銅（6/4 brass）…………………182
7/3黄銅（7/3 brass）…………………182
$A_1$線（$A_1$ line）………………………73
$A_1$変態（$A_1$ transformation）……………73
$A_2$点（$A_2$ point）………………………69
$A_3$線（$A_3$ line）………………………73
$A_3$点（$A_3$ point）………………………69
$A_3$変態（$A_3$ transformation）……………69
$A_4$点（$A_4$ point）………………………69
$A_4$変態（$A_4$ transformation）……………69
AA規格
（The Aluminium Association）………188
$Ac_1$（c：加熱, chauffage）……………85
$Ac_3$（c：加熱, chauffage）……………85
$Ac_m$線（$Ac_m$ line）……………………73
$Ae_1$（e：平衡, equilibrium）……………85
$Ae_3$（e：平衡, equilibrium）……………85
$Ar'$変態（$Ar'$ transformation）……………89
$Ar''$変態（$Ar''$ transformation）……………89
$Ar_1$（r：冷却, refroidissement）…………85
$Ar_3$（r：冷却, refroidissement）…………85
Bf線（Bf line）…………………………91
Bs線（Bs line）…………………………91
CCT線図（continuous cooling
ttransformation diagram）…………93
Cr-Ni系ステンレス鋼
（Cr-Ni stainless steel）……………153
Cr系ステンレス鋼
（Cr stainless steel）………………151
CVD法（physical vapor deposition）…150
CV鋳鉄
（compacted vermicular cast iron）……175
GP帯（Guinier-Preston zone）…………66
Mf線（Mf line）…………………………91
Mf点（Mf point）…………………………96
Ms線（Ms line）…………………………91
Ms点（Ms point）…………………………96
Pf線（Pf line）…………………………91
PHステンレス鋼
（PH stainless steel）………………135
Ps線（Ps line）…………………………91
PVD法（chemical vapor deposition）…150
SAP（sintered aluminum powder）……212
S-N曲線（*S-N* diagram）………………24
S曲線（S-curve）………………………90
TDニッケル
（thoria dispersed nickel）…………212
Ti合金（titanium alloy）………………205
TRIP
（transformation induced plasticity）…225
TTT曲線（time-temperatuer-
transformation curve）………………90
Y合金（Y alloy）………………………192

## 索引

α鉄（alpha iron） ················69
γ鉄（gamma iron） ················69
δ鉄（delta iron） ················69
ε炭化物（epsilon carbide） ·········107
η炭化物（eta carbide） ············107
θ炭化物（theta carbide） ··········107
σぜい性（sigma brittleness） ······152
χ炭化物（chi carbide） ············107

### ● あ 行 ●

アームズブロンズ（arms bronze） ······186
アイゾット試験（Izod impact test） ······23
亜鉛当量（zinc equivalent） ············182
亜共晶合金（hypo-eutectic alloy） ········51
亜共析鋼（hypo-eutectoid steel） ·········74
圧縮試験（compression test） ············17
アドバンス（Advance metal） ············186
アドミラルティ黄銅
（Admiralty brass） ··················183
アドミラルティ砲金
（Admiralty gun metal） ··············183
アノード反応（anode reaction） ·········145
アモルファス金属
（amorphous metal） ··················225
アルコア（Alcoa[Aluminium Company of America]） ···························189
アルミナイズド鋼（aluminized steel）···149
アルミニウム青銅
（aluminium bronze） ················184

一次固溶体（primary solid solution）······13

ウッド合金（Wood's metal）············203

液相線（liquidus） ·················43
液体浸炭（liquid carburizing） ········116
延性材料（ductility material）········22

オイルレスベアリング
（oilless bearing） ·················210
黄銅（brass） ························180
　6/4 ———— ·························182
　7/3 ———— ·························182
　アドミラルティ———— ················183
　快削 ———— ·························183
　ネーバル ———— ······················183
応力（stress） ·······················17
応力-ひずみ線図
（stress strain diagram） ···········18
オーステナイト（austenite） ···········72
オーステナイト結晶粒度
（austenite grain size） ············87
オーステナイト生成元素
（austenite forming element） ·······80
オーステンパー（austempering）·······112
オースフォーミング（ausforming）······114
置割れ（season cracking）···········182

### ● か 行 ●

快削黄銅（free cutting brass） ·········183
快削鋼（free cutting steel） ···········132
塊状黒鉛（temper carbon） ·············167
階段焼入れ（stepped quenching）········112
回復（recovery） ······················28
改良処理（modification） ··············192
過共晶合金（hyper-eutectic alloy）······52
過共析鋼（hyper-eutectoid steel）·······74
拡散焼なまし（diffusion annealing）·····86

# 索 引

加工硬化（work-hardening）……………27
加工誘起変態
（strain induced transformation）………114
荷重-伸び線図
（load elongation diagram）……………18
ガス浸炭（gas carburizing）……………115
カソード反応（cathode reaction）………145
加速クリープ（accelerated creep）……124
硬さ試験（hardness test）………………17
可鍛鋳鉄（malleable cast iron）………173
下部ベイナイト（lower bainaite）………93
過飽和固溶体
（supersaturated solid solution）…………65
カロライジング（calorizing）……………150
乾食（dry corrosion）……………………145
完全焼なまし（full annealing）…………86
含銅シルミン（copper silumin）………193
ガンマーシルミン（gamma silumin）…193

機械構造用鋼
（machine structural steel）……………129
機械構造用合金鋼
（machine structural alloy steel）………130
機械的性質（mechanical properties）…16
菊目組織
（chrysanthemum structure）……………169
規則-不規則変態
（order-disorder transformation）………180
ギニエ・プレストンゾーン
（Guinier Preston zone）…………………66
擬片状黒鉛（pseudo flake graphite）…167
球状化焼なまし（spheroidizing）………86
球状黒鉛（spheroidal graphite）………167

球状黒鉛鋳鉄
（nodular graphite cast iron）…………171
キュリー点（Curie point）………………69
凝固（freezing）……………………………36
凝固点（freezing point）…………………36
共晶（eutectic）……………………………49
共晶温度（eutectic temperture）………49
共晶合金（eutectic alloy）………………51
共晶線（eutectic line）……………………49
共晶組織（eutectic structure）…………50
共晶点（eutectic point）…………………49
共晶反応（eutectic reaction）……………49
共析鋼（eutectoid steel）…………………74
共析反応（eutectoid reaction）…………58
共析変態（eutectoid transformation）…58
切欠きぜい性（notch brittleness）………24
キルド鋼（killed steel）…………………121
金属間化合物
（intermetallic compounds）…………13, 217

クラッド材（clad plate）…………………216
クリープ（creep）…………………………25
　　加速——……………………………124
　　せん移——…………………………124
　　定常——……………………………124
クリープ曲線（creep curve）……………123
クリープ試験（creep test）………………123
クリープ強さ（creep strength）……26, 125
クリープ破断強さ
（creep rupture strength）………………26
クリープ破断強さ
（creep rupture strength）………………125
繰返し荷重（repeated load）……………17
クロマイジング（chromizing）…………150

## 索引

クロム（chromium） ……………………208

形状記憶合金（sharp memory alloy）…222
欠陥 …………………………………………13
　　格子―― ……………………………13
　　積層―― ……………………………14
　　線―― …………………………13, 14
　　点―― ……………………………13
　　面―― …………………………13, 14
結晶（crystal） ………………………………5
結晶格子（crystal lattice） …………………6
結晶の核（crystal nucleus） ……………38
結晶粒（crystal grain） ……………………5
結晶粒界（grain boundary） ………………5
結晶粒度（grain size） ……………………39
原子空孔（vacancy） ……………………13
原子濃度（率）（atomic percentage） ……11

鋼（steel） ……………………………68,163
　　18-8ステンレス鋼―― ……………154
　　Cr-Ni系ステンレス―― …………153
　　Cr系ステンレス―― ………………151
　　PHステンレス―― …………………135
　　亜共析―― …………………………74
　　アルミナイズド―― ………………149
　　快削―― ……………………………132
　　過共析―― …………………………74
　　機械構造用―― ……………………129
　　機械構造用合金―― ………………130
　　共析―― ……………………………74
　　キルド―― …………………………121
　　合金―― ……………………………68
　　合金工具―― ………………………137
　　工具―― ……………………………136
　　構造用―― …………………………120
　　高速度―― …………………………140
　　高張力―― …………………………126
　　軸受―― ……………………………142
　　ステンレス―― ……………………150
　　耐熱―― ……………………………158
　　炭素―― ……………………………68
　　炭素工具―― ………………………136
　　窒化―― ……………………………132
　　鋳―― ………………………………176
　　超強力―― …………………………133
　　低温用―― …………………………128
　　特殊―― ……………………………68
　　二次硬化―― ………………………134
　　はだ焼―― …………………………132
　　ばね―― ……………………………144
　　普通―― ……………………………68
　　マルエージング―― ………………135
　　マルテンサイト―― ………………134
　　リムド―― …………………………121
高温酸化
（high temperature oxidation）…………157
高温腐食（hot corrosion）………………157
恒温変態曲線
（isothermal transformation diagram）…90
高温焼戻し
（high temperature tempering）…………109
高温焼戻しぜい性（high temperature
temper embrittlement）…………………110
恒温冷却（isothermal cooling）…………85
合金（alloy）…………………………………11
　　Y―― ………………………………192
　　亜共晶―― …………………………51
　　ウッド―― …………………………203

過共晶—— ……………………52
機械構造用——鋼 ………………130
共晶—— ……………………………51
形状記憶—— ……………………222
コルソン—— ……………………187
軸受用—— ………………………202
水素貯蔵—— ……………………220
ステンレス—— …………………156
繊維強化—— ……………………66
チタン—— ………………………204
超硬—— …………………………210
超塑性—— ………………………224
超耐熱—— ………………………160
二元—— ……………………………11
分散強化型—— …………………212
粒子分散強化型—— ……………66
ろう—— …………………………203
合金鋼（alloy steel）………………68
合金工具鋼（alloy tool steel）……137
合金鋳鉄（alloy cast iron）………175
工具鋼（tool steel）………………136
　　　合金—— ……………………137
　　　炭素—— ……………………136
格子間原子（interstitial atom）……14
格子欠陥（lattice defect）…………13
格子定数（lattice constant）…………6
高周波焼入れ（induction hardening）…119
剛性率（shear modulus）……………32
構造用鋼（steel for structural use）……120
高速度鋼（high speed tool steel）………140
高張力鋼
（high tensile strength steel）………126
降伏現象（yield phenomenon）………19
降伏点（yield point）………………17

黒鉛（graphite）……………………71
　　塊状—— ………………………167
　　擬片状—— ……………………167
　　球状—— ………………………167
　　球状——鋳鉄 …………………171
　　片状—— ………………………167
黒鉛化焼なまし（graphitization）……173
固相線（solidus）……………………43
固体浸炭（pack carburizing）………115
コットレル効果（Cottrell effect）………64
コットレル雰囲気
（Cottrell atmosphere）………………63
固溶強化（solid solution hardening）……63
固溶体（solid solution）………………12
コルソン合金（Corson alloy）………187
コンスタンタン（constantan）………186

### ● さ　行 ●

サーメット（cermet）………………212
再結晶（recrystallization）……………28
再結晶温度
（recrystallization temperture）……28
最密六方格子
（hexagonal close packed lattice）………9
材料試験（material test）……………17
材料の強さ（strength of material）……17
サブゼロ処理（subzero treatment）……97
残留オーステナイト
（retained austenite）…………………97

シェフラーの組織図
（Schaeffler diagram）………………153
シェラダイジング（sheardizing）………150

磁気変態点
(magnetic transformation point) ……69
軸受鋼 (ball bearing steel) ……142
軸受用合金 (bearing metal) ……202
軸比 (axial ratio) ……9
時効 (aging) ……64
　　自然—— ……65
　　人工—— ……65
時効硬化 (age hardening) ……64
自己焼なまし (self annealing) ……186
自然時効 (natural aging) ……65
湿食 (wet corrosion) ……145
質量効果 (mass effect) ……99
絞り (reduction area) ……17
縞状組織 (banded structure) ……86
シャルピー試験 (Charpy impact test) …23
自由度 (degree of freedom) ……42
樹枝状晶 (dendrite) ……39
ジュラルミン (duralumin) ……195
純鉄 (pure iron) ……69
ショア硬さ (Shore hardness) ……21
衝撃荷重 (impact load) ……17
衝撃試験 (impact test) ……17
焼結 (sintering) ……209
焼結含油軸受
(sintering oilless bearing) ……210
晶出 (crystallization) ……46
状態図 (phase diagram) ……42
状態量 (state variables) ……42
上部ベイナイト (upper bainaite) ……91
ジョミニー曲線 (Jominy curve) ……103
ジョミニー距離 (Jominy position) ……103
ジョミニー試験 (Jominy test) ……102
シルミン (silumin) ……192

人工時効 (artificial aging) ……65
じん性 (toughness) ……23
浸炭 (carburizing) ……115
　　液体—— ……116
　　ガス—— ……115
　　固体—— ……115
しんちゅう ……180
侵入型固溶体
(interstitial solid solution) ……13
深冷処理 (subzero treatment) ……97

水素ぜい化
(hydrogen embrittlement) ……178
水素貯蔵合金
(hydrogen storage alloy) ……220
ステンレス鋼 (stainless steel) ……150
ステンレス合金 (stainless alloy) ……156
ストレッチャーストレーン
(strecher strain) ……126
すべり線 (slip line) ……30
すべり変形 (slip deformation) ……29

成熟度 (reifegrad) ……171
ぜい性 ……152
　　475℃—— ……152
　　$\sigma$—— ……152
　　高温焼戻し—— ……110
　　青熱—— ……123
　　中間温度—— ……179
　　低温—— ……121
　　低温焼戻し—— ……110
　　焼戻し—— ……110
ぜい性材料 (brittleness material) ……22
静的な荷重 (static load) ……17

青銅（bronze） ……………………183
　　アルミニウム―― ………………184
　　ニッケル―― ……………………186
　　ベリリウム―― …………………187
　　マンガン―― ……………………183
青熱ぜい性（blue shortness） ………123
析出（precipitation） ………………46
析出強化（precipitation hardening） ……64
析出硬化型ステンレス
（precipitation hardened stainless） ……155
積層強化複合材料
（clad plate composites） ……………216
積層欠陥（stacking fault） …………14
接種（inoculation） …………………169
セメンタイト（cementite） …………72
セメンテーション法（cementation） …150
セラミック工具（ceramic tool）………212
せん移温度
（transition temperature） …………121
繊維強化金属
（fiber reinforced metal） ………66, 215
繊維強化合金（fiber reinforced metal）…66
繊維強化セラミックス
（fiber reinforced ceramics） ………214
繊維強化プラスチック（fiber reinforced plastics）………………………………215
せん移クリープ（transient creep） ……124
繊維組織（fiber texture） ……………86
線欠陥（linear defect） …………13, 14
せん断ひずみ（shear strain） …………18
全率固溶体型状態図
（complete solid solution diagram）………46

相（phase） ……………………………12

相互溶解度曲線
（mutual solubility curve） …………45
双晶（twin）……………………………34
双晶方向（twinning direction） ………34
双晶面（twinning plane）………………34
相律（phase rule） ……………………42
組成（composition） …………………11
塑性加工（plastic working）…………26
塑性変形（plastic deformation） ……17
ソルバイト（sorbite） ………………108

● た 行 ●

ダイカスト（diecast） ………………201
体心立方格子
（body centered cubic lattice）………7
耐熱鋼（heat resisting steel） ………158
耐力（yield strength） ………………19
多結晶体（polycrystal） ………………5
脱亜鉛現象（dezincification） ………182
縦弾性係数
（modulus of longitudinal elasticity）……18
縦ひずみ（longitudinal strain） ………18
タフピッチ銅（tough pitch copper）……179
単位格子（unit lattice） ………………6
単位胞（unit cell） ……………………6
炭化物（carbide） ……………………107
　　$\varepsilon$―― ………………………………107
　　$\eta$―― ………………………………107
　　$\theta$―― ………………………………107
　　$\chi$―― ………………………………107
炭化物生成元素
（carbide forming element） …………82
炭化物反応（carbide reaction）………107
タングステン（tungsten） ……………208

弾性変形（elastic deformation）…………17
弾性率（elastic modulus）……………………18
炭素鋼（carbon steel）………………………68
炭素工具鋼（carbon tool steel）………136
炭素飽和度（carbon eutectic degree）…169

置換型固溶体
（substitutional solid solution）…………13
チタン合金（titanium alloy）……………204
窒化鋼（nitriding steel）……………………132
窒化法（nitriding）……………………………116
中間温度ぜい性（intermediate temperature embrittlement）………………………………179
中間相（intermediate phase）……………13
鋳鋼（cast steel）………………………………176
鋳鉄（cast iron）…………………………72,163
　　　CV──────────────175
　　　可鍛──────────────173
　　　球状黒鉛────────────171
　　　合金──────────────175
　　　ねずみ─────────────164
　　　パーライト可鍛──────────174
　　　白───────────────164
超強力鋼（ultra high strength steel）…133
超硬合金
（cemented carbides hard metals）……210
超塑性合金（superplastic material）…224
超耐熱合金（super alloy）………………160
超弾性（superelasticity）…………………222
超々ジュラルミン
（extra super duralumin）…………………196
超伝導（超電導）材料
（superconductor material）………………219
超微紛（ultrafine powders）………………213

疲れ試験（fatigue test）………………17,24
疲れ強さ（fatigue strength）………………24
疲れ破壊（fatigue fracture）………………24

低温ぜい性
（low temperature brittleness）…………121
低温焼戻し
（low temperature tempering）…………109
低温焼戻しぜい性（low temperature temper embrittlement）……………………………110
定常クリープ（steady state creep）……124
てこの関係（lever relation）………………41
転位（dislocation）……………………………14
　　　刃状──────────────14
　　　らせん─────────────14
転位線（dislocation line）……………………33
転位密度（dislocation density）…………34
低温用鋼（cryogenic steel）………………128
点欠陥（point defect）………………………13
デンドライド（dendrite）……………………39
テンパーカーボン（temper carbon）…169

同素変態（allotropic transformation）…37
動的な荷重（dynamic load）………………17
特殊鋼（special steel）………………………68
トルースタイト（troostite）………………107

● な 行 ●

二元合金（binary alloy）……………………11
二次硬化（secondary hardening）……111
二次硬化鋼
（secondary hardening steel）……………134
ニッケル青銅（nickel bronze）…………186

ネーバル黄銅（naval brass）……………183
ねじり試験（torsion test）………………17
ねずみ鋳鉄（gray cast iron）……………164
熱間加工（hot working）…………………26
熱処理（heat treatment）…………………84
熱分析曲線（thermal analysis curve）…38

濃度（concentraition）……………………11
伸び（elongation）…………………………17

● は 行 ●

バーガースベクトル（Burgers vector）…34
パーカライジング（parkerizing）………150
パーライト（pearlite）……………………74
パーライト可鍛鋳鉄
（pearlitic malleable cast iron）………174
パーライト変態
（pearlite transformation）……………74
ハイヤルブロンズ（higher bronze）……186
白鋳鉄（white cast iron）………………164
白銅（cupro nickel）………………………186
刃状転位（edge dislocation）……………14
はだ焼鋼（case hardening steel）………132
バナジウム・アタック
（vanadium attack）……………………157
ばね鋼（spring steel）……………………144

比較硬度（relative hardeness）…………171
ひげ結晶（whisker）………………………61
非晶体（amorphous）………………………5
ひずみ（strain）……………………………17
非調質構造用圧延鋼材
（non-heat tveated）……………………125
ビッカース硬さ（Vickers hardness）…21

引張試験（tension test）…………………17
引張強さ（tensile strength）……………17
ヒドロナリウム（hydoronallum）………193
表面硬化処理（surface hardening）……114
表面焼入れ（surface hardening）………119
疲労強度（fatigue strength）……………24
疲労限（fatigue limit）……………………25

フェライト（ferrite）………………………72
フェライト生成元素
（ferrite forming element）……………81
復極（depolarization）……………………146
複合材料（composite material）……66, 214
複合則（rule of mixtures）………………215
普通鋼（common steel）……………………68
フックの法則（Hook's law）………………18
不働態（passivity）…………………………148
プラトー域（plateau）……………………221
ブリネル硬さ（Brinell hardness）………20
分極（polarization）………………………146
分散強化（dispersion strengthening）…66
分散強化型合金
（dispersion strengthened alloy）……212

平衡状態図（equilibrium diagram）……42
ベイナイト（bainaite）……………………91
　　下部──……………………………93
　　上部──……………………………91
ベリリウム青銅（beryllium bronze）…187
偏晶（monotectic）…………………………57
片状黒鉛（flake graphite）………………167
偏析（segregation）…………………………48
変態（transformation）……………………36
　　$A_1$ ──……………………………73

A₃ ——  ················································· 69 → $A_3$ ——

| | |
|---|---|
| $A_3$ —— | 69 |
| $A_4$ —— | 69 |
| $Ar'$ —— | 89 |
| $Ar''$ —— | 89 |
| 共析 —— | 58 |
| 恒温 —— 曲線 | 90 |
| 磁気 —— 点 | 69 |
| 同素 —— | 37 |
| パーライト —— | 74 |
| 包析 —— | 58 |
| マルテンサイト —— | 89 |
| 連続冷却 —— 曲線 | 93 |
| 変態点（transformation point） | 36 |
| 変態誘起塑性 (transformation induced plasticity) | 225 |
| 包晶（peritectic） | 55 |
| 包晶温度（peritectic temperature） | 55 |
| 包晶凝固（peritectic freezing） | 55 |
| 包晶線（peritectic line） | 55 |
| 包晶点（peritectic point） | 55 |
| 包晶反応（peritectic reaction） | 54 |
| 防食（protection corrsion） | 148 |
| 包析反応（peritectoid reaction） | 59 |
| 包析変態 (peritectoid transformation) | 58 |
| 炎焼入れ（flame hardening） | 119 |
| ホワイトメタル（white metal） | 202 |

● ま 行 ●

| | |
|---|---|
| マウラーの組織図 (Maurar's structure diagram) | 166 |
| 曲げ試験（bending test） | 17 |
| マルエージング鋼（maraging steel） | 135 |
| マルクェンチ（marquencing） | 112 |
| マルテンサイト（martensite） | 94 |
| マルテンサイト鋼（martensite steel） | 134 |
| マルテンサイト変態 (martensitic transformation) | 89 |
| マンガン青銅（manganese bronze） | 183 |
| ミラー指数（Miller index） | 10 |
| 無酸素銅（oxygen free copper） | 179 |
| メタリコン（metallikon） | 150 |
| 面欠陥（planar defect） | 13, 14 |
| 面心立方格子 (face centered cubic lattice) | 8 |
| モリブデン（molybdenum） | 208 |

● や 行 ●

| | |
|---|---|
| 焼入れ（quenching） | 87 |
| 階段 —— | 112 |
| 高周波 —— | 119 |
| 表面 —— | 119 |
| 炎 —— | 119 |
| 焼入液（quenching medium） | 100 |
| 焼入性（hardenability） | 99 |
| 焼入性倍数（multiplying factor） | 105 |
| 焼なまし（annealing） | 27, 86 |
| 拡散 —— | 86 |
| 完全 —— | 86 |
| 球状化 —— | 86 |
| 黒鉛化 —— | 173 |
| 自己 —— | 186 |
| 焼ならし（normalizing） | 87 |

焼戻し（tempering）……………………87
 高温——……………………………109
 高温——ぜい性……………………110
 低温——……………………………109
 低温——ぜい性……………………110
焼戻しぜい性（temper brittleness）……110
ヤング率（Young modulus）……………18

融解（melting）…………………………36
融解の潜熱（latent heat of melting）……36
融点（melting point）……………………36

溶解度曲線（solubility curve）…………45
溶体化処理（solution treatment）………65
熔融（melting）…………………………36
横弾性係数
（moduls of transverse elasticity）………32

● ら 行 ●

ラウタル（lutal）………………………192
らせん転位（screw dislocation）…………14

理想臨界直径
（ideal critical diameter）………………103

リムド鋼（rimmed steel）………………121
粒子分散強化型合金
（dispersion strengthening alloy）………66
粒子分散強化複合材料
（particle dispersed composites）………214
粒度番号（grain size number）…………39
臨界せん断応力（critical shear stress）…31
臨界直径（critical diameter）……………103
臨界冷却速度（critical cooling rate）……94
りん脱酸銅
（phosphorus deoxidized copper）………179

冷間加工（cold working）………………26
連続冷却（continuous cooling）…………85
連続冷却変態曲線（continuous cooling
transformation diagram）………………93

ろう合金（brazing filler metal）…………203
ローエックス（low expansion）…………193
緑青（patina）……………………………179
ロックウェル硬さ
（Rockwell hardness）……………………21

【著者紹介】

打越二彌（うちこし・つぐや）

　　学　歴　東京工業大学専門部卒業（1948）
　　職　歴　東京都立航空工業高等専門学校名誉教授

図解　機械材料　第3版

| | |
|---|---|
| 1987年 9月10日　第1版 1刷発行 | ISBN 978-4-501-41530-3 C3053 |
| 1995年 2月20日　第1版10刷発行 | |
| 1996年 3月20日　第2版 1刷発行 | |
| 2001年 3月20日　第2版 6刷発行 | |
| 2001年 9月20日　第3版 1刷発行 | |
| 2023年 5月20日　第3版21刷発行 | |

著　者　打越二彌

©Uchikoshi Tsuguya 1987, 1996, 2001

発行所　学校法人 東京電機大学　〒120-8551　東京都足立区千住旭町5番
　　　　東京電機大学出版局　　Tel. 03-5284-5386（営業）　03-5284-5385（編集）
　　　　　　　　　　　　　　Fax. 03-5284-5387　振替口座 00160-5-71715
　　　　　　　　　　　　　　https://www.tdupress.jp/

JCOPY ＜(社)出版者著作権管理機構　委託出版物＞

本書の全部または一部を無断で複写複製（コピーおよび電子化を含む）することは，著作権法上での例外を除いて禁じられています。本書からの複製を希望される場合は，そのつど事前に，(社)出版者著作権管理機構の許諾を得てください。また，本書を代行業者等の第三者に依頼してスキャンやデジタル化をすることはたとえ個人や家庭内での利用であっても，いっさい認められておりません。
［連絡先］Tel. 03-5244-5088, Fax. 03-5244-5089, E-mail: info@jcopy.or.jp

印刷：三立工芸（株）　　製本：渡辺製本（株）　　装丁：高橋壮一
落丁・乱丁本はお取り替えいたします。　　　　　　　　Printed in Japan